普通高等院校计算机类专业"十三五"规划教材

Java 程序设计

张 炜 冯 贺 许 研 主 编
刘爱琴 聂萌瑶 马炳周 副主编

中国铁道出版社
CHINA RAILWAY PUBLISHING HOUSE

内容简介

本书根据 Java 语言面向对象的本质特征以及面向对象程序设计课程的基本教学要求，向读者循序渐进地介绍了 Java 语言重要的知识点，特别强调了 Java 面向对象编程的思想。全书分为 11 章，分别介绍了搭建 Java 运行环境、Java 基本语法、数据类型、运算符、表达式和语句、类和对象、类的继承和多态、接口和抽象类、内部类和异常处理机制、常用的实用类、文本 I/O、多线程机制和使用 Java FX 的 Java GUI 程序设计。

强调面向问题求解的教学方法是本书的特色之一，对最新的 Java 语言特色的跟进，比如 Java FX 的全面引入是特色之二，这反映了最新的计算机技术和应用特点。

本书适合作为普通高等院校 Java 程序设计课程的教材，也可作为读者的自学用书。

图书在版编目（CIP）数据

Java 程序设计/张炜，冯贺，许研主编．—北京：中国铁道出版社，2017.8
普通高等院校计算机类专业"十三五"规划教材
ISBN 978-7-113-23355-6

Ⅰ.①J… Ⅱ.①张… ②冯… ③许… Ⅲ.①JAVA 语言-程序设计-高等学校-教材 Ⅳ.①TP312.8

中国版本图书馆 CIP 数据核字(2017)第 184749 号

书　　名：	Java 程序设计
作　　者：	张炜　冯贺　许研　主编

策　　划：	韩从付　祝和谊	读者热线：	（010）63550836
责任编辑：	周海燕　包　宁		
封面设计：	刘　颖		
责任校对：	张玉华		
责任印制：	郭向伟		

出版发行：中国铁道出版社（100054，北京市西城区右安门西街 8 号）
网　　址：http://www.tdpress.com/51eds/
印　　刷：三河市航远印刷有限公司
版　　次：2017 年 8 月第 1 版　　　　2017 年 8 月第 1 次印刷
开　　本：787 mm×1 092 mm　1/16　印张：20.75　字数：509 千
书　　号：ISBN 978-7-113-23355-6
定　　价：49.80 元

版权所有　侵权必究

凡购买铁道版图书，如有印制质量问题，请与本社教材图书营销部联系调换。电话：（010）63550836
打击盗版举报电话：（010）51873659

前言

　　Java 是目前被广泛使用的程序设计语言之一，在风起云涌的计算机技术发展历程中，Java 的身影随处可见，而且生命力极其强大。Java 凭借其"一次编译，到处运行"的特性很好地支持了互联网应用所要求的跨平台能力，成为服务器端开发的主流语言。Java EE 至今依然是最重要的企业开发服务器端平台。现在进入了移动互联网时代，而 Java 依然是主角。从第一阶段的 J2ME，到目前移动操作系统中全球占据份额最大的 Android 系统上的 APP 开发，都采用的是 Java 语言和平台。云计算、大数据、物联网、可穿戴设备等技术的应用，都需要可以跨平台、跨设备的分布式计算环境，我们依然会看到 Java 语言在其中的关键作用。

　　本书采用基础优先的方式，从编程基础开始，逐步引入面向对象思想，很适合程序设计入门的学生。程序设计课堂最重要的是培养学生的计算思维，这对学生综合素质的培养以及其他知识的学习，都是很有裨益的。掌握了程序设计的思维，可以很方便地学习和使用其他编程语言。

　　强调面向问题求解的教学方法是本书的特色，通过生动实用的例子来引导学生，避免了枯燥的语法学习，让学生可以学以致用，并且举一反三。本书的另一特点是对最新的 Java 语言特色的跟进，即基于 Java 版本 8 进行介绍。由于 Swing 被 Java FX 所替代，因此所有的 GUI 示例和实训都使用 Java FX 编写，这反映了最新的计算机技术和应用特点。

　　全书共 11 章，第 1 章和第 2 章是程序设计的基石，让读者踏上 Java 学习之旅。主要学习 Java 语言的相关特性、JDK 和 Eclipse 的安装和使用、Java 的基本语法、流程控制语句、数组的相关操作等，在这部分的学习中一定要扎实、认真，切忌走马观花。第 3~7 章是面向对象程序设计，主要介绍面向对象的封装、继承、多态性和抽象等，还有 Java 常用 API、I/O，通过学习这部分内容，读者能掌握面向对象的三大特征的概念和使用，这是今后开发过程中最常用的基础知识。读者应做到全面理解每个知识点，并认真完成每个示例代码和阶段任务案例。第 8~10 章是 GUI 程序设计，介绍使用 Java FX 的 Java GUI 程序设计，主要包括 GUI 基础、容器面板、绘制形状、事件驱动编程、GUI 组件等，读者可以学到采用 Java FX 的 GUI 程序设计的架构，并使用组件、形状、面板、图像等来开发有用的应用程序。第 11 章为高级 Java 程序设计，介绍了多线程编程。

　　本书提供了灵活的章节顺序，使学生可以或早或晚地了解 GUI、异常处理等内容，下面的插图显示了各章节之间的相关性。

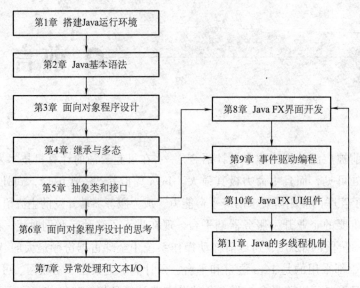

本书是作者结合多年的教学经验而撰写的,由张炜、冯贺、许研任主编,刘爱琴、聂萌瑶、马炳周任副主编。全书的编写分工如下:聂萌瑶编写第 1、6 章;张炜编写第 2 章;刘爱琴编写第 3 章;冯贺编写第 4、5、7 章;马炳周编写第 8、9、11 章;许研对本书进行了整体策划和整理,并编写了第 10 章。

为配合本书的教学,作者提供了源程序、电子教案等教学辅助材料,每章附有编程实训及参考代码可供实验操作使用,教师和学生如有需要可从中国铁道出版社教学服务网站 http://www.tdpress.com/51eds/下载。

本书能够得以出版,离不开出版社同仁的大力支持,他们为了本书的出版花费了大量的时间和精力。同时,在编写本书的过程中,我们也参考了大量的著作、教材等资料,在此一并表示衷心感谢。

最后感谢读者选择这本书,由于时间仓促和编者水平有限,书中难免有不足和疏漏之处,敬请广大师生及各位读者给予批评和指正,以期不断改进。

编　者

2017 年 6 月

目录

- 第1章 搭建 Java 运行环境 1
  - 1.1 初识 Java 1
    - 1.1.1 Java 的产生与发展 1
    - 1.1.2 Java 的语言特性 3
    - 1.1.3 Java 的组成及程序运行过程 4
  - 1.2 搭建 Java 运行环境 5
    - 1.2.1 JDK 的安装配置 5
    - 1.2.2 Eclipse 的安装与配置 9
  - 思考题 13
  - 编程实训 14
- 第2章 Java 基本语法 15
  - 2.1 剖析 Java 的结构 15
    - 2.1.1 你好，Java! 15
    - 2.1.2 简单数据类型 18
    - 2.1.3 数据类型转换 24
  - 2.2 翻滚吧，Java 代码! 26
    - 2.2.1 运算符与表达式 26
    - 2.2.2 语句初探 35
  - 2.3 数组 Arrays 类 47
    - 2.3.1 一维数组 47
    - 2.3.2 二维数组 53
    - 2.3.3 多维数组 56
  - 编程实训 57
- 第3章 面向对象程序设计 63
  - 3.1 类和对象 63
    - 3.1.1 Java 中类和对象的理解 64
    - 3.1.2 定义类和创建对象 64
  - 3.2 使用 Java 库中的类 71
    - 3.2.1 Date 类 72
    - 3.2.2 Random 类 72
    - 3.2.3 Point2D 类 73
    - 3.2.4 Math 类 74
    - 3.2.5 String 类 76
    - 3.2.6 StringBuilder 类 83
    - 3.2.7 Character 类 86
  - 3.3 静态变量、常量和方法 88
  - 3.4 数据域封装 91
  - 3.5 this 引用 92
  - 编程实训 94
- 第4章 继承与多态 97
  - 4.1 继承 97
  - 4.2 关于 super 关键字 100
  - 4.3 方法的重写和重载的比较 105
  - 4.4 多态 108
  - 4.5 protected 数据和方法 111
  - 4.6 阻止扩展和重写 112
  - 编程实训 112
- 第5章 抽象类和接口 116
  - 5.1 抽象类 116
    - 5.1.1 抽象类的概念 117
    - 5.1.2 Calendar 类 121
  - 5.2 接口 123
    - 5.2.1 接口的定义 124
    - 5.2.2 接口的作用 125
    - 5.1.3 Comparable 接口 128
  - 5.3 抽象类和接口的比较 130
  - 编程实训 133
- 第6章 面向对象程序设计的思考 137
  - 6.1 类的抽象和封装 137
  - 6.2 面向对象程序的设计 139
  - 6.3 类的关系 143
  - 思考题 152
  - 编程实训 153

第7章 异常处理和文本 I/O 157

7.1 异常 157
7.1.1 异常的定义 157
7.1.2 异常的类型 161

7.2 处理异常 164
7.2.1 try…throw…catch 机制 164
7.2.2 throw 和 throws 异常处理机制 165
7.2.3 重新抛出异常和异常链 169

7.3 自定义异常 170
7.4 文件管理类 File 172
7.5 文本 I/O 174
7.5.1 PrintWriter 类 174
7.5.2 Scanner 类 175

编程实训 179

第8章 Java FX 界面开发 185

8.1 Java FX 与 Swing 以及 AWT 的比较 185
8.2 Java FX 程序的基本结构 186
8.3 Java FX 基础 193

编程实训 218

第9章 事件驱动编程 225

9.1 事件和事件源 225
9.2 注册处理器和处理事件 229
9.3 内部类 235
9.4 匿名内部类处理器 242
9.5 鼠标事件 243

9.6 键盘事件 245

编程实训 248

第10章 Java FX UI 组件 257

10.1 Label 258
10.2 按钮 261
10.3 复选框 264
10.4 单选按钮 268
10.5 文本域 271
10.6 文本区域 274
10.7 组合框 277
10.8 列表视图 280
10.9 滚动条 284
10.10 滑动条 287
10.11 示例学习：实现注册界面 292

编程实训 296

第11章 Java 的多线程机制 310

11.1 了解 Java 中的进程与线程 310
11.2 掌握线程的创建与启动方法 312
11.3 线程的优先级设置与调度方法 314
11.4 多线程的同步机制——同步方法的使用 317

编程实训 323

参考文献 326

第1章 搭建 Java 运行环境

知识目标

1. 了解 Java 语言；
2. 了解 Java 的运行环境。

能力要求

1. 掌握软件的下载和安装；
2. 掌握 Java 运行环境的配置。

Java 是一款非常优秀的程序设计语言，也是目前最主要的网络开发语言之一。它不仅具有面向对象、分布式和多线程等先进高级计算机语言的特点，还因为其与平台无关、安全性强等特点，逐渐成为网络时代最重要的程序设计语言。

1.1 初 识 Java

在学习 Java 语言之前，首先简要了解一下 Java 语言的发展简史及其特点，这将有助于用户更好地理解这门语言。

1.1.1 Java 的产生与发展

1. Java 的产生

在认识 Java 之前，先来回顾一下计算机程序。计算机程序是发给计算机的指令，告诉计算机该做什么，因为计算机不能理解人类的语言，所以，需要在计算机程序中使用计算机语言。

计算机本身的语言是机器语言，因计算机类型的不同而有差异，它们以二进制代码的形式存在，需要机器做什么，必须输入二进制代码。用机器语言编写的程序难以读懂和修改，所以出现了汇编语言。

汇编语言是一种用助记符表示每一条机器语言指令的低级程序设计语言，比如 ADD AX,BX（表示寄存器 AX 的内容和寄存器 BX 的内容进行相加，然后将结果放到寄存器 AX 中）。汇编语言相对于机器语言来说，它降低了程序设计的难度，但是，计算机不理解汇编语言,所以需要使用汇编器将汇编语言翻译为机器代码,其过程如图 1-1 所示。

图 1-1　汇编器将汇编语言翻译为机器码

汇编程序是通过易于记忆的助记符形式的机器指令编写的,因而它具有机器依赖性,所以汇编程序只能在某种特定的机器上执行,为了克服此问题,开发了高级语言。高级语言很像英文,易于学习和编写。比如,要计算半径为 8 的圆的面积,高级程序语言的语句为 area=3.14*8*8。

用高级语言编写的程序称为源程序或源代码,由于计算机不理解源程序,所以,需要使用编译器将源程序翻译为机器语言程序,然后,此机器语言程序再与其他辅助的库代码进行连接,构成可执行文件,该文件就可以在机器上运行,在 Windows 平台上,可执行文件的扩展名是.exe。

Java 是著名的高级程序设计语言,是 SUN 公司(已被甲骨文收购)开发的一种软件技术,它可以使网页产生生动活泼的画面,使网页从静态变成动态,可以编写应用程序。它被誉为精简的 C++,而且具有拒绝计算机病毒传输的功能。可见它是一种安全的语言,并且它将安全性列为第一考虑因素。对于使用者来说,Java 是一种不需要花费很长时间学习的语言,自从 Java 出现以来,它就像是爪哇咖啡一样享誉全球,成为实至名归的企业级应用平台的霸主,我们所熟知的许多软件、游戏等都是用 Java 语言编写的。

本书以标准版 1.8 为主介绍 Java 语言的基础语法和使用类,以及应用编程知识。

2. Java 的三种平台

Java 是一门全面且功能强大的编程语言,可用于多种用途。Java 平台(Java 的版本)主要有 Java SE、Java EE、Java ME 三种,它们分别针对不同规模 Java 应用的开发和运行。这三种平台既包括它们的 Java 运行环境,还包括相应的开发工具(Java Development Kit);如果仅仅是用于运行 Java 应用,那么只需要 Java 运行环境。如果要开发 Java 应用,那么自然需要使用 Java 开发工具。Java 开发工具一般包括编译、调试、运行等软件工具。

Java SE(Java Platform, Standard Edition),即 Java 标准版平台。Java SE 主要用于桌面应用的开发和运行。本书采用该平台讲解 Java 语言。

Java EE(Java Platform, Enterprise Edition),即 Java 企业版平台。Java EE 平台包括 Java SE 平台的功能,它是 Java SE 的增强扩展版本。作为 Java 企业级应用平台,Java EE 非常适合于构建基于 Web 的应用系统。

Java ME(Java Platform, Micro Edition),即 Java 微型版平台。Java ME 主要面向移动或嵌入式应用领域,可用于开发智能手机、PAD 等方面的应用软件。

3. Java 的地位

从 Java 发展的速度看,Java 的地位相当重要。

（1）网络地位

目前，基于网络的软件设计成为软件设计领域的核心。Java 提供了许多以网络应用为核心的技术，Java 特别适合于网络应用软件的设计与开发。

（2）语言地位

Java 语言采用面向对象编程技术，并涉及网络、多线程等重要的基础知识，是一门很好的面向对象语言。另外，学习 Java，能很好地掌握面向对象的思想。此外，Java 语言在程序语言领域中，起着中流砥柱的作用，在学习它之前，需要有计算机基础知识和 C 语言作为先导知识，学好它之后，可以为 Java EE、Java ME、JSP、XML、JDBC 等后继技术做铺垫。

（3）需求地位

在应用需求方面，许多新兴领域都涉及 Java 语言，用于设计 Web 应用的 JSP，设计手机应用程序的 Java ME。Java 程序员的薪酬相对较高，程序员市场需求也较大。

1.1.2 Java 的语言特性

了解了 Java 语言的产生以及它的发展历程只是对 Java 语言有了一个表面的认识。要深入了解 Java 语言，就需要了解 Java 语言的特点。

1. Java 语言的三大基本特性

Java 语言的三大基本特性：封装、继承、多态。

（1）封装

封装是面向对象程序设计所遵循的一个重要原则，它有两个含义：一是指把对象的属性和行为看成一个密不可分的整体，将这两者"封装"在一个不可分割的独立单位（即对象）中；二是指"信息隐藏"，把不需要让外界知道的信息隐藏起来，有些对象及行为允许外界用户知道或使用，但不允许更改，而另一些属性或行为，则不允许外界知道，或只允许使用对象的功能，而尽可能隐藏对象的功能实现细节。

封装机制在程序中表现为：把描述对象属性及实现对象功能的方法合在一起，定义为一个程序单位，并保证外界不能任意更改其内部的属性值，也不能任意调动其内部的功能方法。

封装最基本的手段是访问控制，也就是为封装在一个整体内的变量及方法规定不同级别的"可见性"或访问权限。比如，可以指定某个属性和方法的访问权限为 Private（私有），那么这个方法或属性就被封装到了对象内部，外部无法访问。

（2）继承

继承是面向对象方法中的重要概念，并且是提高软件开发效率的重要手段。首先拥有反映事物一般特性的类，然后在其基础上派生出反映特殊事物的类。在 Java 程序设计中，已有的类可以是 Java 开发环境所提供的一批最基本的程序——类库，用户开发的程序类就是继承这些已有的类。这样，已有类所描述的属性及行为，即已定义的变量和方法，在继承产生的类中可以使用，面向对象程序设计中的继承机制大大增加了程序代码的可复用性，提高了软件的开发效率，降低了程序产生错误的概率，也为程序的修改扩充提供了便利，Java 支持单继承，通过接口的方式来弥补由于 Java

不支持多继承而带来的子类不能享用多个父类的成员的缺点。

通过图 1-2 来简单了解一下继承性：动物分为爬行动物、哺乳动物、两栖动物等类别，哺乳动物又分为灵长目、食肉目、鲸目等。上层的类可以再细分为更具体的子类。

（3）多态

多态是面向对象程序设计的又一个重要特征。多态是允许程序中出现重名现象。Java 语言中含有方法重载与对象多态两种形式的多态。比如，猫、驴、狗这 3 种动物都继承了哺乳动物会叫的能力，但是猫是"喵喵"地叫，驴是"嗯啊嗯啊"地叫，狗是"汪汪"地叫，同样是会叫的能力，却有不同行为，这就表现出多态性。

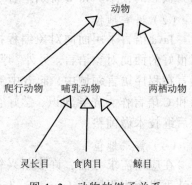

图 1-2 动物的继承关系

2. Java 语言与 C/C++语言比较

Java 是为解决编写 C++语言程序时无法突破的困难而开发的。

①Java 与 C/C++最大不同点是 Java 有一个指针模型（Pointer Model）来排除内存被覆盖（Overwriting Memory）和毁损数据（Corrupting Data）的可能性。

②从高性能看，Java 字节码可以迅速地转换成机器码（Machine Code），从字节码转换到机器码的效能几乎与 C/C++没有分别。

③从动态性看，Java 比 C/C++语言更具有动态性，更能适应时刻变化的环境，Java 不会因程序库的更新而必须重新编译程序。

④从简单性看，Java 语言容易学习和使用，不像 C/C++和其他程序语言有指针，内存管理比较难学。但是它仍是一种编程语言，而不是一种描述语言。

⑤从可移植性看，Java 语言是可移植的，但 C/C++不是。Java 的原代码（Source Code）比 C 语言的可移植更好，主要区别在于 Java 的目标码。Java 目标码在一种机器上进行编译，能在所有机器上执行，只要那台机器上有 Java 解释器。

1.1.3 Java 的组成及程序运行过程

了解了 Java 语言特点，下面来了解一下 Java 的主要组成及程序运行过程。

1. Java 的主要组成

Java 包括：Java 编程语言；Java 文件格式；Java 虚拟机（JVM），即处理*.class 文件的解释器；Java 应用程序接口（Java API）。

2. Java 程序运行过程

Java 程序的运行必须经过编写、编译、运行 3 个步骤。

①编写是指在 Java 开发环境中进行程序代码的输入，最终形成扩展名为.java 的 Java 源文件。

②编译是指使用 Java 编译器对源文件进行错误排查的过程，编译后将生成扩展名为.class 的字节码文件，这不像 C 语言那样最终生成可执行文件。

③运行是指使用 Java 解释器将字节码文件翻译成机器代码，执行并显示结果。

Java 程序的运行过程如图 1-3 所示。

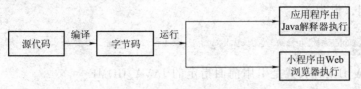

图 1-3　Java 程序的运行过程

1.2　搭建 Java 运行环境

在编写 Java 程序之前，首先要选择合适的开发工具，并配置好环境。虽然 JDK 提供了编译、运行和调试 Java 程序的工具，但其命令行的工作方式让用户感觉到不便，因此，下面介绍一款优秀的集成开发环境 Eclipse。

1.2.1　JDK 的安装配置

1. JDK 简介

SUN 公司提供了一套 Java 开发环境，简称 JDK（Java Development Kit），它是整个 Java 的核心，包括 Java 编译器（Javac）、Java 运行工具（Jconsole）、Java 文档生产工具（Javadoc）、Java 打包工具（Jar）等。

为了满足用户的需求，JDK 的版本也在不断升级。1995 年 Java 诞生之后，相继推出 JDK 1.1、JDK 1.2……JDK 5.0、JDK 6.0、JDK 7.0、JDK 8.0，本书针对 JDK 8.0 版本进行讲解。

为了方便用户使用，SUN 公司在它的 JDK 工具中自带了一个 JRE（Java Runtime Environment）工具，它是 Java 运行环境，JRE 工具中只包含 Java 运行工具，不包含 Java 编译工具。即开发环境包含运行环境，因此，开发人员只需要在计算机上安装 JDK 即可，无须专门安装 JRE 工具。

2. JDK 的下载和安装过程

（1）下载 JDK

进入官方网站下载。

（2）配置 JDK

在"计算机/属性/高级系统设置/高级/环境变量/系统变量"中，设置 JAVA_HOME、PATH、CLASSPATH（大小不敏感）3 项属性，若已存在，则单击"编辑"按钮，若不存在，则单击"新建"按钮。

①JAVA_HOME 指明 JDK 安装路径，就是刚才安装时所选择的路径 E:\Program Files\Java\jdk1.8.0_72，此路径下包括 lib、bin、jre 等文件夹（此变量最好设置，因为以后运行 Tomcat、Eclipse 等都需要依靠此变量）；PATH 使得系统可以在任何路径下识别 Java 命令，设为：

```
%JAVA_HOME%\bin;%JAVA_HOME%\jre\bin
```

②CLASSPATH 为 Java 加载类（class or lib）路径，只有类在 CLASSPATH 中，Java 命令才能识别，设为：

.;%JAVA_HOME%\lib;%JAVA_HOME%\lib\tools.jar （要加.表示当前路径）

③%JAVA_HOME%就是引用前面指定的 JAVA_HOME。

（3）测试

在 cmd 中输入 java –version 测试 JDK 是否配置成功。

另外，配置 JDK 还有其他方法，可参考一些资料作为进一步学习的一个思路。

3. JDK 安装目录下的子目录

①bin 目录：该目录存放一些可执行程序，如 javac.exe（Java 编译器）、java.exe（Java 运行工具）、jar.exe（打包工具）和 javadoc.exe（文档生成工具）等。

值得一提的是，在 JDK 的 bin 目录下放着很多可执行程序，最重要的是 javac.exe 和 java.exe，javac.exe 是 Java 编译器工具，可以将编写好的 Java 文件编译成 Java 字节码文件；java.exe 是 Java 运行工具，它会启动一个 Java 虚拟机（JVM）进程，Java 虚拟机相当于一个虚拟的操作系统，专门负责运行由 Java 编译器生成的字节码文件。

②db 目录：db 目录是一个小型的数据库。从 JDK 6.0 开始，Java 中引入了一个新成员 JavaDB，这是一个纯 Java 实现开源的数据库管理系统。这个数据库不仅很轻便，而且支持 JDBC 4.0 所有规范。在学习 JDBC 时，不再需要额外安装数据库软件，选择直接使用 JavaDB 即可。

③jre 目录：jre 是 Java Runetime Environment 的缩写，即 Java 程序运行时环境，这个目录是 Java 运行时环境的根目录。

④include 目录：由于 JDK 是通过 C 和 C++实现的，因此在启动时需要引入一些 C 语言的头文件。

⑤lib 目录：lib 是 library 的缩写，即 Java 类库或库文件，是开发工具使用的归档包文件。

⑥src.zip 文件：src.zip 为 src 文件夹的压缩文件，src 中放置的是 JDK 核心类的源代码，通过该文件可以查看 Java 基础类的源代码。

【例 1-1】 安装 JDK。

安装 JDK 的操作步骤如下：

步骤 1：打开 http://www.oracle.com/technetwork/java/index.html 页面，如图 1-4 所示。

步骤 2：单击"Java Downloads"按钮后会出现图 1-5 所示页面，单击页面中的"Java SE Downloads"按钮，即可进行下载。

步骤 3：选择"Accept License Agreement"单选按钮，选择需要的版本，此处选择 Windows x86，如图 1-6 所示。

步骤 4：下载完成后，双击下载好的安装包，弹出图 1-7 所示的安装程序界面。

步骤 5：单击"下一步"按钮，弹出图 1-8 所示的定制安装界面，选择安装路径，此处单击"更改"按钮，选择"E:\Java\jdk1.8.0_121\"路径。

第1章 搭建 Java 运行环境

图 1-4　JDK 安装步骤 1　　　　　　图 1-5　JDK 安装步骤 2

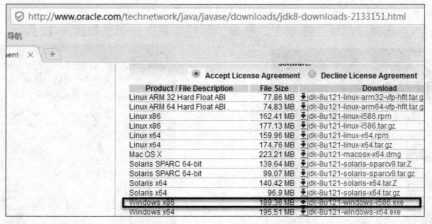

图 1-6　JDK 安装步骤 3

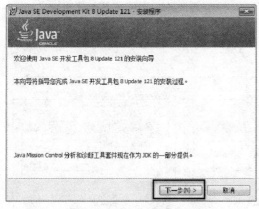 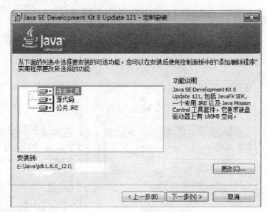

图 1-7　JDK 安装步骤 4　　　　　　图 1-8　JDK 安装步骤 5

步骤 6：单击"下一步"按钮，弹出目标文件夹界面，选择 Java 安装的目标文件夹，如图 1-9 所示，此处选择"E:\Java\jre1.8.0_121\"。

步骤 7：单击"下一步"按钮，弹出完成界面，如图 1-10 所示，表示 JDK 安装成功。

图 1-9　JDK 安装步骤 6

图 1-10　JDK 安装步骤 7

步骤 8：安装好 JDK 之后，需要进行简单配置，右击桌面上的"计算机"图标，在弹出的快捷菜单中选择"属性"命令，如图 1-11 所示。

步骤 9：选择"高级"选项卡，单击"环境变量"按钮，如图 1-12 所示。

图 1-11　JDK 安装步骤 8

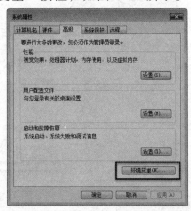

图 1-12　JDK 安装步骤 9

步骤 10：在"系统变量"选项组中设置 JAVA_HOME、CLASSPATH、PATH 属性，如图 1-13 所示。

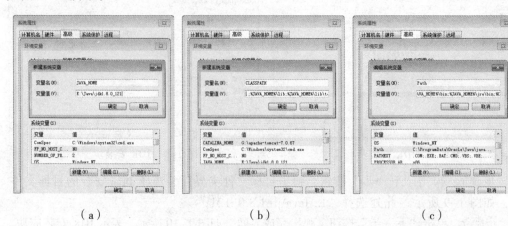

（a）　　　　　　　　　　　　（b）　　　　　　　　　　　　（c）

图 1-13　JDK 安装步骤 10

步骤11：选择"开始"→"运行"命令，在弹出的"运行"对话框中输入"cmd"，在打开的窗口中输入"java –version"命令，如图1-14所示，说明环境变量配置成功。

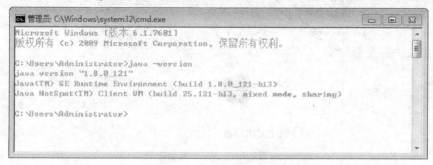

图1-14 JDK安装步骤11

1.2.2 Eclipse的安装与配置

1. Eclipse简介

Eclipse 是一个开放源代码的、基于 Java 的可扩展开发平台。就其本身而言，它只是一个框架和一组服务，用于通过插件组件构建开发环境。但是，Eclipse 附带了一个标准的插件集，包括 Java 开发工具（Java Development Tools，JDT）。

Eclipse是著名的跨平台的自由集成开发环境（IDE）。最初主要用于 Java 语言开发，但是目前亦有人通过外挂程序使其作为其他计算机语言（如 C++、Python 等）的开发工具。Eclipse本身只是一个框架平台，但是众多外挂程序的支持使得 Eclipse 拥有其他功能相对固定的 IDE 软体很难具有的灵活性。许多软件开发商以 Eclipse 为框架开发自己的 IDE。

2. Eclipse的下载与解压

打开官网 http://www.eclipse.org/downloads/ 下载 Eclipse。一般下载的 Eclipse 都是免安装版的，所以直接解压后就可以使用。

3. Eclipse中增加注释的方法

（1）多行注释

使用的多行注释符号是：/*...*/。多行注释有 3 种注释方法：①选中所要注释的部分，在菜单栏左上角选择 source→Add block comment；②手动输入/*...*/；③选中所要注释的部分，按【Ctrl+Shift+/】组合键。

（2）单行注释

使用的单行注释符号是：//。单行注释有两种方法：①手动输入//；②选中注释行，按【Ctrl+Shift+C】组合键。

【例1-2】 安装 Eclipse。

步骤1：打开 http://www.eclipse.org/downloads/，如图1-15所示。

步骤2：单击"Download Packages"按钮，打开图1-16所示窗口。

步骤3：根据自己计算机的配置，选择 32bit/64bit 版本，此处选择"32bit"版本，下载的是免安装的压缩包，直接解压即可使用，解压后的界面如图1-17所示。

图 1-15　Eclipse 安装步骤 1

图 1-16　Eclipse 安装步骤 2

图 1-17　Eclipse 安装步骤 3

步骤 4：双击图 1-17 中的 Eclipse 图标，选择运行的工作空间，如图 1-18 所示，即可进入 Eclipse 的工作空间。

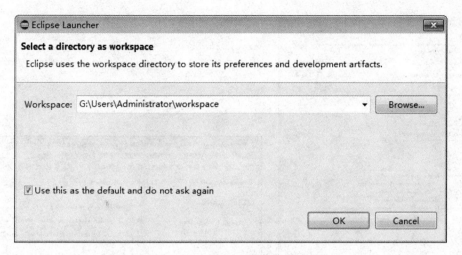

图 1-18　Eclipse 安装步骤 4

【例 1-3】　开发 Java 应用程序"Hello,Java!"。

方法 1：

步骤 1：在记事本中输入下列代码，然后把记事本另存为 HelloJava.java 文件。

```java
public class HelloJava {
  public static void main(String[] args) {
    System.out.println("Hello,Java!");
  }
}
```

步骤 2：运行 cmd，进入 HelloJava.java 所在目录，然后输入 javac HelloJava.java 和 java HelloJava，即可输出程序运行结果，如图 1-19 所示。

图 1-19　运行结果

方法 2：

步骤 1：新建一个 Java 应用程序项目 FirstApplication，在项目下的 src 文件夹中右击，新建一个类 Class，在弹出的对话框中将它的包命名为 FirstApplication，类命名为 HelloJava，如图 1-20 所示。

步骤 2：在类中编写可以输出"Hello,Java!"的应用程序，如图 1-21 所示。

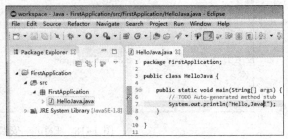

图 1-20　新建 Application 程序　　　　图 1-21　编写程序

步骤 3：运行程序，输出结果如下：

```
Hello,Java!
```

【例 1-4】　开发 Java Applet 程序。

步骤 1：新建一个 Java 应用程序项目 FirstApplet，在项目下的 src 文件夹中右击，新建一个类 Class，在弹出的对话框中将它的包命名为 FirstApplet，类命名为 HelloJava，创建成功后如图 1-22 所示。

图 1-22　新建 Applet 程序

步骤 2：在类中编写可以输出"Hello,Java！"的 Applet 程序。代码如下：

```
package FirstApplet;
import java.applet.Applet;
```

```java
import java.awt.Color;
import java.awt.Graphics;
public class HelloJava extends Applet {
    public void paint(Graphics g) {
        //画矩形，高 125，宽 225
        g.drawRect(0,0,225,125);
        //Set the color to red
        g.setColor(Color.red);
        //输出 1 个消息
        g.drawString(" Hello,Java!",20,50);
    }
}
```

步骤 3：编译 Java 源代码，编译后出现图 1-23 所示的小应用程序查看器。

图 1-23　Applet 程序结果

思 考 题

1.面向对象的软件开发有哪些优点？

把软件系统看成是各种对象的集合，更接近人类的思维方式。

软件需求的变动往往是功能的变动，而功能的执行者——对象一般不会有大的变化。这使得按照对象设计出来的系统结构比较稳定。

对象包括属性和行为，对象把属性及方法的具体实现形式一起封装起来，这使得方法和与之相关的属性不再分离，提高了每个子系统的相对独立性，从而提高了软件的可维护性。

支持封装、抽象、继承和多态，提高了软件的可重用性，可维护性和可扩展性。

2.解释 Java 语言跨平台的技术基础。

因为 Java 程序编译之后的代码不是能被硬件系统直接运行的代码，而是一种"中间码"——字节码。然后不同的硬件平台上安装有不同的 Java 虚拟机（JVM），由 JVM 来把字节码再翻译成所对应的硬件平台能够执行的代码。因此对于 Java 编程者来说，不管硬件平台是什么，Java 程序都可以在其上运行，所以 Java 可以跨平台。

编 程 实 训

实训 1

编写一个 Java 程序，在屏幕上输出你的姓名和学号。

参考代码：

```java
public class Exercise1_1 {
  public static void main(String[] args) {
    System.out.print("姓名：张三，学号：1234！");
  }
}
```

实训 2

编写 Applet 程序，在窗口中输出你的姓名和学号。

参考代码：

```java
import java.applet.Applet;
import java.awt.Color;
import java.awt.Graphics;
public class Exercise1_2 extends Applet {
  public void paint(Graphics g) {
    //Draw a rectangle width=225, height=125
    g.drawRect(0,0,225,125);
    //Set the color to red
    g.setColor(Color.red);
    //Write the message to the web page
    g.drawString(" 姓名：张三，学号：1234",20,50);
  }
}
```

第 2 章

Java 基本语法

知识目标

1. 了解 Java 的语法结构；
2. 掌握 Java 的运算符和表达式；
3. 掌握 Java 的流程控制语句；
4. 掌握 Java 的数据类型转换；
5. 掌握数组 Arrays 类的定义、使用。

能力要求

1. 掌握 Java 流程控制语句的使用；
2. 掌握 java 一维数组、二维数组和多维数组的使用。

学习到这里，大家对 Java 有了一定的了解，Java 的开发环境也配置好了，现在是否想要看看 Java 程序究竟是什么样子呢？是不是想要体会一下如何开发 Java 程序呢？下面先来看看如何创建一个简单的 Java 程序，了解一下 Java 程序的结构，这是进行 Java 程序开发的第一步。

2.1 剖析 Java 的结构

2.1.1 你好，Java！

现在有些人已经跃跃欲试地想要马上开始学习如何编写 Java 程序了，下面先来体会第一个 Java 程序。像其他编程语言一样，Java 编程语言也被用来创建应用程序。一个共同的应用程序范例是在屏幕上显示字串"Hello World!"。下列代码给出了这个 Java 应用程序。虽然很多你可能都不明白，没有关系，主要是来体会一下 Java 程序是什么样子，你可以先看看，有个印象，然后可以先模仿着做。

【例 2-1】 编写程序"Hello World!"。

```
1    /* 第一个 Java 程序
2     * 它将打印字符串 Hello World
3     */
4    public class HelloWorld {
```

```
5       public static void main(String []args) {
6           System.out.println("Hello World");// 打印 Hello World!
7       }
8   }
```

下面将逐步介绍如何保存、编译以及运行这个程序：

步骤 1：打开 Notepad，把上面的代码添加进去。

步骤 2：把文件名保存为 HelloWorld.java。

步骤 3：打开 cmd 命令窗口，进入目标文件所在的位置，假设是 C:\。

步骤 4：在命令行窗口中输入 javac HelloWorld.java，按【Enter】键编译代码。如果代码没有错误，cmd 命令提示符会进入下一行。（假设环境变量都设置好了）

步骤 5：再输入 java HelloWorld，按【Enter】键即可运行程序。

你将会在窗口中看到 Hello World 程序的运行结果：

```
C: > javac HelloWorld.java
C: > java HelloWorld
Hello World
```

以上程序是在屏幕上打印"Hello World!"所需的最少代码。程序虽小，但包括了一个 Java 程序的主要内容：

①第 1~3 行是注释，对此程序的说明；注释如果是单行的可用//标注。

②第 4 行是类名定义，在 Java 中，类名必须与文件名需要相同，否则编译会出错。

③第 5 行是主方法定义，主方法是一个程序的执行入口。

④第 6 行是在屏幕输出，即打印出"Hello World!"。

⑤第 7~8 行是与前面括号的对应。

Java 程序包括源代码（.java 文件）、由编译器生成的类（.class 文件）、由归档工具 jar 生成的.jar 文件、对象状态序列化.ser 文件。由于只有源代码需要开发者编写，这里只讨论源代码的结构：

①package 语句，0 或 1 个，指定源文件存入所指定的包中，该语句必须在文件之首，如没有此语句，源文件存入当前目录下。

②import 语句，0 或多个，必须在所有类定义之前引入标准类。

③public class 定义，0 或 1 个，指定应用程序类名，也是源文件名。

④class 定义，0 或多个，类定义。

⑤interface 定义，0 或多个，接口定义。

提示：Java 是区分大小写的。源文件名与程序类名必须相同，其扩展名为.java，源文件中最多只能有一个 public 类，其他类的个数不限。

Java 有两类应用程序：Java Application 和 Java Applet。前者是独立的应用程序，而后者嵌入 HTML 在浏览器中执行。

1. 编写和运行 Java Application 程序

Java Application 应用程序的编写和执行分 3 步进行：

①编写源代码。首先要选一个无格式的文本编辑器，如 Windows 的记事本、

UltraEdit 等。千万不要用 Word 这类带格式的文本编辑器，因为它隐藏有许多 Java 解释器不能识别的格式信息。其次，创建一个文件夹，如 D:\javaProgram 用来存放编写好的 Java 程序。然后可打开编辑器编写程序，写完后以扩展名.java 存入新建文件夹 D:\javaProgram 中。

②编译源代码，下载安装 JDK 后，它已包含有编译器 javac.exe 对 Java 程序进行编译，需要进入 DOS 方式，在 DOS 提示符下输入命令：cd D:\javaProgram，设置运行目录，再输入编译命令：javac 源文件全名（带扩展名.java），如没有语法错误，在文件夹 D:\javaProgram 中出现一个二进制字节码文件：源文件名.class，它由编译器自动生成。如源代码有语法错误，给出错误报告，按行指出错误，编者按报告改正错误后，重复上面编译命令，直至编译成功。

③解释执行，利用 JDK 的解释器 java.exe 执行。仍在 DOS 方式下，输入命令：java 源文件名（不带.java 扩展名），如执行成功，显示结果，如执行有错，显示错误报告，设法排错直至获得正确结果。

2. 编写和运行 Java Applet 应用程序

Java Applet 应用程序的编写和执行共分 4 步进行：

①编写源代码，这步与 Java Application 应用程序相同，编辑一个源文件存入指定文件夹中。注意，该程序不含 main 方法。

②编写 HTML 文件调用该小程序。以.html 为扩展名存入相同文件夹。

③编译过程，与 Java Application 应用程序相同，编译应用程序的 Java 部分。

④解释执行，同样在 DOS 方式下，输入命令：appletviewer filename.html（这里的 filename 不要求与 java 文件同名）。如无错误，显示结果，如有出错报告，排错后，重复上面解释执行。

3. JDK 工具

上面编写执行 Java 程序的过程中用到了一些工具，SUN 公司免费提供了一套 JDK 工具，它主要包括：

①javac.exe：Java 编译器，能将源代码编译成字节码，以.class 扩展名存入 Java 工作目录中，它的命令格式为：javac [选项] 文件名（全名）。

②java.exe：Java 解释器，执行字节码程序。该程序是类名所指的类，必须是一个完整定义的名字，必须包括该类所在包的包名，而类名和包名之间的分隔符是"."，如类不在任何包中，类名是单独的。执行命令格式为：java [选项] 类名 [程序参数]。

③javadoc.exe：Java 文档生成器，对 Java 源文件和包以 MML 格式产生 AP 文档。如给出包名，它按类路径相关的对应包目录下找出所有.java 源文件，为每个类生成一个 HTML 文档并生成该包中所有类的 HTML 文档索引。默认时，这些 HTML 文件存入当前目录下。执行命令的格式：javadoc [选项] 包名或 javadoc[选项] 文件名。

④appletviewer.exe：Java Applet 浏览器。执行命令格式：appletviewer [- debug] URL。其中，-debug 表示在 jdb 中启动；URL 指定所嵌入 Applet 的 HTML 文件名。

注意：

编写 Java 程序时，应注意以下几点：

大小写敏感：Java 是大小写敏感的，这就意味着标识符 Hello 与 hello 是不同的。

类名：对于所有的类来说，类名的首字母应该大写。如果类名由若干单词组成，那么每个单词的首字母应该大写，例如 MyFirstJavaClass。

方法名：所有的方法名都应该以小写字母开头。如果方法名含有若干单词，则后面的每个单词首字母大写。

源文件名：源文件名必须和类名相同。当保存文件的时候，用户应该使用类名作为文件名保存（切记 Java 是大小写敏感的），文件名的扩展名为.java。（如果文件名和类名不相同则会导致编译错误）。

主方法入口：所有的 Java 应用程序由 public static void main(String args[])方法开始执行。

4．Java 控制台输入/输出的常用方法

在 Java 应用程序中，控制输出的语句是 System.out.print()或 System.out.println()；System 类位于 java.lang 包中；那么有输出，对应的就有输入，Java 中的控制台输入是通过 Scanner 类来实现的。Scanner 类位于 java.util 包中，专门用于控制台输入，在使用之前首先需要导入这个包的类：

```
import java.util.Sacnner;
```

Scanner 类在后面的章节进行详细介绍，这里仅学会简单使用即可。

【例 2-2】 编写第一个 Java 测试程序。目标在于了解 Java 程序的基本结构，程序使用在屏幕输出方法 System.out.println()输出一些信息。例如：输出"I am XXX,Welcome to Java,Good Luck!"。

```
//HelloWorld.java
public class HelloWorld {
  public static void main(String[] args) {
    System.out.println("I am XXX,Welcome to Java,Good Luck!");
  }
}
```

测试结果如下所示：

```
I am XXX,Welcome to Java,Good Luck!
```

2.1.2 简单数据类型

在学习过程中，无论是数据类型、注释、运算符和表达式还是循环和子语句，都

是构成 Java 世界大厦的坚固基石，大家在学习过程中不能有浮躁情绪，从基础做起，练习每个实例。下面通过一些小示例介绍 Java 的基础语法，虽然不提倡死记硬背，但是对于一些既定的规则和做法，唯一的方法就是按照规定的要求去做，没有什么发挥余地。在记忆的同时希望能注意思考，多试验各个数据类型和运算符，这样结合示例进行巩固，达到融会贯通的目的。

在现实生活中，人们通常会对信息进行分类，从而使得自己能很容易地判断某个数据是表示一个百分数还是一个日期，通常是通过判断数字是否带"%"，或者是否是一个我们熟悉的"日期格式"。类似的在程序中，计算机也需要某种方式来判断某个数字是什么类型的。这通常需要程序员显式地声明某个数据是什么类型的，Java 就是这样的。Java 是一种强类型的语言，凡是使用到的变量，在编译之前一定要被显式地声明。

在 Java 源代码中，每个变量都必须声明一种类型（type）。Java 数据类型（type）可以分为两大类：基本类型（primitive types）和引用类型（reference types）。引用类型引用对象（reference to object），而基本类型直接包含值（directly contain value）。

下面主要学习 Java 中的基本数据类型，又称简单数据类型。

1. 标识符

每种语言都从数据类型开始，因为计算机应用的本质就是对信息的数字化。在现实世界里，所有的事物都是用名字来区分的，计算机程序也利用名字来区分数字，即用名字去定义程序中的各种成员，这种名字在编程语言中称为标识符。每种语言对标识符的命名都有规则，在 Java 语言中，所有的变量、常量、对象和类都是用标识符命名的，标识符的命名规则为：

①标识符是以字母、下画线（_）、美元符（$）作为首字符的字符串序列。在首字符后面可以跟字母、下画线（_）、美元符（$）和数字。

②标识符是区分大小写的。

③标识符的字符数目没有限制，但为便于阅读和记忆，不宜太长。

Java 语言使用 Unicode 字符集（有关 Unicode 字符集的详细信息，可在 http://www.unicode.org 网站上查到）。例如：username、itUser、_sysVar、$ den、$_app 等都是合法的标识符，而 2unit、#room、401room 等是非法标识符。

2. 关键字

小时候，学习汉语时，开始学的是一些单个的字，只有认识了单个的字，才能组成词，才能慢慢的到句子，然后到文章。学习同计算机交流跟这个过程是一样的，首先我们得学习一些计算机看得懂的单个的字，那么这些单个字在 Java 里面就是关键字。什么是关键字？Java 语言保留的，Java 的开发和运行平台认识，并能正确处理的一些单词。其实就是个约定，就好比我们约定好，我画个勾表示去吃饭。那好了，只要我画个勾，大家就知道是什么意思，并能够正确执行了。在 Java 语言的开发和运行平台之间，只要按照约定使用某个关键字，Java 的开发和运行平台就能够认识它，并正确地处理。

Java 中的关键字如下：

abstract	do	implements	private	throw	boolean	double	import
protected	throws	break	else	instanceof	public	transient	byte
extends	int	return	true	case	false	interface	short
try	catch	final	long	static	void	char	finally
native	super	volatile	class	float	new	switch	while
continue	for	null	synchronized	enum	default	if	ackage
this		assert					

注意：

①这些关键字的具体含义和使用方法，会在后面用到的地方讲述。

②Java 的关键字也是随新的版本发布在不断变动中的，不是一成不变的。

③所有关键字都是小写的。

④goto 和 const 不是 Java 编程语言中使用的关键字，但是是 Java 的保留字，也就是说 Java 保留了它们，但是没有使用它们。true 和 false 不是关键字，而是 boolean 类型直接量。

⑤在 Java 中，所有数据类型的长度都固定，与平台无关，因此没有 sizeof 关键字。

3. 简单数据类型

数据类型简单地说就是对数据的分类，对数据各自的特点进行类别的划分，划分的每种数据类型都具有区别于其他类型的特征，每一类数据都有相应的特点和操作功能。例如，数字类型能够进行加减乘除操作。

Java 的数据类型必须实例化后才能使用，它们通过变量或常量来实例化。变量是程序中的基本存储单元之一，由变址名、变量类型、变量属性、变量初值组成。变量名是合法标识符。变量类型有两大类：基本类型（包括整型、浮点型、布尔型、字符型等）和复合类型（包括数组、类和接口）。变量属性是描述变量的作用域，按作用域分类有局部变量、类变量、方法参数和异常处理参数。变量作用域是指可访问变量的范围，局部变量在方法中声明，作用域是方法代码段。类变量在类中声明而不是在类的方法中声明，作用域是整个类。方法参数用来传递数据给方法，作用域是方法内代码段。异常处理参数用来传递给异常处理代码段，作用域是异常处理内代码。

final 属性是专门定义常值变量的保留字，说明该变量赋值以后永不改变，变量初值是该变量的默认值。常量与变量一样也有各种类型。变量与常量举例如下：

```
int a1,b1,c1;           //a1、h1、c1 变量为整数型
int d1,d2=10;           //d1、d2 变量为整数型,d2 的初值为 10
char ch1,ch5;           //ch1、ch5 变量为字符型
final float PI=3.1416;  //PI 常量为浮点型，值为 3.1416
```

Java 语言的数据类型如图 2-1 所示。

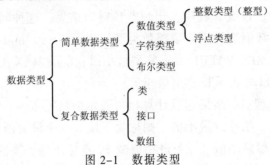

图 2-1　数据类型

提示：Java 语言没有无符号整数类型、指针类型、结构类型、联合类型、枚举类型，这使得 Java 编程简单易学。

简单数据类型又称基本数据类型。Java 语言有 8 种简单数据类型，分别是 boolean、byte、short、int、long、float、double、char。Java 为基本类型提供语言级别的支持，即已经在 Java 中预定义，用相应的关键字表示。基本类型是单个值，而不是复杂的对象，基本类型不是面向对象的，但出于效率方面考虑，提供了基本类型的对象版本，即基本类型的包装器（wrapper）。可以直接使用这些基本类型，也可以使用基本类型构造数组或者其他自定义类型。基本类型具有明确的取值范围和数学行为。

（1）整型数据

整型数据分整型常量和整型变量。

①整型常量。整型常量分 3 种书写格式：

十进制整数，如 189、-360、456。

八进制整数，以 0 开头，如 012 表示十进制的 10。

十六进制整数，以 0x 或 0X 开头，如 0X123 表示十进制数 291。

整型常量在计算机中默认值占 32 位，分 byte、short、int 和 long 4 类，它们分别占 8、16、32、64 位。对于 long 类型整型常量书写时，要在数字后面加 L 或 l，如 4096L 表示一个 64 位的 4096 长整数。

②整型变量。与整型常量相同，Java 语言提供了 byte、short、int 和 long 4 种类型的整型变量。为防止计算机高低字节存储顺序不同，通常用 byte 类型来表示数据可以避免出错。一般情况很少使用该类型，因为它只有 8 位，表示数据的范围很小，是 -128～+127。

short 类型数据的存储顺序是先高后低，这对存储顺序相反的计算机来说就易出错，使用时要特别注意。它存储时占 16 位，表示的数据范围是 -32 768～+32 767，这种类型也不常用。

int 类型是最常用的整数类型，它存储时占 32 位，能表示的数据范围比较大，是 -2 147 483 648～+2 147 483 647。

long 类型用于大型计算，能表示的数据范围超过 int 类型，如天气预报的计算，天体宇宙计算都是天文数字，就会用 long 类型来表示。它存储时占 64 位，数据范围是 -9 223 372 036 854 775 808L～+9 223 372 036 854 775 807L。

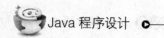

使用整型变量特别要注意数值的范围，如要存储的数据超出范围，该数据会被截断，实际量中的数据已改变，程序会出现非预料的结果，这种问题很难查出。

Java 语言提供了常值变量用于取整数类型的边界值，如 Integer.MAX_VALUE 表示整型最大值；Integer.MIN_VALUE 表示整型最小值；Long.MAX_VALUE 表示长整型最大值；Long.MIN_VALUE 表示长整型最小值。

如果经计算机处理后，结果超过计算机可表示的数据范围，则称为溢出。如超过最大值，则称为上溢；如超过最小值，则称为下溢。一个最大值加 1 后，计算机产生上溢，该数被变为整型最小值。一个最小值减 1，产生下溢，该值被变为整型最大值。因此，要特别防止数据的上、下溢出。

定义整型变量举例：

```
byte a,d,h;       //定义a、d、h为字节型变量
short ss,ff;      //定义ss、ff为short型变量
int I,x,y;        //定义i、x、y为int型变量
long u1,u2;       //定义u1、u2为long型变量
```

（2）浮点型数据

浮点型数据属于实型数据，分 float 和 double 两种类型，也有实型常量和实型变量之分。浮点型数据由数字和小数组成，必须有小数点，因此小数位数越多，表示数越精确。

①实型常量。实型常量的书写格式有十进制格式：如 0.256、1.888、256.0 等；指数格式：256e3 或 256E3，其中的 e 或 E 是指数符，因此要求在 e/E 之前必须有数字，在 e/E 之后必须是整数。实型常量在计算机中的存储表示用 float 和 double 两种类型，如 1.33568E2f 或 133.568E（数的末尾加 F 或 f）都表示相同的 133.568 浮点数；而 1.33568E2D 或 133.568d（数的末尾加 D 或 d）都表示 133.568 的 double 双精度浮点数。float 类型在计算机内存储占 32 位，double 类型占 64 位。如果同一个数，用不同类型表示，在计算机内所占的位数不同，经计算机计算处理后精度不同。float 类型具有占内存少、运算快的优点。因此，只要精度能满足，就应该使用它，仅在精度要求很高时，才选择 double 类型。float 类型数的表示范围是：±3.402 823 47E38，而 double 类型数的表示范围是：±1.797 693 134 862 370E308。

提示：如数字后没有任何字母，计算机默认为 double 类型。

②实型变量。实型变量也分 float 类型和 double 类型，它的定义如下：

```
float f1,y1;        //定义r1、y1变量是单精度float实型
double p1,s1;       //定义p1、s1变量是双精度double实型
```

实型变量的运算过程没有溢出的问题。如出现下溢，计算机设置为 0.0；如出现上溢，计算机结果显示为±Infinity（正/负无穷大），表示上溢的特殊值。当除法分母为 0 时，结果为 NaN 特殊值（即 Not a Number）。

Java 语言提供表 2-1 所示的常值变量表示最大值、最小值和判别溢出的特殊值。

表 2-1　常值变量

类　　型	float 类型	double 类型
最大值	Float.MAX_VALUE	Double.MAX_VALUE
最小值	Float.MIN_VALUE	Double.MIN_VALUE
正无穷大	Float.POSITIVE_INFINITY	Double.POSITIVE_INFINITY
负无穷大	Float.NEGATIVE_INFINITY	Double.NEGATIVE_INFINITY
0/0	Float.NaN	Double.NaN

（3）布尔型数据

布尔型数据只有两个值：true（真）和 false（假），它不对应任何数值，因此，它不能与数字进行相互转换，布尔型数据一般用于逻辑判别，在流控制中常用，它在计算机内存占 1 字节，默认值（局部变量除外）为 false。

布尔变量定义举例如下：

```
Boolean tt = true; //定义 tt 变量为布尔型，初值为 true
```

（4）字符型数据

①字符常量。字符常量是用单撇号括起来的一个字符，如's'、'@'。用双撇号括起来的是字符串，如"s"、"shanghua"。一般来说，凡是 Unicode 字符都可以括起来作为字符常量，但对有一些字符必须用转义字符来表示，如单撇号本身、换行符等。转义字符以反斜杠（\）开头，如"\'"表示单撇号（'）、"\n"表示换行符。下列给出 Java 语言中转义字符的描述：

```
\ddd      表示 1~3 位的八进制数据（ddd）所代表的字符
\uxxxx    表示 1~4 位的十六进制数据（xxxx）所代表的字符
\'        表示单撇号字符
\"        表示双撇号字符
\\        表示反斜杠字符
\r        表示回车
\n        表示换行
\b        表示退格
\f        表示走纸换页
\t        表示横向跳格
```

提示：Unicode 字符集比 ASCII 字符集更丰富，它们是 16 位无符号数据，如"\141"和"\u0061"都表示字符常量'a'。

②字符变量。字符变量以 char 类型表示，它在内存中占 16 位，表示范围是 0~65 535，它不能当作整数使用。char 类型的值可转换成 int 类型。但反过来，将 int 转换成 char 类型必须强制执行。例如：

```
int wq,t=5;     //定义 wq, t 两个变量为 int 类型，且 t 的初值为 5
char rt,s='2';  //定义 rt, s 两个变量为 char 类型，且 s 的初值为'2'
wq=t+s;         //wq=55, 因为在做加法运算时, char s 变量先被自动转化为整数 50,
                //然后与 t 变量相加得结果 55, 赋值返回给 wq 整型变量
rt=(char)wq;    //将 wq 的值强制转换为 char 字符型，赋值返回给 rt 字符型变量
```

把最后两句可合并为一句：rt=(char)(t+s)，结果一样。由此可知，编写程序不是只有唯一的方法，这就要看编程者对语言的精通程度。当然，保证程序正确无误是第一位的，灵活应用需要多编写、多熟悉、多积累经验。

【例2-3】 编写程序，计算圆的面积。

```
public class ComputeArea {
  public static void main(String[] args) {
    double radius;                      // 声明 radius
    double area;                        // 声明 area
    radius = 20;                        // 定义一个 radius 并赋值
    area = radius * radius * 3.14159;   // 计算 area
    // 打印出结果
    System.out.println("The area for the circle of radius " +
      radius + " is " + area);
  }
}
```

测试结果如下所示：

```
The area for the circle of radius 20.0 is 1256.636
```

2.1.3 数据类型转换

在程序中，将一种类型的值赋给另一种类型是很常见的。在Java中，boolean类型与所有其他7种类型都不能进行转换，这一点很明确。对于其他7种数值类型，它们之间都可以进行转换，但是可能会存在精度损失或者其他一些变化。转换分为自动转换和强制转换。对于自动转换（隐式），无须任何操作，而强制类型转换需要显式转换，即使用转换操作符（type）。

下面学习Java中的数据类型转换。

Java语言的各种数据类型之间提供两种转换：自动转换和强制转换。自动类型转换允许在赋值和计算时由编译系统按一定的优先次序自动完成。它只能将位数少的数据类型向位数多的数据类型转换。如要反过来，将位数多的数据类型向位数少的数据类型转换，只能采用强制转换，它由编程者决定，编译系统去执行。

7种类型的顺序排列如下：byte <（short=char）< int < long < float < double。

如果从小转换到大，可以自动完成，而从大到小，必须强制转换。short 和 char 两种相同类型也必须强制转换。

1. 类型的自动转换

自动转换时发生扩宽（widening conversion）。因为较大的类型（如int）要保存较小的类型（如byte），内存总是足够的，不需要强制转换。如果将字面值保存到byte、short、char、long的时候，也会自动进行类型转换。注意区别，此时从int（没有带L的整型字面值为int）到byte/short/char也是自动完成的，虽然它们都比int小。在自动类型转换中，除了以下几种情况可能会导致精度损失以外，其他的转换都不会出现精度损失。

  int→float、long→float、long→double、float→double without strictfp。

  除了可能的精度损失外，自动转换不会出现任何运行时（run-time）异常。例如：

```
byte i = 100;
long k = i * 3 + 4;
double d = i * 3.1 + k / 2;
```

  2．类型的强制转换

  将较长的数据类型转换成较短的数据类型，只能用强制类型转换，通常都用赋值语句实现，在要求强制的变量名前面用()括上所要强制转换的类型符。例如：

```
short s;
byte b=(byte)s;//将s强制转换成byte类型
```

显式的类型强制转换：

```
double result;
result=1.5+3/2;
```

结果是2.5。因为3/2按整数运算计算，结果是1。若强制转换：

```
result=1.5+(double)3/2;
```

结果是3。

  【例2-4】 编写程序，让用户输入年利率、年数和贷款数额，按照下面的计算公式计算每月还款金额和总的还款金额。

$$\frac{loanAmount \times monthlyInterestRate}{1-\dfrac{1}{(1+monthlyInterestRate)^{numberOfYears \times 12}}}$$

分析：

  ①一般会用到两种方式接受用户的输入，一种是使用 JOptionPane input Dialogs 输入对话框，第二种是使用 JDK 1.5 中的 Scanner 类。这两种方法后面会详细讲解，这里只简单介绍需要用到的内容。在这个任务中使用第二种方法。需要如下两个步骤：

  步骤1：创建一个 Scanner 对象。代码如下

```
Scanner scanner = new Scanner(System.in);
```

  步骤2：使用这个对象的方法 next()、nextByte()、nextShort()、nextInt()、nextLong()、nextFloat()、nextDouble()或者 nextBoolean()分别获得一个字符串、byte、short、int、long、float、double 或者 boolean 类型的值。例如：

```
System.out.print("Enter a double value: ");
Scanner scanner = new Scanner(System.in);
double d = scanner.nextDouble();
```

②为了在程序中实现公式中的指数运算 ab，需要用到 Math.pow(a,b)方法。这个方法已在 Math 类中定义好了，可以直接导入使用。

```java
import java.util.Scanner;
public class ComputeLoan {
    public static void main(String[] args) {
        // 创建一个Scanner对象接受键盘输入
        Scanner input = new Scanner(System.in);
        // 提示输入年利率
        System.out.print("Enter yearly interest rate,for example 8.25: ");
        double annualInterestRate = input.nextDouble();
        // 计算月利率
        double monthlyInterestRate = annualInterestRate / 1200;
        // 提示输入年数
        System.out.print("Enter number of years as an integer,for example 5: ");
        int numberOfYears = input.nextInt();
        // 提示输入贷款数额
        System.out.print("Enter loan amount,for example 120000.95: ");
        double loanAmount = input.nextDouble();
        // 计算还款数额
        double monthlyPayment = loanAmount * monthlyInterestRate / (1-1 / Math.pow(1 + monthlyInterestRate, numberOfYears * 12));
        double totalPayment = monthlyPayment * numberOfYears * 12;
        // 保留两位小数
        monthlyPayment = (int)(monthlyPayment * 100) / 100.0;
        totalPayment = (int)(totalPayment * 100) / 100.0;
        // 输出结果
        System.out.println("The monthly payment is " + monthlyPayment);
        System.out.println("The total payment is " + totalPayment);
    }
}
```

测试结果如下所示：

```
Enter yearly interest rate, for example 8.25: 9.12
Enter number of years as an integer, for example 5: 10
Enter loan amount, for example 120000.95: 15000
The monthly payment is 190.98
The total payment is 22918.7
```

2.2 翻滚吧，Java 代码！

2.2.1 运算符与表达式

假如我们要为一年级的学生做一个算法测试程序，随机产生 10 以内的加法算式，学生输入答案后，提示答案是否正确。那么我们需要对程序中涉及的数据进行处理，因此就需要通过运算符和表达式来操作数据和对象。下面学习运算符和表达式。

第2章 Java 基本语法

对各种类型的数据进行加工的过程称为运算，表示各种不同运算的符号称为运算符，参与运算的数据称为操作数。

按运算符的操作数的数目划分，可分为下面几类：
① 一元运算符：++、--、+、-。
② 二元运算符：+、-、>。
③ 三元运算符：?:。

按运算符的功能划分，可分为下面几类：
① 算术运算符：+、-、*、/、%、++、--。例如：

```
3 + 2;
a - b;
i ++;
-- i;
```

② 关系运算符：>、<、>=、<=、==、!=。例如：

```
Count > 3;
I == 0;
N != -1;
```

③ 布尔逻辑运算符：!、&&、||。例如：

```
Flag = true;
!(flag);
Flag && false;
```

④ 位运算符：>>、<<、>>>、&、|、^、~。

Java 编程语言提供了两种右移位运算符和一种左移位运算符，右移1位（>>）相当于除以2；左移1位（<<）相当于乘以2。

a. 运算符 >> 进行算术或符号右移位。移位的结果是第一个操作数被2的幂来除，而指数的值是由第二个数给出的。例如：128 >> 1 得到 $128/2^1 = 64$；256 >> 4 得到 $256/2^4 = 16$；-256 >> 4 得到 $-256/2^4 = -16$。

b. 逻辑或非符号右移位运算符 >>> 主要作用于位图，而不是一个值的算术意义；它总是将零置于符号位上。例如：

```
1010 ... >> 2        //得到 111010 ...
1010 ... >>> 2       //得到 001010 ...
```

在移位过程中，>> 运算符使符号位被复制。

c. 运算符 << 执行一个左移位。移位的结果是：第一个操作数乘以2的幂，指数的值是由第二个数给出的。例如：

```
128 << 1            //得到 128*2¹ = 256
```
（即 $128 \times 2^1 = 256$）

d. 算术逻辑运算符有 &（与）、|（或）、~（补码 Complement）、^（异或）。例如：

```
~01001111                    //结果为 10110000
00101101 & 01001111          //结果为 00001101
00101101^01001111            //结果为 01100010
00101101|01001111            //结果为 01101111
```

⑤赋值运算符=，及其扩展赋值运算符+=、-=、*=、/=等。例如：

```
i = 3;
i += 3;                      //等效于 i=i+3;
```

⑥条件运算符?:。例如：

```
result=(sum==0?1: num/sum );
```

⑦其他：包括分量运算符、下标运算符[]、实例运算符 instanceof、内存分配运算符 new、强制类型转换运算符(类型)、方法调用运算符()等。例如：

```
System.out.println("hello world");
int array1[] == new int[4];
```

表达式是由操作数和运算符按一定的语法形式组成的符号序列。最简单的表达式是一个常量或一个变量，该表达式的值就是该常量或变量的值；表达式的值还可以作为其他运算的操作数，形成更复杂的表达式。

表达式的类型指的是表达式运算结束后的值的类型，由运算符以及参与运算的操作数的类型决定。例如 x、y、z 都是布尔型的变量，则 x&&y||z 是布尔型表达式；如果 num1、num2 都是整型变量，则 num1+num2 是整型表达式。下面进行详细介绍。

1. 算术运算符和算术表达式

算术表达式由操作数和算术运算符组成。在算术表达式中，操作数只能是整型或浮点型数据，算术运算符作用于操作数，完成算术运算。Java 的算术运算符分一元运算符和二元运算符两种。

（1）一元算术运算符

一元算术运算符涉及的操作数只有一个，由一个操作数和一元算术运算符构成一个算术表达式。一元算术运算符共有 4 种，如表 2-2 所示。

表 2-2 算术运算符

运算符	名称	表达式	功能
+	加	+op1	取正
-	减	-op1	取负
++	增量	++op1、op1++	加 1
--	减量	--op1、op1--	减 1

一元加和一元减运算符仅表示某个操作数的符号，其操作结果为该操作数的正值或负值。增量运算符将操作数加 1，如对浮点数进行增量操作，则结果为加 1.0。减量运算符将操作数减 1，如对浮点数进行减量操作，则结果为减 1.0。

例如，++x 与 x++ 的结果均为 x=x+1，--y 与 y-- 的结果均为 y=y-1。

但是，如果将增量运算与减量运算表达式再作为其他表达式的操作数使用时，i++ 与 ++i 是有区别的：i++ 在使用 i 之后，使 i 的值加 1，因此执行完 i++ 后，整个表达式的值为 i，而 i 的值变为 i+1；++i 在使用 i 之前，使 i 的值加 1，因此执行完 ++i 后，整个表达式和 i 的值均为 i+1。

i-- 与 --i 的区别与 i++ 与 ++i 类似。

（2）二元算术运算符

二元算术运算符有两个操作数，由两个操作数加一个二元算术运算符可构成一个算术表达式。二元算术运算符共有 5 种，如表 2-3 所示。

表 2-3　二元算术运算符

运算符	表达式	功　能
+	op1+op2	加
-	op1-op2	减
*	op1*op2	乘
/	op1/op2	除
%	op1%op2	模运算（取余）

二元算术运算符适用于所有数值型数据类型，包括整型和浮点型。但要注意，如果操作数全为整型，那么，只要其中有一个为 long 型，则表达式结果也为 long 型；其他情况下，即使两个操作数全是 byte 型或 short 型，表达式结果也为 int 型；如果操作数为浮点型，那么，只要其中有一个为 double 型，表达式结果就是 double 型；只有两个操作数全是 float 型或其中一个是 float 型而另外一个是整型时，表达式结果才是 float 型。另外，还要注意，当 "/" 运算和 "%" 运算中除数为 0 时，会产生异常。

在 Java 语言中，取模运算符 %，其操作数可以为浮点数，如 45.4%10=5.4。

Java 对 "+" 运算符进行了扩展，使它能够进行字符串的连接，如"abc"+"de"得到字符串"abcde"。不仅如此，通过"+"运算符还能够将字符串和其他类型的数据进行连接，其结果是字符串，如"abc"+3 得到字符串"abc3"、3.0+"abc"得到字符串"3.0abc"。但是一般说来，如果 "+" 运算符的第一个操作数是字符串，则 Java 系统会自动将后续的操作数类型转换成字符串类型，然后再进行连接；如果 "+" 运算符的第一个操作数不是字符串，则运算结果由后续的操作数决定，例如 3+4+5+"abc"的结果是字符串"12abc"，而不是"345abc"。

（3）算术运算符的优先级

在稍微复杂一些的算术表达式中，算术运算符的优先级按下面次序排列：++和--

的级别最高，然后是*和/以及%，而+和-的级别最低。此外，为了增强程序的可读性，通过括号可以改变运算的顺序。

2. 关系运算符和关系表达式

关系运算符用来比较两个操作数之间的关系，由两个操作数和关系运算符构成一个关系表达式。关系运算符的操作结果是布尔类型的，即如果运算符对应的关系成立，则关系表达式结果为 true，否则为 false。关系运算符都是二元运算符，共有 6 种，如表 2-4 所示。

表 2-4 关系运算符

运算符	表达式	功　　能	返回 true 值时的情况
>	op1>op2	比较 op1 是否大于 op2	op1 大于 op2
<	op1<op2	比较 op1 是否小于 op2	op1 小于 op2
>=	op1>=op2	比较 op1 是否大于或等于 op2	op1 大于或等于 op2
<=	op1<=op2	比较 op1 是否小于或等于 op2	op1 小于或等于 op2
==	op1==op2	比较 op1 是否等于 op2	op1 是否等于 op2
!=	op1!=op2	op1 和 op2 不相等性测试	op1 不等于 op2

例如，对于操作数 15 和 18 来说，它们之间的关系运算结果如下：

```
15>18      //值为 false
15<18      //值为 true
15>=18     //值为 false
15<=18     //值为 true
15==18     //值为 false
15!=18     //值为 true
```

关系表达式的操作结果是严格的布尔类型，即只可能是 true 或者是 false，Java 语言中绝对不允许出现 C/C++语言中用 1 和 0 来代替 true 和 false 的情况。关系运算符通常与布尔逻辑运算符结合起来使用，作为流程控制语句的判断条件。对于相等关系运算符"= ="，不仅可以用于基本类型数据之间的比较，还可以用于复合数据类型数据之间的比较。

基本类型数据的"=="运算比较容易得出结果，但对于复合数据类型数据的"=="运算，其比较的目标是两个操作数是否是同一个对象，字符串是一个类，是复合数据类型，若字符串 s1 和 s2 的值都是"how are you"，但是它们却是不同的对象，因此"=="运算后的结果是 false。如果需要比较两个对象的值是否相同，则可以调用 equals()方法。Equals()方法是 Java 的根类 Object 的方法，在类 Object 中 equals()方法的操作是与"=="运算符一样的，就是比较两个操作数是否是同一个对象，但是 Java 类库的许多子类，都重写了 equals()方法，使其功能变为比较两个操作数的内容是否一样。

3. 布尔逻辑运算符和布尔逻辑表达式

布尔逻辑运算符用来连接关系表达式，对关系表达式的值进行布尔逻辑运算，由关系表达式加布尔逻辑运算符就构成了布尔逻辑表达式。布尔逻辑运算符共有 3 种，即逻辑与

（&&）、逻辑或（||）和逻辑非（!），其操作结果都是布尔型的，如表2-5所示。

表 2-5 布尔逻辑运算符

关系表达式1的值（op1）	关系表达式2的值（op2）	op1&&op2	op1||op2	!op1
false	false	false	false	true
false	true	false	true	true
true	false	false	true	false
true	true	true	true	false

&&、||为二元运算符，实现逻辑与、逻辑或。!为一元运算符，实现逻辑非。Java中的&&、||运算采用"短路"方式进行计算，先求出运算符左边的表达式的值，如果该值为true，对于||运算来说，则整个布尔逻辑表达式的结果必然为true，从而不需要再对||运算符右边的表达式进行运算；同样，对&&运算，如果左边表达式的值为false，则不会再对运算符右边的表达式求值，整个布尔逻辑表达式的结果已确定为false。

关系运算符和布尔逻辑运算符的优先级如下：!的优先级最高，其次为>、>=、<、<=，接着是==和!=，然后是&&，最后是||。和算术运算符一样，括号可以改变关系运算符和布尔逻辑运算符的运算顺序。

4. 位运算符和位运算表达式

使用任何一种整数类型时，可直接对整数型二进制数进行位运算。这意味着可利用屏蔽和置位技术来设置或获得一个数字中的某位或几位，或者将一个位模式向右或向左移动。由位运算符和整型操作数构成位运算表达式。位运算符比较接近于计算机底层的控制，由于Java语言在最初设计的时候，还希望应用于一些嵌入式设备的编程（如用于数字电视机顶盒编程），因此保留了位运算符。表2-6列出了所有的位运算符。

表 2-6 位运算符

运 算 符	功 能	表 达 式
~	按位取反	~ op
&	按位与	op1&op2
|	按位或	op1 | op2
^	按位异或	op1^op2
>>	op1 按位右移 op2 位	op1>>op2
<<	op1 按位左移 op2 位	op1<<op2
>>>	op1 添零右移 op2 位	op1>>>op2

从表2-6可以看出，位运算符中，除~以外，其余均为二元运算符。为了叙述方便，把位运算符分成位逻辑运算符（包括~、&、|和^ 4种）和移位运算符（包括>>、<<和>>> 3种），下面分别加以说明。

（1）位逻辑运算符

①按位取反运算符~。~是一元运算符，对数据的每个二进制位取反，即把1变为0，把0变为1。例如：

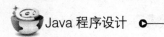

```
~10111010            //结果 01000101
```

②按位与运算符&。两个操作数中，如果两个相应位都为1，则该位的结果为1，否则为0，即：0&0=0，0&1=0，1&0=0，1&1=1。例如：

```
01010101&00101111    //结果为 00000101
```

按位与可以用来屏蔽特定的位，即对特定的位清零。例如，假定i是一个整型变量，对下面的语句而言：

```
int theFourthBit=i&8;
```

则在变量i的二进制形式中，除了右数第4位没有变化外，其余位全都被清零。

按位与可以用来取某个数中某些指定的位。例如，取整型变量i的第5位，可用下面的语句实现：

```
int theFifthBit=i&16;
```

③按位或运算符|。两个操作数中，只要两个相应位中有一个为1，则该位的结果为1，否则为0，即：0|0=0，0|1=1，1|0=1，1|1=1。例如：

```
01010100|00101110    //结果为 01111110
```

按位或可以用来置某些特定的位为1，例如，将整型变量i的第4位和第5位置1，可用下面的语句实现：

```
int setFourthAndFifthBit=i|24;
```

在变量i的二进制形式中，除了第4位和第5位被置为1外，其余位都没有变化。

④按位异或运算符^。两个操作数中，如果两个相应位相同，则结果为0，否则为1，即：0^0=，1^0=1，0^1=1，1^1=0。例如：

```
01010100^00101110    //结果为 01111010
```

如果需要使一个整型数的某些特定的位翻转，可使用另一个相应位为1的操作数与原来的整型数进行按位异或操作来实现。下面的例子对整型变量i的第4位翻转。

```
int revertFourth=i^8;
```

其余位则没有变化。

通过按位异或运算，可以实现两个值的交换，而不使用临时变量。例如，交换两个整数a、b的值，可通过下列语句实现：

```
int a=15,b=24;//a 的最右边 8 位为 00001111，b 的最右边 8 位为 00011000，a 和 b
             //其余位为 0，下同
a=a^b;       //a 的最右边 8 位为 00010111，a=23
b=b^a;       //b 的最右边 8 位为 00001111，6=15
a=a^b;       //a 的最右边 8 位为 00011000，a=24
```

注意：在进行位逻辑运算时，如果两个操作数的数据长度不同，如x|y，x为long型，y为int型（或char型），则系统首先会将y的左侧32位（或48位）填满。若y为正数，则左侧填满0，若Y为负数，则左侧添满1。这样，位逻辑运算表达式返回两个操作数中数据长度较长的数据类型。

（2）移位运算符

在介绍移位运算符之前，先介绍一下补码的概念。

Java使用补码表示二进制数，在补码表示中，最高位为符号位，正数的符号位为0，负数为1。补码的规定如下：

对正数来说，最高位为0，其余各位代表数值本身（以二进制表示），如+42的补码为00101010。

对负数而言，把该数绝对值的补码按位取反，然后对整个数加1，即得该数的补码。如-1的补码为11111111（-1绝对值的补码为00000001，按位取反再加1为11111110+1=11111111）。用补码来表示数，0的补码是唯一的，都为00000000。

①算术右移运算符>>。用来将一个数的二进制位序列右移若干位。例如：a=a>>2，使a的各二进制位右移2位，移到右端的低位被舍弃，最高位则移入原来高位的值。如a=00110111，则a>>2=00001101；b=11010011，则b>>2=11110100。右移2位相当于除2取商，而且用右移实现除法比除法运算速度要快。

②算术左移运算符<<。用来将一个数的二进制位序列左移若干位。例如：a=a<<2，使a的各二进制位左移2位，右补0，若a=00001111，则a<<2=00111100。高位左移后溢出，舍弃不起作用。

在不产生溢出的情况下，左移1位相当于乘2，而且用左移来实现乘法比乘法运算速度要快。在构建一个位序列以便进行位屏蔽操作时，>>和<<运算显得非常重要。例如：

```
int fourthBitFromRight=(i&(1<<3))>>3;  //取i位序列第4位的值
```

实际上，Java编译器可将2的乘幂运算自动转换成相应的移位运算。

③逻辑右移运算符>>>。用来将一个数的各二进制位添零右移若干位。与运算符>>的相同之处是，移出的低位被舍弃。不同之处是>>运算时，最高位则移入原来高位的值；而>>>运算时，最高位补0。所以逻辑右移又称无符号右移。例如：a=00110111，则a>>>2=00001101；b=11010011，则b>>>2=00110100。

（3）位运算符的优先级

在复杂一些的位运算表达式中，位运算符的优先级顺序排列如下：-的优先级最高，其次是<<、>>和>>>，接着是&，然后是^，最后是!。当然，通过括号可以改变位运算符的优先顺序。

5.赋值运算符和赋值表达式

赋值表达式的组成是：在赋值运算符的左边是一变量，右边是一表达式。表达式值的类型应与左边的变量类型一致或可以转换为左边的变量类型。赋值运算符分为赋值运算符（=）和扩展赋值运算符两种。

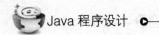

（1）赋值运算符

赋值运算符（=）把一个表达式的值赋给一个变量，在赋值运算符两侧的类型不一致的情况下，如果左侧变量类型的级别高，则右侧的数据被转换成与左侧相同的高级数据类型后赋给左侧变量；否则，需要使用强制类型转换运算符。

（2）扩展赋值运算符

在赋值运算符"="前加上其他运算符，即构成扩展赋值运算符。例如：a+=4 等价于 a=a+4。扩展赋值运算符的特点是可以使程序表达简练，并且还能提高程序的编译速度。表 2-7 列出了 Java 中的扩展赋值运算符及等价的表达式。

表 2-7　Java 中的扩展赋值运算符

运算符	表达式	等效表达式
+=	op1+=op2	op1=op1+op2
-=	op-=op2	op1=op1-op2
*=	op1*=op2	op1=op1*op2
/=	op1/=op2	op1=op1/op2
%=	op1%=op2	op1=op1%op2
&=	op1&=op2	op1=op1&op2
|=	op1|=op2	op1=op1 | op2
^=	op1^=op2	op1=op1^op2
>>=	op1>>=op2	op1=op1>>op2
<<=	op1<<=op2	op1=op1<<op2
>>>=	op1>>>=op2	op1=op1>>>op2

6.运算符的优先级和复杂表达式

最简单的表达式是一个常量或一个变量字，该表达式的值就是该常量或变量的值。表达式的值还可以作为其他运算的操作数，当表达式中含有两个或两个以上运算符时，称为复杂表达式。在对一个复杂表达式进行运算时，要按运算符的优先顺序从高到低进行，同级的运算符则按照在表达式中出现的位置从左到右的方向进行。表 2-8 列出了 Java 中运算符的优先级。

表 2-8　Java 中运算符的优先级

优先级	运算符	优先级	运算符
1	. [ ] ( )	9	&
2	++ -- ! ~ instanceof	10	^
3	New(type)	11	|
4	* / %	12	&&
5	+ -	13	||
6	>> >>> <<	14	?:
7	> < >= <=	15	= += -= *= /= %= ^=
8	== !=	16	&= |= <<= >>= >>>=

7. 表达式语句

在由++和--运算符形成的一元算术表达式和赋值表达式后加上分号可直接作为语句使用,这种由表达式直接构成的语句称为表达式语句。例如:

```
i++;
--j;
z=x+y;
f[0]=f[1]=1;
c+=a;
b*=a;
```

其他可以直接构成表达式语句的表达式还有无返回值的方法调用。例如:

```
System.out.println(…);
```

【例2-5】 编写程序,随机产生10以内的number1和number2并显示一个算式。例如:"What is 7 + 9?"。学生输入答案后,提示答案是否正确。

分析:此处产生随机数的方法是System.currentTimeMillis(),这个方法获得系统当前时间到1970.1.1 00:00:00的时间差值,是一个以毫秒(1000 ms=1 s)为单位的long类型的值。

```java
import java.util.Scanner;
public class AdditionQuiz {
    public static void main(String[] args) {
        int number1 = (int)(System.currentTimeMillis() % 10);
        int number2 = (int)(System.currentTimeMillis() * 7 % 10);
        // 创建一个Scanner
        Scanner input = new Scanner(System.in);
        System.out.print("What is " + number1 + " + " + number2 + "? ");
        int answer = input.nextInt();
        System.out.println(number1 + " + " + number2 + " = " + answer + " is " +(number1 + number2 == answer));
    }
}
```

测试结果如下所示:

```
What is 6 + 2? 8
6 + 2 = 8 is true
```

2.2.2 语句初探

Java是面向对象的编程语言,从程序的组织上,主要通过构造多个类之间的关系来完成程序的功能;但是在编写类的时候,主要通过一定的程序流程来实现类中方法的功能。Java的程序流程是由若干条语句组成的,每一条语句以分号结束,语句可以是单一的一条语句（如 c=a+b;），也可以是用大括号{}括起来的语句块（又称复合语句）。一般说来，程序是按照代码出现的先后次序顺序执行的，但是通过流程控制可以有效地组织代码运行的顺序。

Java 流程控制结构包括分支语句、循环语句、跳转语句、异常处理语句等。

1. 条件分支语句

条件分支语句提供了这样一种控制机制，它根据条件值或表达式值的结果选择执行不同的语句序列，其他与条件值或表达式值不匹配的语句序列则被跳过不执行。分支语句分为条件语句和多分支语句。

条件语句根据判定条件的真假来决定执行哪种操作。

（1）if 结构

Java 语言中，最简单的条件语句是 if 结构。采用的格式如下：

```
if(条件) statement;
```

或者

```
if(条件) {block}
```

第一种情况下，在条件为真时，执行一条语句 statetment；否则跳过 statement 执行下面的语句。第二种情况下，在条件为真时，执行多条语句组成的代码块 block；否则跳过 block 执行下面的语句。

上述格式中的"条件"为关系表达式或布尔逻辑表达式，其值为布尔值。

（2）if-else 结构

Java 语言中，较常见的条件语句是 if-else 结构。采用的格式如下：

```
if(条件)
  statement1;    //或{block1}
else
  statement2;    //或{block2}
```

在条件为真时,执行语句 statement1（或代码块 block1），然后跳过 else 和 statement2（或代码块 block2）执行下面的语句；在条件为假时，跳过语句 statementl（或代码块 block1）执行 else 后面的 statement2（或代码块 block2），然后继续执行下面的语句。

注意：else 子句不能单独作为语句使用，它必须和 if 子句配对使用。另外，三元条件运算符有时可以代替 if-else 结构。例如：

```
xpression1?expression2?expression3
```

等价于如果表达式 expression1 为 true，就计算表达式 expression2；否则计算表达式 expression3。

相当于下列语句：

```
if(expression1)expression2;
else expression3;
```

【例 2-6】 编写程序，每次产生 5 个减法算术题，提示用户输入答案，并判断用户是否答对，最后显示题目的正确答案以及答题的时间。

```java
import java.util.Scanner;
public class SubtractionQuizLoop {
    public static void main(String[] args) {
        final int NUMBER_OF_QUESTIONS = 5;// 题目数数量
        int correctCount = 0;              // 计算答对的题数
        int count = 0;                     // 题目计数器
        long startTime = System.currentTimeMillis();
        String output = "";
        Scanner input = new Scanner(System.in);
        while (count < NUMBER_OF_QUESTIONS) {
            // 1. 产生两个随机数字
            int number1 = (int)(Math.random() * 10);
            int number2 = (int)(Math.random() * 10);
            // 2. 如果 number1 < number2，交换
            if (number1 < number2) {
                int temp = number1;
                number1 = number2;
                number2 = temp;
            }
            // 3. 输出问题 "what is number1 - number2?"
            System.out.print("What is " + number1 + " - " + number2 + "? ");
            int answer = input.nextInt();
            // 4. 计算答对的次数，并显示结果
            if (number1 - number2 == answer) {
                System.out.println("You are correct!");
                correctCount++;
            }
            else
                System.out.println("Your answer is wrong.\n" + number1 +
" - " + number2 + " should be " + (number1 - number2));
            // count 增加
            count++;
            output += "\n" + number1 + "-" + number2 + "=" + answer +
((number1 - number2 == answer) ? " correct": " wrong");
        }
        long endTime = System.currentTimeMillis();
        long testTime = endTime - startTime;
        System.out.println("Correct count is " + correctCount +
"\nTest time is " + testTime / 1000 + " seconds\n" + output);
    }
}
```

某次测试结果如下所示：

```
What is 2 - 0? 2
You are correct!
What is 8 - 4? 3
Your answer is wrong.
```

```
8 - 4 should be 4
What is 4 - 4? 0
You are correct!
What is 7 - 1? 5
Your answer is wrong.
7 - 1 should be 6
What is 6 - 1? 5
You are correct!
Correct count is 3
Test time is 18 seconds

2-0=2 correct
8-4=3 wrong
4-4=0 correct
7-1=5 wrong
6-1=5 correct
```

（3）if-else-if 结构

当需要处理多个分支时，可以使用 if-else-if 结构。采用的格式如下：

```
if(条件 1)
    statement1;          //或(block1)
else if(条件 2)
    statement2;          //或(block2)
……
else if(条件 N)
    statementN;          //或(blockN)
[ else
    statementN+1;        //或{blackN+1}
]
```

其中，else 部分是可选的。else 总是与离它最近的 if 配对使用。下面举例说明。

【例 2-7】 随机产生一个彩票号码，为了简单起见假设随机生成 100 以内的 2 位数字的号码，提示用户输入一个两位数，并根据下面的规则提示用户中奖结果：

如果用户输入的数字和彩票号码数字和位置完全一样，奖金￥10 000。

如果用户输入的数字和彩票号码数字一样，奖金￥3 000。

如果用户输入的数字和彩票号码有一位数字一样，奖金￥1 000。

```java
.import java.util.Scanner;
public class Lottery {
    public static void main(String[] args) {
        // 产生一个彩票数字
        int lottery = (int)(Math.random() * 100);
        // 提示用户输入一个数字
        Scanner input = new Scanner(System.in);
        System.out.print("Enter your lottery pick: ");
        int guess = input.nextInt();
        // 判断输入是否与彩票数字一致
        if (guess == lottery)
            System.out.println("Exact match: you win ￥10 000");
```

```
        else if (guess % 10 == lottery / 10
           && guess / 10 == lottery % 10)
           System.out.println("Match all digits: you win ￥3 000");
        else if (guess % 10 == lottery / 10 || guess % 10 == lottery % 10
           || guess / 10 == lottery / 10 || guess / 10 == lottery % 10)
           System.out.println("Match one digit: you win ￥1 000");
        else
           System.out.println("Sorry, no match");
    }
}
```

测试结果如下所示:

```
Enter your lottery pick: 50
Match one digit: you win ￥1 000
```

(4) 嵌套使用的条件结构

上述各种条件结构中,根据实际需要,在每一个代码块(block)中都可以嵌入另外的条件语句结构。这种情况使得程序结构比较凌乱,使用时要特别注意 if 和 else 的搭配。

2. 多分支语句

处理多个分支时,使用 if-else-if 结构显得非常烦琐。Java 语言提供了多分支语句 switch。switch 语句根据表达式的值从多个分支中选择一个来执行,它的一般格式为:

```
switch(expression){
   case value1: statement1;
   break;
   case value2: statement2;
   break;
   case valueN: statementN;
   break;
   [default: defaultStatement;]
}
```

例如,美国某年的收入税收按表 2-9 所示情况进行收取,这里有 4 种情况:单身、婚后一起交税、婚后分开交税、按户交税,某年交税的税率如表所示。这种分支比较清楚的情况可以选择 Switch-case 语句实现,比 if-else 方便。

表 2-9 税收情况

税率	单身	婚后一起交税	婚后分开交税	按户交税
10%	6 000 以下	12 000 以下	6 000 以下	10000 以下
15%	6 001~27 950	12 001~46 700	6 001~23 350	10 001~37 450
27%	27 951~67 700	46 701~112 850	23 351~56 425	37 451~96 700
30%	67 701~141 250	112 851~171 950	56 426~85 975	96 701~156 600
35%	141 251~307 050	171 951~307 050	85 976~153 525	15 601~307 050
38.6%	307 051 以上	307 051 以上	153 526 以上	307 051 以上

```
switch (status) {
  case 0:  计算单身情况的税率;
     break;
  case 1:  计算婚后一起交税的税率;
     break;
  case 2:  计算婚后分开交税的税率;
     break;
  case 3:  计算按户交税的税率;
     break;
  default: System.out.println("Errors: invalid status");
     System.exit(0);
}
```

3. 循环语句

在程序设计中，有时需要反复执行一段相同的代码，直到满足一定的条件为止。Java 提供了循环语句，一个循环语句一般应包含如下 4 部分内容。

①初始化部分（initialization）：用来设置循环控制的一些初始条件，如设置计数器等。

②循环体部分（body）：这是反复执行的一段代码，可以是单一的一条语句，也可以是复合语句（代码块）。

③迭代部分（iteration）：用来修改循环控制条件。常常在本次循环结束，下次循环开始前执行。例如，使计数器递增或递减。

④判断部分（termination）：又称终止部分。是一个关系表达式或布尔逻辑表达式，其值用来判断是否满足循环终止条件。每执行一次循环都要对该表达式求值。

Java 中的循环语句主要有以下几种情况：

（1）while 循环

while 循环又称"当型"循环，它的一般格式为：

```
[initialization]
while(lermination)
{
  body;
  [iteration;]
}
```

说明如下：

①初始化控制条件，这部分是任选的。

②当布尔表达式（termination）的值为 true 时，循环执行大括号中的语句，其中迭代部分是任选的。若某次判断布尔表达式的值为 false，则结束循环的执行。

③while 循环首先计算终止条件，当条件满足时，才去执行循环体中的语句或代码块；若首次计算条件就不满足，则大括号中的语句或代码块一次都不会被执行。这是"当型"循环的特点。

④while 循环通常用于循环次数不确定的情况，但也可以用于循环次数确定的情况。

while 循环的流程如图 2-2 所示。

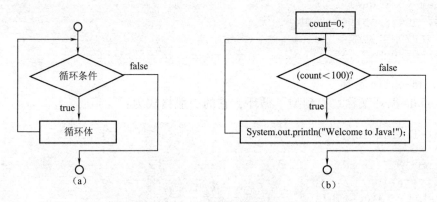

图 2-2 while 循环的流程图

【例 2-8】 编写程序，能够产生 0～100 的随机整数，然后提示用户输入他所猜测的答案，直到用户猜对为止。用户每次输入后，程序给出提示：用户输入的数字是太大还是太小，以便调整下次输入的值。

```java
import java.util.Scanner;
public class GuessNumber {
  public static void main(String[] args) {
    // 产生一个随机数
    int number = (int)(Math.random() * 101);
    Scanner input = new Scanner(System.in);
    System.out.println("Guess a magic number between 0 and 100");
    int guess = -1;
    while (guess != number) {
      // 提示用户猜数字
      System.out.print("\n Enter your guess: ");
      guess = input.nextInt();
      if (guess == number)
        System.out.println("Yes,the number is " + number);
      else if (guess > number)
        System.out.println("Your guess is too high");
      else
        System.out.println("Your guess is too low");
    } // 循环结束
  }
}
```

程序某次测试结果如下所示：

```
Guess a magic number between 0 and 100
Enter your guess: 50
Your guess is too high
Enter your guess: 25
Your guess is too low
Enter your guess: 35
```

```
Your guess is too low
Enter your guess: 45
Your guess is too high
Enter your guess: 44
Yes,the number is 44
```

(2) do-while 循环

do-while 循环又称"直到型"循环,它的一般格式为:

```
[initialization]
do{
   body;
   [iteration;]
}while(termination);
```

说明如下:

①do-while 结构首先执行循环体,然后计算终止条件,若结果为 true,则循环执行大括号中的语句或代码块,直到布尔表达式的结果为 false。

②与 while 结构不同的是,do-while 结构的循环体至少被执行一次,这是"直到型"循环的特点。

do-while 循环的流程如图 2-3 所示。

(3) for 循环

当事先知道了循环会被重复执行多少次时,可以选择 Java 提供的确定循环结构—— for 循环。for 循环的一般格式为:

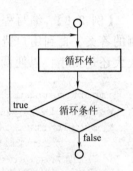

图 2-3 do-while 循环流程图

```
for(initialization;termination;iteration)
{
   body;
}
```

说明如下:

①for 循环执行时,首先执行初始化操作,然后判断终止条件是否满足,如果满足,则执行循环体中的语句,最后执行迭代部分。完成一次循环后,重新判断终止条件。

②可以在 for 循环的初始化部分声明一个变量,它的作用域为整个 for 循环。

③for 循环通常用于循环次数确定的情况,但也可以根据循环结束条件完成循环次数不确定的情况。

④在初始化部分和迭代部分可以使用逗号语句进行多个操作。逗号语句是用逗号分隔的语句序列。例如:

```
for(i=0,j=10;i<j;i++.j--}
{
   …
}
```

⑤初始化、终止以及迭代部分都可以为空语句(但分号不能省),三者均为空的时候,相当于一个无限循环。例如:

```
for(;;)
{
    …
}
```

⑥for 循环与 while 循环是可以相互转换的。更确切地说,for 循环等同于一个 while 循环。例如:

```
for(i =0,j=10;i<j;i++,j--)
{
    …
}
```

完全等同于:

```
i=0;
j=10;
while(i<j)
{
    …
    i++;
    j--;
}
```

因此,可以选择最适合要求的循环结构。for 循环的流程如图 2-4 所示。

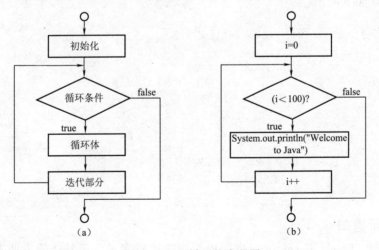

图 2-4　for 循环的流程图

【例 2-9】　编写程序,根据用户输入的行数,打印数字金字塔。

```
import java.util.Scanner;
public class PrintPyramid {
```

```java
    public static void main(String[] args) {
      // 创建一个 Scanner 对象
      Scanner input = new Scanner(System.in);
      // 提示用户输入数字的行数
      System.out.print("Enter the number of lines: ");
      int numberOfLines = input.nextInt();
      if (numberOfLines < 1 || numberOfLines > 15) {
        System.out.println("You must enter a number from 1 to 15");
        System.exit(0);
      }
      // 打印
      for (int row = 1;row <= numberOfLines;row++) {
        // 打印 (number of Lines - row)个空格
        for (int column = 1;column <= numberOfLines - row; column++)
          System.out.print("   ");
        // 打印前半部分数字 row, row - 1, ..., 1
        for (int num = row;num >= 1;num--)
          System.out.print((num >= 10) ? " " + num: "  " + num);
        // 打印后半部分数字 2, 3, ..., row - 1, row
        for (int num = 2;num <= row;num++)
          System.out.print((num >= 10) ? " " + num: "  " + num);
        //换行
        System.out.println();
      }
    }
  }
```

测试结果如下所示：

```
Enter the number of lines: 10
                              1
                           2  1  2
                        3  2  1  2  3
                     4  3  2  1  2  3  4
                  5  4  3  2  1  2  3  4  5
               6  5  4  3  2  1  2  3  4  5  6
            7  6  5  4  3  2  1  2  3  4  5  6  7
         8  7  6  5  4  3  2  1  2  3  4  5  6  7  8
      9  8  7  6  5  4  3  2  1  2  3  4  5  6  7  8  9
  10  9  8  7  6  5  4  3  2  1  2  3  4  5  6  7  8  9 10
```

4. 中断语句

在开发中，break 和 continue 中断语句用得比较多，下面具体看看两者的区别。
break 语句：在前面讲解 switch 语句时，每个 case 中的 break 的作用就是当该 case 为 true，则跳出整个 switch 循环。由此可见，break 的作用简单说就是跳出当前的整个循环，下面有个简单说明：break 语句可以强迫程序中断循环，当程序执行到 break 语句时，即会离开循环，继续执行循环外的下一个语句，如果 break 语句出现在嵌套循环的内层循环,则 break 语句只会跳出当前层的循环。下面通过示例进行说明。

【例 2-10】 测试 break 语句。

```java
public class TestBreak {
  public static void main(String[] args) {
    int sum = 0;
    int number = 0;
    while (number < 20) {
      number++;
      sum += number;
      if (sum >= 100) break;
    }
    System.out.println("The number is " + number);
    System.out.println("The sum is " + sum);
  }
}
```

测试结果如下所示:

```
The number is 14
The sum is 105
```

continues 语句可以强迫程序跳到循环的起始处,当程序运行到 continue 语句时,即会停止运行剩余的循环体,而返回到循环开始处继续运行,要注意,此处不是跳出整个循环执行下一条语句,这是 break 和 continue 的主要区别。实际上使用 continue 就是中断一次循环的执行,下面通过示例进行说明。

【例 2-11】 测试 continue 语句

```java
public class TestContinue {
  public static void main(String[] args) {
    int sum = 0;
    int number = 0;
    while (number < 20) {
      number++;
      if (number == 10 || number == 11) continue;
      sum += number;
    }
    System.out.println("The number is " + number);
    System.out.println("The sum is " + sum);
  }
}
```

测试结果如下所示:

```
The number is 20
The sum is 189
```

主体基本和上述的 break 案例一样,但是 break 语句换成 continue 语句之后,结果会截然不同。

【例 2-12】 输出乘法表。

提示：乘法表的输出分为输出表头、输出表的主体两部分。这两部分要用"------"分隔开。

```java
public class MultiplicationTable {
  /**主方法 */
  public static void main(String[] args) {
    //显示表头
    System.out.println("          Multiplication Table");
    // 显示数字行
    System.out.print("    ");
    for (int j = 1;j <= 9; j++)
      System.out.print("  " + j);
    System.out.println("\n-----------------------------------------");
    String output = "";
    // 打印表的主体
    for (int i = 1;i <= 9;i++) {
      output += i + " | ";
      for (int j = 1;j <= 9;j++) {
        // 显示结果并且进行合理的布局
        if (i * j < 10)
          output += "  " + i * j;
        else
          output += " " + i * j;
      }
      output += "\n";
    }
    // 显示结果
    System.out.println(output);
  }
}
```

测试结果如下所示：

```
        Multiplication Table
      1  2  3  4  5  6  7  8  9
-----------------------------------------
1 |   1  2  3  4  5  6  7  8  9
2 |   2  4  6  8 10 12 14 16 18
3 |   3  6  9 12 15 18 21 24 27
4 |   4  8 12 16 20 24 28 32 36
5 |   5 10 15 20 25 30 35 40 45
6 |   6 12 18 24 30 36 42 48 54
7 |   7 14 21 28 35 42 49 56 63
8 |   8 16 24 32 40 48 56 64 72
9 |   9 18 27 36 45 54 63 72 81
```

2.3 数组 Arrays 类

在 Java 语言中,数组是一种最简单的复合数据类型。数组是有序数据的集合,数组中的每个元素具有相同的数据类型,可以用一个统一的数组名和下标来唯一地确定数组中的元素。数组有一维数组和多维数组。通过数组名加数组下标来使用数组中的数据,下标从 0 开始。

2.3.1 一维数组

在程序的设计中,如果要存储多个相同数据类型的变量,比如存储一个班级的学生的成绩,使用简单变量无法达到要求,而且对成绩进行操作也比较麻烦,比如对学生成绩进行排名,这时可以使用数组存储多个学生的成绩和其他信息。下面学习一维数组的声明和使用,来解决类似的问题。

1. 声明数组

声明数组包括数组的名字、数组包含的元素的数据类型。

声明一维数组有下列两种格式:

```
数组元素类型  数组名字[ ];
数组元素类型[ ]  数组名字;
```

例如:

```
float boy[];double girl[];
```

或者

```
float[] boy;double[] girl;
```

2. 创建数组

声明数组仅仅是给出了数组名和元素的数据类型,要想使用数组还必须为它分配内存空间,即创建数组。

在为数组分配内存空间时必须指明数组的长度。格式如下:

```
数组名字 = new  数组元素的类型[数组元素的个数];
```

例如:

```
boy= new float[4];
```

3. 数组元素的使用

一维数组通过下标符访问自己的元素,如 boy[0]、boy[1]等。需要注意的是下标从 0 开始,因此,数组若是 7 个元素,下标到 6 为止,如果下标超过 6,将会发生异常。

二维数组也通过下标符访问自己的元素,如 a[0][1]、a[1][2]等。下标也是从 0 开始。

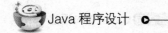

4. 数组的初始化

创建数组后，系统会给每个数组元素一个默认值，如 float 类型是 0.0。在声明数组的同时还可以给数组的元素赋初始值，例如：

```
float boy[]={ 21.3f,23.89f,2.0f,23f,778.98f};
```

5. length 的使用

对于一维数组，"数组名字.length"的值就是数组中元素的个数。

对于二维数组，"数组名字.length"的值是它含有的一维数组的个数。例如：

```
float=[] a=new float[12];       //a.length 的值是 12
```

6. 数组的引用

数组属于引用型变量，因此两个相同类型的数组如果具有相同的引用，它们就有完全相同的元素。例如：

```
int [] a={1,2,3},b={4,5};     //数组变量a和b分别存放着不同的引用
```

但是，如果使用了赋值语句：a=b；那么，a 中存放的引用就和 b 的相同，这时系统将释放最初分配给数组 a 的元素，使得 a 的元素和 b 的元素相同，即 a[0]、a[1]就是 b[0]、b[1]，而最初分配给数组 a 的三个元素已不复存在。下面结合示例讲解如何使用数组。

【例 2-13】 根据用户输入的数字，统计最大数字出现的次数。假设用户可以输入 6 个数字。

```java
import java.util.Scanner;
public class TestArray {
  /** 主方法 */
  public static void main(String[] args) {
    final int TOTAL_NUMBERS = 6;
    int[] numbers = new int[TOTAL_NUMBERS];
    // 创建一个 Scanner 对象用于接收用户的键盘输入
    Scanner input = new Scanner(System.in);
    //提示用户输入数字
    for (int i = 0;i < numbers.length;i++) {
      System.out.print("Enter a number: ");
      // 转换为 int 类型存储在数组中
      numbers[i] = input.nextInt();
    }
    // 找到最大值
    int max = numbers[0];
    for (int i = 1;i < numbers.length;i++) {
      if (max < numbers[i])
        max = numbers[i];
    }
    //找到最大值出现的次数
    int count = 0;
    for (int i = 0;i < numbers.length;i++) {
```

```
      if (numbers[i] == max) count++;
    }
    // 把将要输出的结果拼接到字符串 output 中
    String output = "The array is ";
    for (int i = 0;i < numbers.length;i++) {
      output += numbers[i] + " ";
    }
    output += "\n The largest number is " + max;
    output += "\n The occurrence count of the largest number " + "is " + count;
    // 输出结果
    System.out.println(output);
  }
}
```

这个程序中使用常量 TOTAL_NUMBERS 定义数组的大小。Scanner 类不仅可以从控制台中读取字符串，还可以读取除 char 之外的其他 7 种基本类型和 2 个大数字类型，并不需要显式地进行手工转换。后面的章节中会详细介绍。程序运行后可以接受用户输入的 6 个数字，假设输入：3，5，5，2，2，5。

测试结果如下所示：

```
Enter a number: 3
Enter a number: 5
Enter a number: 5
Enter a number: 2
Enter a number: 2
Enter a number: 5
The array is 3 5 5 2 2 5
The largest number is 5
The occurrence count of the largest number is 3
```

【例 2-14】 编写程序，产生随机字符，例如全部是小写字母，保存在一个数组中。首先显示数组内容并计算每个字符出现的次数，最后显示统计结果。

```
public class CountLettersInArray1{
  /** 产生一个 ch1 和 ch2 之间的随机字符*/
  public static char getRandomCharacter(char ch1, char ch2) {
    return (char)(ch1 + Math.random() * (ch2 - ch1 + 1));
  }
  /**产生随机的小写字母  */
  public static char getRandomLowerCaseLetter() {
    return getRandomCharacter('a', 'z');
  }
  /** 主方法 */
  public static void main(String args[]) {
    // 声明并创建数组
    char[] chars = createArray();
    // 显示数组
    System.out.println("The lowercase letters are: ");
    displayArray(chars);
    // 计算每个字母的出现次数
    int[] counts = countLetters(chars);
```

```java
    // 显示每个字母出现的次数
    System.out.println();
    System.out.println("The occurrences of each letter are: ");
    displayCounts(counts);
}
/** 创建一个数组存储字符 */
public static char[] createArray() {
    // 声明
    char[] chars = new char[100];
    // 随机产生随机字符并存储
    for (int i = 0;i < chars.length;i++)
        chars[i] = getRandomLowerCaseLetter();
    // Return the array
    return chars;
}
/** 显示字符的内容 */
public static void displayArray(char[] chars) {
    // 显示字母数组,每行显示20个字母
    for (int i = 0;i < chars.length;i++) {
        if ((i + 1) % 20 == 0)
            System.out.println(chars[i] + " ");
        else
            System.out.print(chars[i] + " ");
    }
}
/** 计算出现的次数 */
public static int[] countLetters(char[] chars) {
    // 声明并创建能够存储26个int类型数值的数组
    int[] counts = new int[26];
    // 计算数组中每个小写字母出现的次数
    for (int i = 0;i < chars.length;i++)
        counts[chars[i] - 'a']++;
    return counts;
}
/** 显示结果 */
public static void displayCounts(int[] counts) {
    for (int i = 0; i < counts.length; i++) {
        if ((i + 1) % 10 == 0)
            System.out.println(counts[i] + " " + (char)(i + 'a'));
        else
            System.out.print(counts[i] + " " + (char)(i + 'a') + " ");
    }
}
}
```

测试结果如下所示:

```
The lowercase letters are:
z i x n z h w d c f c c v g z s t t r m
y m m m d n v q m o q o l z i r u f p h
x x l k s e t w m k i x i n m u z q f o
```

```
t j x c t f j f u i b v v b d d x h i k
z u s m h g b o r l z v j f l d n l w i

The occurrences of each letter are:
0 a 3 b 4 c 5 d 1 e 6 f 2 g 4 h 7 i 3 j
3 k 5 l 8 m 4 n 4 o 1 p 3 q 3 r 3 s 5 t
4 u 5 v 3 w 6 x 1 y 7 z
```

7. 数组的复制

数组一旦创建后,其大小不可调整。然而,用户可使用相同的引用变量引用一个全新的数组。例如:

```
int myArray [] = new int [6];
myArray = new int [10];
```

在这种情况下,第一个数组被丢失,除非对它的其他引用保留在其他地方。
Java 语言在 System 类中提供了一种特殊方法复制数组,该方法为 arraycopy()。例如:

```
//原始数组
int myArray[] = { 1,2,3,4,5,6 };
//新数组,比原始数组大
int hold[] = { 10,9,8,7,6,5,4,3,2,1 };
//把原始数组的值复制到新数组中
System.arraycopy(yArray,0,hold,0,myArray.length);
```

复制完成后,数组 hold 有如下内容:1,2,3,4,5,6,4,3,2,1。
注意:在处理对象数组时,System.arraycopy()复制的是引用,而不是对象。对象本身并不改变。

【例 2-15】 对学生的成绩进行读取(百分制),找到最高分,并且按照下面的规则进行等级制分数的转换。

```
Grade is A if score is >= best-10;
Grade is B if score is >= best-20;
Grade is C if score is >= best-30;
Grade is D if score is >= best-40;
Grade is F otherwise.
```

提示:首先需要输入人数、学生的分数,找到其中最高分,转换成相应的等级,最后输出。

```
import java.util.Scanner;
public class AssignGrade {
  /**主方法 */
  public static void main(String[] args) {
    // 创建一个 Scanner 对象
    Scanner input = new Scanner(System.in);
    // 获得学生的人数
```

```java
    System.out.print("Please enter number of students: ");
    int numberOfStudents = input.nextInt();
    int[] scores = new int[numberOfStudents];// 存储分数的数组
    int best = 0;// 最高分
    char grade;// 等级
    // 读入分数并找到最高分
    for (int i = 0;i < scores.length;i++) {
      System.out.print("Please enter a score: ");
      scores[i] = input.nextInt();
      if (scores[i] > best)
        best = scores[i];
    }
    // 声明并初始化output字符串
    String output = "";
    // 转换为等级制
    for (int i = 0;i < scores.length;i++) {
      if (scores[i] >= best - 10)
        grade = 'A';
      else if (scores[i] >= best - 20)
        grade = 'B';
      else if (scores[i] >= best - 30)
        grade = 'C';
      else if (scores[i] >= best - 40)
        grade = 'D';
      else
        grade = 'F';
      output += "Student " + i + " score is " + scores[i] +
" and grade is " + grade + "\n";
    }
    // 显示结果
    System.out.println(output);
  }
}
```

这个程序中，学生的个数和学生的成绩都是用户录入的，假设录入学生数为5，程序测试结果如下所示：

```
Please enter number of students: 5
Please enter a score: 68
Please enter a score: 39
Please enter a score: 78
Please enter a score: 90
Please enter a score: 56
Student 0 score is 68 and grade is C
Student 1 score is 39 and grade is F
Student 2 score is 78 and grade is B
Student 3 score is 90 and grade is A
Student 4 score is 56 and grade is D
```

2.3.2 二维数组

在学校里，由于一个班的人数不多，所以按照顺序编号即可，当人数增多时（如学校中的所有人），在编号时就要增加层次，例如××班××号。在部队中也是这样，××师××团××营××连××排××班，这里的层次就比较深了。为了管理数据的方便，一般要加深管理的层次，这就是多维数组的由来。多维数组，指二维及二维以上的数组。一般情况下，当需要存储表格时，就需要使用二维数组。二维数组有两个层次，三维数组有三个层次，依此类推。每个层次对应一个下标。在实际使用中，为了使结构清晰，一般对于复杂的数据都使用多维数组。

关于多维数组的理解，最终是理解数组的数组这个概念，因为数组本身就是一种复合数据类型，所以数组也可以作为数组元素存在。这样二维数组就可以理解成内部每个元素都是一维数组类型的一个一维数组。三维数组可以理解成一个一维数组，内部的每个元素都是二维数组。无论在逻辑上还是语法上都支持"数组的数组"这种理解方式。通常情况下，一般用二维数组的第一维代表行，第二维代表列，这种逻辑结构和现实中的结构一致。和一维数组类似，因为多维数组有多个下标，所以在引用数组中的元素时，需要指定多个下标。

1. 二维数组初始化

```
int[][] matrix = new int[10][10];
```

或者

```
int matrix[][] = new int[10][10];
matrix[0][0] = 3;
for (int i = 0;i < matrix.length;i++)
   for (int j = 0;j < matrix[i].length;j++)
      matrix[i][j] = (int)(Math.random() * 1000);
double[][] x;
```

当然，也可以把二维数组的声明、创建、初始化放在一起实现。例如：

```
int[][] array = {
   {1,  2,  3},
   {4,  5,  6},
   {7,  8,  9},
   {10, 11, 12}
};
```

等效于下面的语句：

```
int[][] array = new int[4][3];
array[0][0] = 1;array[0][1] = 2;array[0][2] = 3;
array[1][0] = 4;array[1][1] = 5;array[1][2] = 6;
array[2][0] = 7;array[2][1] = 8;array[2][2] = 9;
array[3][0] = 10;array[3][1] = 11;array[3][2] = 12;
```

2. 二维数组的长度

对于二维数组，"数组名字.length"的值是它含有的一维数组的个数（见图 2-5）。例如：

```
int[][] x = new int[3][4];
```

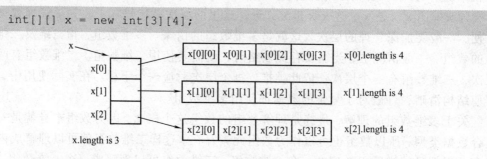

图 2-5　二维数组的长度

二维数组中所含的一维数组的元素可以不相同，例如下面的"锯齿形"数组：

```
int[][] matrix = {
  {1, 2, 3, 4, 5},
  {2, 3, 4, 5},
  {3, 4, 5},
  {4, 5},
  {5}
};

matrix.length 是 5
matrix[0].length 是 5
matrix[1].length 是 4
matrix[2].length 是 3
matrix[3].length 是 2
matrix[4].length 是 1
```

【例 2-16】编写程序，对于一个班级中的学生所做的题目进行判断，并统计学生的成绩。为了简单起见，假设题目都是单选题，一共 10 个题目，8 个学生。假设学生的答题答案如表 2-10 所示，正确答案如表 2-11 所示。

表 2-10　学生的答题答案

学生	0	1	2	3	4	5	6	7	8	9
Student0	A	B	A	C	C	D	E	E	A	D
Student1	D	B	A	B	C	A	E	E	A	D
Student2	E	D	D	A	C	B	E	E	A	D
Student3	C	B	A	E	D	C	E	E	A	D
Student4	A	B	D	C	C	D	E	E	A	D
Student5	B	B	E	C	C	D	E	E	A	D
Student6	B	B	A	C	C	D	E	E	A	D
Student7	E	B	E	C	C	D	E	E	A	D

表 2-11　正确答案

序号	0	1	2	3	4	5	6	7	8	9
Key	D	B	D	C	C	D	A	E	A	D

```java
public class GradeExam {
  /** Main 方法 */
  public static void main(String args[]) {
    // 学生的答案
    char[][] answers = {
      {'A', 'B', 'A', 'C', 'C', 'D', 'E', 'E', 'A', 'D'},
      {'D', 'B', 'A', 'B', 'C', 'A', 'E', 'E', 'A', 'D'},
      {'E', 'D', 'D', 'A', 'C', 'B', 'E', 'E', 'A', 'D'},
      {'C', 'B', 'A', 'E', 'D', 'C', 'E', 'E', 'A', 'D'},
      {'A', 'B', 'D', 'C', 'C', 'D', 'E', 'E', 'A', 'D'},
      {'B', 'B', 'E', 'C', 'C', 'D', 'E', 'E', 'A', 'D'},
      {'B', 'B', 'A', 'C', 'C', 'D', 'E', 'E', 'A', 'D'},
      {'E', 'B', 'E', 'C', 'C', 'D', 'E', 'E', 'A', 'D'}};
    // 正确答案
    char[] keys = {'D', 'B', 'D', 'C', 'C', 'D', 'A', 'E', 'A', 'D'};
    // 对所有的答案进行判断对错并统计每个学生正确答题次数
    for (int i = 0;i < answers.length;i++) {
      // 对每个学生进行判断和统计
      int correctCount = 0;
      for (int j = 0;j < answers[i].length;j++) {
        if (answers[i][j] == keys[j])
          correctCount++;
      }
      System.out.println("Student "+i+"'s correct count is "+correctCount);
    }
  }
}
```

测试结果如下所示:

```
Student 0's correct count is 7
Student 1's correct count is 6
Student 2's correct count is 5
Student 3's correct count is 4
Student 4's correct count is 8
Student 5's correct count is 7
Student 6's correct count is 7
Student 7's correct count is 7
```

【例 2-17】 编写程序，在坐标轴中找到距离最近的两个点。假设现在有 8 个点，如图 2-6 所示。点的坐标如表 2-12 所示。

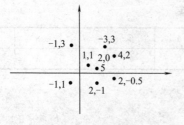

图 2-6 点的坐标

表 2-12 点的坐标值

点	X	Y	点	X	Y
0	-1	3	4	2	-1
1	-1	-1	5	2	3
2	1	1	6	3	2
3	1	0.5	7	4	-0.5

```java
public class FindNearestPoints {
  public static void main(String[] args) {
    double[][] points = {{-1, 3}, {-1, -1}, {1, 1},
    {2, 0.5}, {2, -1}, {3, 3}, {4, 2}, {4, -0.5}};
    // p1和p2是points数组中的两个点
    int p1 = 0, p2 = 1;            //初始化两个点
    double shortestDistances = distance(points[p1][0], points[p1][1],
    points[p2][0], points[p2][1]);// 初始化最短距离
    //计算任意两个点之间的距离
    for (int i = 0;i < points.length;i++) {
      for (int j = i + 1;j < points.length;j++) {
        double distance = distance(points[i][0], points[i][1],
          points[j][0], points[j][1]);
        if (shortestDistances > distance) {
          p1 = i;              // 更新 p1
          p2 = j;              // 更新 p2
          shortestDistances = distance; // 更新最短距离
        }
      }
    }
    // 显示结果
    System.out.println("The closest two points are "+"("+points[p1][0]+","
+points[p1][1]+") and ("+points[p2][0]+","+points[p2][1]+")");
  }
  /*计算两点之间的距离 */
  public static double distance(
    double x1, double y1, double x2, double y2) {
    return Math.sqrt((x2 - x1) * (x2 - x1) + (y2 - y1) * (y2 - y1));
  }
}
```

测试结果如下所示：

```
The closest two points are (1.0, 1.0) and (2.0, 0.5)
```

2.3.3 多维数组

计算一个班的每个学生各门科目的总分数。每门科目的考试由多个部分组成，比如多项选择题和编程题等。设计一个程序，计算每个学生各个学科每个部分的成绩并求和。

【例 2-18】 编写程序，把分数存储在一个三维数组 scores 中。其中，第一维存储学生信息，第二维存储考试科目，第三维存储考试科目某部分的分数。假设现在有 7 个学生，5 门考试，每门考试由两部分组成——多项选择题和编程题。因此 scores[i][j][0]中存储的就是第 i 个学生在 j 科目中的多项选择题部分的分数。

```java
public class TotalScore {
  /** 主程序 */
  public static void main(String args[]) {
    double[][][] scores = {
      {{7.5, 20.5}, {9.0, 22.5}, {15, 33.5}, {13, 21.5}, {15, 2.5}},
      {{4.5, 21.5}, {9.0, 22.5}, {15, 34.5}, {12, 20.5}, {14, 9.5}},
      {{6.5, 30.5}, {9.4, 10.5}, {11, 33.5}, {11, 23.5}, {10, 2.5}},
      {{6.5, 23.5}, {9.4, 32.5}, {13, 34.5}, {11, 20.5}, {16, 7.5}},
      {{8.5, 26.5}, {9.4, 52.5}, {13, 36.5}, {13, 24.5}, {16, 2.5}},
      {{9.5, 20.5}, {9.4, 42.5}, {13, 31.5}, {12, 20.5}, {16, 6.5}},
      {{1.5, 29.5}, {6.4, 22.5}, {14, 30.5}, {10, 30.5}, {16, 6.0}}};
    // 计算学生的总分并输入结果
    for (int i = 0;i < scores.length;i++) {
      double totalScore = 0;
      for (int j = 0;j < scores[i].length;j++)
        for (int k = 0;k < scores[i][j].length;k++)
          totalScore += scores[i][j][k];
      System.out.println("Student " + i + "'s score is " + totalScore);
    }
  }
}
```

测试结果如下所示：

```
Student 0's score is 160.0
Student 1's score is 163.0
Student 2's score is 148.4
Student 3's score is 174.4
Student 4's score is 202.4
Student 5's score is 181.4
Student 6's score is 166.9
```

编程实训

实训 1

计算圆柱体的体积，编写程序，读入圆柱体的半径和高，并使用下列公式计算圆柱体的体积：

面积=半径*半径*p

体积=面积*高

参考代码:

```java
import java.util.Scanner;
public class Exercise2_1 {
  public static void main(String[] args) {
    Scanner input = new Scanner(System.in);
    // 输入半径
    System.out.print("请输入半径和高: ");
    double radius = input.nextDouble();
    double length = input.nextDouble();
    double area = radius * radius * 3.14159;
    double volume = area * length;
    System.out.println("圆柱体的面设计是 " + area);
    System.out.println("圆柱体的体积是 " + volume);
  }
}
```

实训2

编写一个程序，读取一个在0～1000之间的整数，求这个数各位的数字之和。如978，各位数字之和为24。

思路提示：利用操作符%分解数字，然后使用操作符/将已经分解的数字去掉。例如978%10=8，978/10=97。

参考代码:

```java
public class Exercise2_2 {
  public static void main(String[] args) {
    java.util.Scanner input = new java.util.Scanner(System.in);
    System.out.print("Enter an integer between 0 and 1000: ");
    int number = input.nextInt();
    int lastDigit = number % 10;
    int remainingNumber = number / 10;
    int secondLastDigit = remainingNumber % 10;
    remainingNumber = remainingNumber / 10;
    int thirdLastDigit = remainingNumber % 10;
    int sum = lastDigit + secondLastDigit + thirdLastDigit;
    System.out.println("The sum of all digits in "+number+"is"+sum);
  }
}
```

实训3

编写一个随机产生1～12之间整数的程序，并且根据数字显示相应的英文月份。

思路提示：产生随机整数可以使用Math.random()函数返回一个(0.0，1.0]的double类型的值，1～12之间的整数可以通过int number = (int)(Math.random() * 12) + 1获得。

月份的数值是1～12之间的固定数值，所以可以选择用switch语句进行判断。

参考代码:

```java
import java.util.Scanner;
public class Exercise2_3 {
```

```
    public static void main(String[] args) {
      int number = (int)(Math.random() * 12) + 1;
      //或者 int number = (int)(System.currentTimeMillis() % 12 + 1);
      // 或者 int number = (int)(Math.random() * 12) + 1;
      if (number == 1)
        System.out.println("Month is Januaray");
      else if (number == 2)
        System.out.println("Month is Feburary");
      else if (number == 3)
        System.out.println("Month is March");
      else if (number == 4)
        System.out.println("Month is April");
      else if (number == 5)
        System.out.println("Month is May");
      else if (number == 6)
        System.out.println("Month is June");
      else if (number == 7)
        System.out.println("Month is July");
      else if (number == 8)
        System.out.println("Month is August");
      else if (number == 9)
        System.out.println("Month is September");
      else if (number == 10)
        System.out.println("Month is October");
      else if (number == 11)
        System.out.println("Month is November");
      else           //if (number == 12)
        System.out.println("Month is December");
    }
}
```

实训4

编写程序，提示用户输入一个三位的整数，然后确定它是否是回文文字。（文字从左到右以及从右到左都一样，就是回文数字。）

思路提示：可以使用%和/运算符来取个位上和百位上的数字。

参考代码：

```
importjava.util.Scanner;
public class Exercise2_4 {
  public static void main(String[] args) {
    Scanner input = new Scanner(System.in);
    System.out.print("请输入一个三位的数字：");
    int number = input.nextInt();
    if (number / 100 == number % 10)
      System.out.println(number + " 是回文 ");
    else
      System.out.println(number + " 不是回文");
  }
}
```

实训 5

游戏：石头剪刀布。编写程序可以玩石头剪刀布的游戏。数字为 0 或 1 或 2，分别代表石头、剪刀和布，程序提示计算机随机产生一个数字，提示用户输入一个数值代表石头、剪刀、布。然后显示用户和计算机的游戏输赢结果。

参考代码：

```java
public class Exercise2_5 {
  public static void main(String[] args) {
    //产生随机数字
    int computerNumber = (int)(Math.random() * 3);
    java.util.Scanner input = new java.util.Scanner(System.in);
    System.out.print("剪刀 (0), 石头 (1), 布 (2): ");
    int userNumber = input.nextInt();
    switch (computerNumber) {
      case 0:
        if (userNumber == 0)
          System.out.print("计算机是剪刀，你也是剪刀。平局);
        else if (userNumber == 1)
          System.out.print("计算机是剪刀，你是石头。你赢了");
        else if (userNumber == 2)
          System.out.print("计算机是剪刀，你是布。你输了");
        Break;
      case 1:
        if (userNumber == 0)
          System.out.print("计算机是石头，你是剪刀。你输了");
        else if (userNumber == 1)
          System.out.print("计算机是石头，你也是石头。平局");
        else if (userNumber == 2)
          System.out.print("计算机是石头，你是布。你赢了");
        Break;
      case 2:
        if (userNumber == 0)
          System.out.print("计算机是布，你是剪刀。你赢了");
        else if (userNumber == 1)
          System.out.print("计算机是布，你是石头。你输了");
        else if (userNumber == 2)
          System.out.print("计算机是布，你也是布。平局");
        Break;
    }
  }
}
```

实训 6

改写实训 5，修改这个程序，让用户可以连续玩这个游戏，直到一方赢了对手两次以上为止。

实训 7

编写程序，模拟抛硬币一百万次，显示正面和反面的次数。

参考代码：

```java
public class Exercise2_7 {
  public static void main(String[] args) {
```

```
      int headCount = 0;
      int tailCount = 0;
      for (int i = 0;i < 100000;i++) {
        int number = (int)(Math.random() * 100000) % 2;
        if (number == 0)
          headCount++;
        else
          tailCount++;
      }
      System.out.println("head count: " + headCount);
      System.out.println("tail count: " + tailCount);
    }
}
```

实训 8

编写一个随机点名的程序，使其能够在全班同学中随机点中某一名同学的名字。随机点名器具备 3 个功能，包括存储全班同学姓名、总览全班同学姓名和随机点取其中一人姓名。比如随机点名器向班级存入张明、李响和王一 3 个同学的名字，然后总览全班同学的姓名，打印出这 3 位同学的名字，最后在这 3 位同学中随机选择一位，然后打印出该同学的名字，至此随机点名完成。

思路提示：

①存储同学姓名时，如果每个同学都定义一个变量进行存储需要过多的变量，此时考虑使用数组来解决多个数据的存储问题。

②键盘输入同学姓名，将输入的姓名依次赋值给数组各个元素，此时便存储了全班同学的姓名。键盘输入需使用 Scanner 类。

```
Scanner sc=new Scanner(System.in);
String str=sc.next();
```

③对数组进行遍历，打印出数组中每个元素的值，实现姓名总览。

④根据数组长度，获取随机索引，索引值不能超过数组的长度。通过该索引值获取数组中的姓名，该姓名为随机姓名。获取随机索引可以使用 Random 类中的 nextInt(int n)。

⑤随机点名器由 3 个功能组成，如果将多个独立功能代码写在一起，代码相对冗长，可以将单独的功能定义到不同的方法中，在 main()方法中进行调用。

参考代码：

```
import java.util.Random;
import java.util.Scanner;
/**
 * 随机点名器
 */
public class Exercise2_8 {
    /**
     * 1.存储全班同学姓名，创建一个存储多个同学姓名的容器（数组），键盘输入每个同学的姓名，存储到容器中（数组）
     */
```

```java
public static void addStudentName(String[] students) {
    // 键盘输入多个同学姓名存储到容器中
    Scanner sc = new Scanner(System.in);
    for (int i = 0;i < students.length;i++) {
        System.out.println("存储第" + (i + 1) + "个姓名: ");
        // 接收控制台录入的姓名字符串
        students[i] = sc.next();
    }
}

/**
 * 2.总览全班同学姓名
 */
public static void printStudentName(String[] students) {
    // 遍历数组，得到每个同学的姓名
    for (int i = 0;i < students.length;i++) {
        String name = students[i];
        // 打印同学姓名
        System.out.println("第" + (i + 1) + "个学生姓名: " + name);
    }
}

/**
 * 3.随机点名其中一人
 */
public static String randomStudentName(String[] students) {
    // 根据数组长度，获取随机索引
    int index = new Random().nextInt(students.length);
    // 通过随机索引从数组中获取姓名
    String name = students[index];
    // 返回随机点到的姓名
    return name;
}
public static void main(String[] args) {
    System.out.println("--------随机点名器--------");
    // 创建一个可以存储多个同学姓名的容器（数组）
    String[] students = new String[3];
    /*
     * 1.存储全班同学姓名
     */
    addStudentName(students);
    /*
     * 2.总览全班同学姓名
     */
    printStudentName(students);
    /*
     * 3.随机点名其中一人
     */
    String randomName = randomStudentName(students);
    System.out.println("被点到名的同学是: " + randomName);
}
```

第 3 章

面向对象程序设计

知识目标

1. 了解面向对象的3个特征;
2. 熟悉类和对象的创建和使用;
3. 掌握类的封装性;
4. 掌握构造方法的定义和重载。

能力要求

1. 掌握类和对象的创建和使用;
2. 掌握Java中常用类库的使用。

面向对象是一种思想,能让复杂的问题简单化,让角色从执行者变成指挥者,不需要过多地关注过程。面向对象编程思想力图使得程序和现实世界中的具体实体完全一致。这样,可以让程序员乃至非专业人员更好地理解程序。

面向对象编程的基本思想:抽象、封装、继承。封装是抽象的具体实现。封装就是用操作方法把数据封闭到类中,封装能保护类的数据免受外界更改,消除了由此带来的对程序的不可知影响。封装的结果形成了独立的和完整的程序模块,它们之间通过被授权的操作方法来传递消息,达到改变对象状态的目的,这是提高程序健壮性的有力保证。

3.1 类和对象

学习完前面的章节后,我们可以使用选择结构、循环结构、方法、数组来解决很多问题。面向对象的编程思想力图使在计算机语言中事物的描述与现实世界中该事物的本来面目尽可能一致,类(Class)和对象(Object)就是面向对象方法的核心概念。类是对某一类事物的描述,是抽象的、概念上的定义;对象是实际存在的该类事物的个体,是具体的,因此又称实例(Instance)。例如:对于汽车类,具体的一辆大众汽车为一个实例。下面学习如何在Java中使用面向对象的思想来设计程序,处理问题。

3.1.1 Java 中类和对象的理解

Java 是面向对象的编程语言，那么什么是对象？一句话，万物皆对象。无论是实体，还是一些虚拟的事物，都可以称为对象。换言之，Java 作为面向对象的编程语言，意味着可以把任何形式的内容转化为编程语言进行软件开发。下面先讲什么是类，什么是对象，这样在进行面向对象编程中，才能有比较完备的面向对象的编程思想。既然万物皆对象，我们编程，用编程语言来描述对象，不能为浩繁纷杂的每个对象进行相应描述，这就涉及一个具体到抽象的过程。我们平时说到的每个名词，其实都是把现实世界中的一个个具体的"物体"或称为"实体（Entity）"相应的特征和行为抽象出来，并且将各种具有相同特征的"物体"分为一个个"类（Class）"，然后为每一类事物起个名字。例如：汽车、食物、狗、人等。

我们用一个具体的例子进一步说明"类"和"对象"之间的联系与区别。以汽车为例，只要是汽车，都应该有以下一些"属性"：轮子、引擎、方向盘、刹车等组件，可以通过一些"方法"来操作汽车，改变汽车的状态，如加速、转向、减速等，这些都是汽车的共性。具体到某辆汽车，它可能有 80 cm 的轮子、40 cm 的方向盘、A6 引擎，它是一个确定的实例。"汽车"这个名词就是"类"，一辆辆真实的汽车就是"汽车"这个类的实例化。我们每天的生活、工作，无时无刻不在和"对象"（如衣服、食物、房子、汽车等）打交道。我们仔细想想，就会发现，当我们处理这些对象时，我们不会将这些对象的属性（对象所具有的特点）和操作分开。如我们进出"房间"时，我们不会将"房门"这个属性和"开门"这个操作分开，它们是联系在一起的。

3.1.2 定义类和创建对象

前面说了，类可以看作对象的抽象，它用来描述一组具有相同特征的对象。所有的对象都依据相应的类来产生，在面向对象的术语中，这个产生对象的过程称为"实例化"。那么，对象中最重要的两种特征内容就是数据和行为。

①数据。数据就是描述对象的信息的静态信息，称为对象的属性（又称数据/状态）。比如一辆汽车，它的型号、价格、出厂日期等，都是这辆汽车对象的静态信息数据。

②行为。行为就是这个对象可以完成的动作、操作等，是对象的动态特征，称为对象的方法（又称行为/操作）。例如，汽车可以启动、行驶、刹车等，都是这辆汽车的动态特征。

通过这两方面的特征内容，基本上对象就可以描述清楚了。

Java 中类的定义就是完全模拟了日常生活中类的特征内容。Java 中类的声明语法规则（即如何定义一个标准的 Java 类） 如下：

```
[modifiers] class < class name>  {
   [attribute declarations]
   [constructor declarations]
   [method declarations]
}
```

中括号[ ]中的内容可以省略。尖括号< >中的内容必须做出定义。其他内容为关键字和基本符号。下面是简单的说明：

[modifiers]为修饰符，可用的有 public、abstract 和 final 等关键字，用于说明所定义的类有关方面的特性。各种关键字和它们的含义以及各自的适用范围，后续内容会进行介绍。

class 也是 Java 语言关键字，表明这是一个类的定义。<class_name>是类的名字，类名一般使用表示这个类的名词；例如定义了一个学生类，用来描述一组学生对象。

[attribute_declarations]是属性声明部分，如示例中的"age""sex""score"等。

[constructor_declarations]是构造方法声明部分。

[method_declarations]是方法声明部分，如 public void setAge(int age)、public int getAge() 等。

例如，把学生作为一种类进行定义，为了简单起见，假设学生的属性有姓名、性别、年龄、成绩、学号等。

【例 3-1】 定义一个简单的学生类。

```java
public class Student{
  private String stuName;
  private char sex;
  private int age;
  private float score;
  private String stuNo;
  public Student()
  {
  }
  public Student(String name, String number ) {
    stuName = name;
    stuNo = number;
  }
  public void  study ( String course ) {
    System.out. println("学习"+course);
  }
  public int getAge {
    return age;
  }
  ...         //其他方法
}
```

1. 类的定义

例 3-1 中 Student 类的定义虽然简单，但是包含了类定义的基本结构。

类所包含的数据称为属性。如示例中的 Student 类中定义了 5 个属性：stuName、sex、age、score、stuNo。

属性声明的语法规则如下：

[modifiers] <data_type> < attr_name>;

其中：[modifiers]为修饰符，可以为 public、private、protected、final、static 等，

用于说明该属性的一些性质；<data_type>是该属性的数据类型，可以是任何合法的 Java 数据类型；<attr_name>是属性名称，属性名称的首字母一般采用小写方式。

在学生类中给学生定义了几个方法，如 study()方法、getAge()方法等，使得学生对象能够进行学习和返回 age 值等操作。

类的定义中方法的声明，其语法规则如下：

```
< modifiers> <return_type> <name>([argu_list])  {
  [statements] }
```

其中：< modifiers>为修饰符，可以为 public、private、protected、abstract、static 和 final，用于说明方法的属性；<return_type>是该方法的返回值类型，可以是任何合法的 Java 数据类型；<name>是方法名；<argu_list>是方法的参数列表，包括参数的类型和名称，如有多个参数，中间用","号分隔；[statements]是 0~多行 Java 语句。

具体在类中，属性的定义和方法的定义是没有顺序强制要求的。但是最好将属性的声明和方法的声明分别放在相对应的位置。这是编程的一个好习惯。

2. 对象的创建

在定义好一个类之后，就像"Student"只是类的一个名词，无法去操作，得指定一个具体的学生才能去获得他的 age、score 等值。有了"类"我们需要根据类来创建要操作的对象（又称"实例"），这就要使用类中的构造方法来创建。在例 3-1 中有两个方法 public Student(String name,String number)和 public Student()，这两个方法是 Student 类中的构造方法，又称构造器。

构造方法就像是一个规范，建造出合乎类要求的对象。构造方法是创建一个类的实例（对象）时需要调用的一个特殊的方法。

利用构造方法，可以产生一个类的实例，并且完成实例的初始化（initialize）。

构造方法的语法规范：

```
<modifier>  <class_name>([argument_list]){
   [statements]
}
```

在 Java 类中，每个类都必须至少有一个构造方法。可以这么理解，构造方法就是 Java 类中特殊的方法。如果在程序中没有定义任何构造方法，则编译器将会自动加上一个不带任何参数的构造方法。默认的构造方法不带任何参数。这里需要注意：

①构造方法不允许有返回类型。这个很好理解，一个类中的构造方法就是用来创建这个类的一个对象，没有第二个选择，返回类型的定义有点画蛇添足。

②它的方法名必须和类名完全一致。这样有个好处，一看构造方法的名称，就知道要构造那个类的对象。

③调用时机与一般的方法不同。一般的方法是在需要时才调用，而构造方法是在创建实例对象时自动调用，并执行构造方法的内容。如果没有声明一个构造方法，程序会自动为类加入一个无参且什么都不做的构造方法。基于上述特性，构造方法一般用来对对象的数据成员做初始化的赋值。

④只要构造方法的参数个数不同,或是类型不同,便可定义多个名称相同的构造方法。这个称为方法的重载。方法的重载则意味着使用同样的名字但不同的参数列表、返回值等来定义多个方法。

使用下列语法可创建对象:

```
new  构造方法;
```

new 调用构造方法来执行对象状态初始化。用于分配对象内存,并将该内存内容初始化。

【例 3-2】 编写一个测试类,创建两个学生类的对象。

```
public class StudentDemo {
  public static void main(String args[]){
    Student stu1 = new Student ("ZhangJie","001");
    Student stu2= new Student ("LiMing","002");
  }
}
```

其中,Student stu1 = new Student("ZhangJie","001")语句其实做了三部分工作:
①声明 Student 类的变量 stu1。
②调用构造方法,用于分配一个学生对象的内存,并根据类中的定义将该对象的内存内容初始化,这个对象并没有名字,只有内存地址。
③"="赋值符号把对象在内存空间的地址赋值给 stu1,这样就建立起变量 stu1 和无名对象的联系,stu1 称为这个学生对象的引用名,如图 3-1 所示。

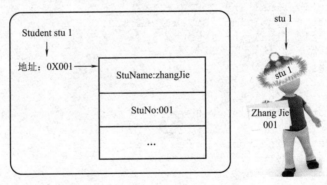

图 3-1 内存分析

严格地说,stu1 只是 Student 类中一个对象的引用名,而不是对象。但是为了便于描述,习惯简称 stu1 是 Student 类的对象。

对象的属性和方法可以通过下面的方式来使用:

```
对象名.methodName(arguments)
```

或者

```
对象名.atrributeName
```

例如：

```
stu1.getAge()
stu1.StuNo
```

3. 类的封装性

学生类的一些属性，比如 age、score 等不希望在程序中被随意改变，再比如 age 属性是 int 类型，如果赋值为负数，在程序中是不会有错的，但是不符合现实生活常理。所以在设计一个类的时候，应该对成员变量的访问做一些限定，在允许的范围内进行访问和使用。这就需要设计类的封装。

例如，在定义一个类的时候，把类的成员私有化，即用 private 来修饰。私有成员只能在这个类体内部使用。为了让外界也可以访问到私有成员，需要设置一些公共的方法来获得或者设置这些属性的值。习惯上可以用 setXxx()、getXxx()形式来命名这些方法，这些方法又称设置器和获取器。

【例 3-3】 定义一个汽车类。

分析：现在我们已经知道 Java 类的定义和对象的创建方法，有了类，就像是有了设计蓝图，就可以根据蓝图来实现设计。正确地声明了 Java 类，就可以在其他类或应用程序中使用该类，比如创建该类对象并访问操作对象成员等。

汽车类 CarObject 中列出了汽车类的常用方法和属性。

```java
/**清单 CarObject.java*/
class CarObject {
  /**车型常量*/
  public static final int COUPE = 1;
  public static final int CONVERTIBLE = 2;
  public static final int T_TOP = 3;
  /**引擎类型常量*/
  public static final int V4 = 1;
  public static final int V6 = 2;
  public static final int V8 = 3;
  public static final int V10 = 4;

  private int engineType;
  private int bodyType;
  private int topSpeed;
  private int gas;
  private int oil;
  private boolean running;
  private int currentSpeed = 0;
  public CarObject() {
  }
    public CarObject(int engineType, int bodyType,int topSpeed) {
      this.engineType = engineType;
      this.bodyType = bodyType;
      this.topSpeed = topSpeed;
    }
  public int getEngineType() {
    return this.engineType;
```

```java
    }

    public void setEngineType( int engineType ) {
        if( engineType >= V4 && engineType <= V10 ) {
            this.engineType = engineType;
        }
    }

    public int getBodyType() {
        return this.bodyType;
    }

    public void setBodyType( int bodyType ) {
        if( bodyType >= COUPE && bodyType <= T_TOP ) {
            this.bodyType = bodyType;
        }
    }

    public int getTopSpeed() {
        return this.topSpeed;
    }

    public void setTopSpeed( int topSpeed ) {
        if( topSpeed > 0 ) {
            this.topSpeed = topSpeed;
        }
    }

    public boolean isRunning() {
        return this.running;
    }

    public int getCurrentSpeed() {
        return this.currentSpeed;
    }

    public void turnOn() {
        running = true;
    }

    public void turnoff() {
        running = false;
    }

    public void accelerate() {
        switch( engineType ) {
        case V4:
            speedup( 2 );
            break;
        case V6:
            speedup( 3 );
            break;
        case V8:
```

```java
          speedup( 4 );
          break;
       case V10:
          speedup( 5 );
          break;
       }
    }

    private void speedup( int amount ) {
       if( running == false ) {
          //汽车没有启动-不能做任何事情！
          Return;
       }
       If( ( currentSpeed + amount ) >= topSpeed ) {
          currentSpeed = topSpeed;
       }
       else {
          currentSpeed += amount;
       }
    }

    public void decelerate() {
       if( running == false ) {
          //汽车没有启动-不能做任何事情！
          Return;
       }
       If( ( currentSpeed - 5 ) <= 0 ) {
          currentSpeed = 0;
       }
       else {
          currentSpeed -= 5;
       }
    }
}

/**清单 CarTest.java */
public class CarTest {
    public static void main( String[] args ) {
       // 定义汽车的属性
       CarObject car=new CarObject(CarObject.V10,CarObject.CONVERTIBLE, 185 );
       // 使用汽车
       car.turnOn();
       for( int i=0;i<10;i++ ) {
          car.accelerate();
          System.out.println( "当前速度: " + car.getCurrentSpeed() );
       }
       for( int i=0; i<5; i++ ) {
          car.decelerate();
          System.out.println( "当前速度: " + car.getCurrentSpeed() );
       }
       car.turnOff();
    }
}
```

运行结果:

```
当前速度: 5
当前速度: 10
当前速度: 15
当前速度: 20
当前速度: 25
当前速度: 30
当前速度: 35
当前速度: 40
当前速度: 45
当前速度: 50
当前速度: 45
当前速度: 40
当前速度: 35
当前速度: 30
当前速度: 25
```

4. 基本数据类型和引用数据类型的区别

基本数据类型在被创建时,在内存中(栈上)给其划分一块内存,将数值直接存储在栈上;引用数据类型在被创建时,首先要在栈上给其引用分配一块内存,而对象的具体信息都存储在堆内存上,然后由栈上面的引用指向堆中对象的地址。

在图3-2中可以看出基本数据类型和引用数据类型在进行赋值操作时的区别。

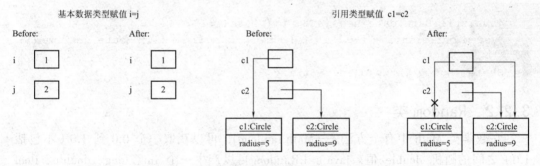

图3-2 赋值操作内存分析

在执行完 c1=c2 之后,c1 和 c2 指向同一个对象。c1 之前引用的对象不再有用,因此就会成为垃圾(garbage)。为了防止垃圾占用太多内存,Java 的垃圾回收机制会检测垃圾并自动回收空间,这个过程称为垃圾回收。

3.2 使用 Java 库中的类

Java API 中包含了丰富的类的集合,用于开发 Java 程序。在程序设计中,合理和充分利用类库提供的类和接口,不仅可以完成字符串处理、绘图、网络应用、数学计算等多方面的工作,而且可以大大提高编程效率,使程序简练、易懂。

Java 类库中的类和接口大多封装在特定的包里,每个包具有自己的功能。Java 提

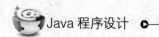

供了极其完善的技术文档。用户只需了解技术文档的格式就能方便地查阅文档。下面给大家介绍几个常用的类来解决常见问题,比如生成随机数字、数学公式的处理、显示一个日历,或者找到特定的日期(如生日)等。在学习过程中要学会举一反三,掌握查阅技术文档,使用新的类库的方法。

3.2.1 Date 类

System.currentTimeMillis()方法可以获取当前系统时间,Java 在 java.util.Date 类中还提供了与系统无关的对日期和时间的封装。java.util.Date 中的常用方法如表 3-1 所示。

表 3-1 java.util.Date 中的常用方法

java.util.Date	说 明
+Date()	为当前时间创建一个 Date 对象
+Date(elapseTime: long)	为一个从格林威治时间 1970 年 1 月 1 日至今流逝的毫秒数参数,建立一个日期对象的以毫秒为单位计算的给定时间创建 Date 对象
+toString(): String	返回一个代表日期的字符串
+getTime: long	返回从格林威治时间 1970 年 1 月 1 日至今流逝的毫秒数
+setTime(elapseTime: long): void	设置一个新的流逝时间

例如,使用下面的语句可以创建一个日期对象的信息:

```
java.util.Date date=new java.util.Date();
System.out.println("现在距1970年1月1日 0:0:0的时间差是:"+date.getTime()+"毫秒");
System.out.println(date.toString());
```

3.2.2 Random 类

在数学类 Math 中有个方法——Math.random(),可以获取一个 0.0 到 1.0(不包括 1.0)之间的随机 double 值。java.util.Random 可以产生一个 int、long、double、float 和 boolean 类型的值。java.util.Random 中的常用方法如表 3-2 所示。

表 3-2 java.util.Random 中的常用方法

java.util.Random	说 明
+Random()	以当前时间作为种子创建一个 Random 对象
+Random(seeds: long)	以特定时间作为种子创建一个 Random 对象
+nextInt(): int	返回一个随机 int 值
+nextInt(n: int): int	返回一个 0 到 n(不包含 n)之间的随机 int 类型值
+nextLong(): long	返回一个随机的 long 值
+nextDouble(): double	返回一个随机的 Double 值(0.0 到 1.0 之间,不包含 1.0)
+nextFloat(): float	返回一个随机的 float 值(0.0F 到 1.0F 之间,不包含 1.0F)
+nextBoolean(): boolean	返回一个随机的 boolean 值

如果两个 Random 对象有相同的种子,那它们将产生相同的数列。例如:

```
Ramdom random1=newRandom(3);
System.out.print("第1组随机值: ");
for (int i=0;i<10;i++)
   System.out.print(random1.nextInt(1000)+ "  ");
Ramdom random2=newRandom(3);
System.out.print("第2组随机值: ");
for(int i=0;i<10;i++)
   System.out.print(random1.nextInt(1000)+ "  ");
```

代码会产生 1 000 以内的相同序列的 int 随机数值,例如:

第1组随机值: 722 630 552 789 354 448 256 145 846 965
第2组随机值: 722 630 552 789 354 448 256 145 846 965

所以,有时也将两个 Random 对象有相同的种子产生相同的随机数列的情况称为"伪随机"。

3.2.3 Point2D 类

Java API 在 javafx.geometry 包中有一个便于使用的 Point2D 类,用于表示二维平面上的点。主要方法如表 3-3 所示。

表 3-3 javafx.geometry.Point2D 中的常用方法

javafx.geometry.Point2D	说 明
+Point2D(x: double,y: double)	返回该点到给定点(x,y)之间的距离
+distance(x: double,y: double): double	返回该点到给定点 p 之间的距离
+distance(p: Point2D): double	返回两点间的距离
+getX(): double	返回 x 坐标
+getY(): double	返回 y 坐标
+toString(): String	返回该点的字符串表

【例 3-4】 计算两个点之间的距离。

```
import java.util.Scanner;
import javafx.geometry.Point2D;

public class TestPoint2D {
  public static void main(String[] args) {
    Scanner input = new Scanner(System.in);

    System.out.print("输入 p1 点的 x-, y-坐标: ");
    double x1 = input.nextDouble();
    double y1 = input.nextDouble();
    System.out.print("输入 p2 点的 x-, y-坐标: ");
    double x2 = input.nextDouble();
```

```
        double y2 = input.nextDouble();

        Point2D p1 = new Point2D(x1,y1);
        Point2D p2 = new Point2D(x2,y2);
        System.out.println("p1 是 " + p1.toString());
        System.out.println("p2 是" + p2.toString());
        System.out.println("两点 p1 和 p2 的距离是: " + p1.distance(p2));
    }
}
```

测试结果如下所示：

```
输入 p1 点的 x-，y-坐标:
0
3
输入 p2 点的 x-，y-坐标:
4
0
两点 p1 和 p2 的距离是: 5.0
```

3.2.4 Math 类

这里简单介绍一下 Java 中 Math 类常用的常量和方法。

Math 中的方法分为三类：三角函数、指数函数方法和服务方法。服务方法主要提供取整、求最小值、求最大值、求绝对值和随机方法。除了这些方法之外，Math 类还提供了常量：Math.PI 记录圆周率；Math.E 记录 e 的常量。下面介绍一些常用方法的使用。

1. 三角函数

Math.sin	正弦函数	Math.asin	反正弦函数
Math.cos	余弦函数	Math.acos	反余弦函数
Math.tan	正切函数	Math.atan	反正切函数
Math.toDegrees	弧度转化为角度	Math.toRadians	角度转化为弧度

2. 指数函数

Math 类中有 5 个指数函数的方法，如表 3-4 所示。

表 3-4 指数函数方法

方法	说明	方法	说明
Math.sqrt(x)	返回 x 的平方根	Math.log10(x)	返回 x 的以 10 为底的对数
Math.pow(a,b)	返回 a 的 b 次方	Math.log	返回 x 的自然对数
Math.exp	返回 e 的任意次方		

3. 取整方法

Math 中的取整方法如表 3-5 所示。

表 3-5 取整方法

方 法	说 明
Math.rint(x)	求距离某数最近的整数，如果距离相等返回偶数，返回 double 类型
Math.round(x)	返回 Math.floor(x+0.5)返回 int 型或者 long 类型
Math.floor(x)	向下取整，返回 double 类型
Math.ceil(x)	向上取整，返回 double 类型

例如：

```
Math.floor(12.7)        //返回 12.0
Math.floor(-2.1)        //返回-3.0
Math.ceil(12.7)         //返回 13.0
Math.ceil(2.1)          //返回 3.0
Math.round(-2.6)        //返回-3
Math.round(-2.4)        //返回-2
Math.rint(4.5)          //返回 4.0
Math.rint(-2.1)         //返回-2.0
```

提示：ceil()是天花板，即向上取整。Floor()是地板，即向下取整。Round()是四舍五入。

4．min、max 和 abs 方法

min、max 和 abs 方法如表 3-6 所示。

min 和 max 分别返回（int、long、float 或 double 类型）的最小值和最大值。abs 返回一个数（int、long、float 或 double 类型）的绝对值。

表 3-6 min、max 和 abs 方法

方 法	说 明	方 法	说 明
Math.abs(x)	返回 x 的绝对值	Math.min(x,y)	求两数中最小值
Math.max(x,y)	求两数中最大值		

例如：

```
Math.abs(-2.3)          //返回 2.3
Math.max(2,3)           //返回 3
Math.min(2.6,4.5)       //返回 2.5
```

5．random 方法

java.lang.Math.random()返回一个正符号的 double 值，大于或等于 0.0 且小于 1.0。下面对方法进行简单的修改，以获得任意范围的随机数：

```
(int)(Math.random( )*10)              //获得 0~9 之间的随机整数
10+(int)(Math.random( )*10)           //获得 10~19 之间的随机整数
a+(int)(Math.random( )*6)             //获得 a~a+b 之间的随机整数，但是不包含 a+b
```

【例 3-5】 编写程序，分别可以随机产生大写字母、小写字母、0~9 的数字字符和任意字符。

```java
public class RandomCharacter {
    /** 生成 ch1~ch2 之间的随机字符*/
    public static char getRandomCharacter(char ch1,char ch2) {
        return (char)(ch1 + Math.random()* (ch2 - ch1 + 1));
    }
    /**生成随机小写字母*/
    public static char getRandomLowerCaseLetter() {
        return getRandomCharacter('a','z');
    }
    /** 生成随机大写字母 */
    public static char getRandomUpperCaseLetter() {
        return getRandomCharacter('A','Z');
    }
    /** 生成随机数字字符 */
    public static char getRandomDigitCharacter() {
        return getRandomCharacter('0','9');
    }
    /** 生成随机字符 */
    public static char getRandomCharacter() {
        return getRandomCharacter('\u0000','\uFFFF');
    }
}
```

【例 3-6】 编写程序，假设一个车牌号码由 3 个大写字母和后面的 4 个数字组成。编写程序生成一个车牌号码。

```java
public class CreateVehiclePlateNumber {
    public static void main(String[] argds) {
        char ch1 = (char)('A' + (int)(Math.random() * 26));
        char ch2 = (char)('A' + (int)(Math.random() * 26));
        char ch3 = (char)('A' + (int)(Math.random() * 26));
        char ch4 = (char)('0' + (int)(Math.random() * 10));
        char ch5 = (char)('0' + (int)(Math.random() * 10));
        char ch6 = (char)('0' + (int)(Math.random() * 10));
        char ch7 = (char)('0' + (int)(Math.random() * 10));
        String vehiclePlateNumber = "" +ch1+ch2+ch3+ch4+ch5+ch6+ch7;

        System.out.println("A random vehicle plate number: "+ vehiclePlateNumber);
    }
}
```

测试结果如下所示：

```
C:\>java CreateVehiclePlateNumber
A random Vehicle plate number: PHY2167
```

3.2.5 String 类

String 不属于 8 种基本数据类型，String 是一个类。因为对象的默认值是 null，所以 String 的对象默认值也是 null；但它又是一种特殊的对象，有其他对象没有的一些特性。可以采用以下几种方法构造字符串：

```
String message = "Welcome to Java";
String message = new String("Welcome to Java");
String s = new String();
```

1. String 的直接量

双引号括起来的字符序列就是 String 的直接量。例如，"John" 或 "111222333"。字符串可以在声明时赋值：

```
String color ="blue";
```

color 是 String 类型的引用。"blue"是 String 直接量。

String 直接量存放在栈内存里，所以一旦定义就不能修改，只能让变量指向新的内存空间。例如：

```
String s = "Java";
s = "HTML";
```

这两条语句的执行情况如图 3-3 所示。

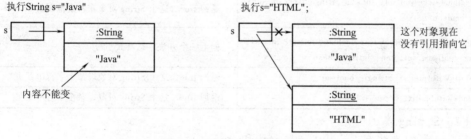

图 3-3 字符串直接量赋值

2. String 的常用方法

（1）字符串比较的方法

字符串比较时要注意：

①比较字符串大小，实际上就是依次比较其所包含的字符的数值大小。

②小写字母与大小字母是不相同的，Java 对大小写是敏感的。

方法 compareTo(String s)：比较两个字符串的大小。返回 0 表示相等，返回大于 0 的数表示前面的字符串大于后面的字符串，返回小于 0 的数表示前面的字符串小于后面的字符串。注意要区分大小写。

方法 compareToIgnoreCase(String s)：忽略大小写，比较两个字符串的大小。返回 0 表示相等，返回大于 0 的数表示前面的字符串大于后面的字符串，返回小于 0 的数表示前面的字符串小于后面的字符串。

方法 equals(Object s)：比较两个 String 对象的值是否相等。注意要区分大小写。

方法 equalsIgnoreCase(String s)：比较两个 String 对象的值是否相等，忽略大小写。String 的比较要使用 equals()方法，不能使用"=="。例如：

```
String s1 = new String("Welcome");
String s2 = "welcome";
   if (s1.equals(s2)){
     // 判断 s1 and s2 内容是否相同
   }
   if (s1 == s2) {
     // 判断 s1 and s2 是否具有相同的引用
   }
```

表 3-7 列出了字符串比较的常用方法。

表 3-7　字符串比较的常用方法

java.lang.String	说　　明
+equals(s1: String): boolean	返回 true，这个 String 对象与 s1 相等
+equalsIgnoreCase(s1: String): boolean	返回 true，这个 String 对象与 s1 相等，忽略大小写
+compareTo(s1: String): int	返回一个 int 值，如果这个 String 对象与 s1 相等返回 0，大于 s1 返回正数否则返回负数
+compareToIgnoreCase(s1: String): int	同上一个方法，忽略大小写
+regionMatches(toffset: int, s1: String, offset: int, len: int): boolean	返回 true，这个 String 对象在特定范围与 s1 相等
+regionMatches(ignoreCase: boolean, toffset: int, s1: String, offset: int, len: int): boolean	同上一个方法，忽略大小写
+startsWith(prefix: String): boolean	返回 true，这个 String 对象以某个字符串开头
+endsWith(suffix: String): boolean	返回 true，这个 String 对象以某个字符串结尾

（2）String 类的方法

String 类的方法有 length()、charAt()和 concat()。

表 3-8　字符串的常用方法

java.lang.String	说　　明	java.lang.String	说　　明
+length(): int	返回 String 的长度	+concat(s1: String): String	连接字符串
+charAt(index: int): char	获得字符串指定位置的字符		

length()方法返回字符串的长度，注意区分在数组中 length 是属性，而在字符串中是一个方法。字符串拼接方法 concat 是拼接两个字符串，并返回一个新字符串，源字符串不会被修改。图 3-4 所示为这两个方法的应用。

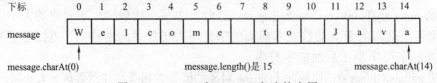

图 3-4　length()和 charAt()方法的应用

(3) 查找字符串中的字符或子串

查找字符串（String）中的字符或子串使用 indexOf()方法，返回第一次找到时的下标，如果没有找到，则返回-1。例如：

```
String name = "CoolTools";
System.out.println (name.indexOf("oo"));
```

方法：lastIndexOf。

```
public int lastIndexOf(int ch,int fromIndex)
```

从指定位置往回查找，返回找到的最大字符的下标位置，即返回满足下列条件的最大值：(this.charAt(k)== ch) && (k <= fromIndex)；返回-1：如果当前字符串不含该字符。

方法 startsWith(String prefix,int toffset)：测试此字符串从指定索引开始的子字符串是否以指定前缀开始。

方法 endsWith(String suffix)：测试此字符串是否以指定的后缀结束。例如：

```
"Welcome to Java".indexOf('W')          //返回 0
"Welcome to Java".indexOf('x')          //返回-1
"Welcome to Java".indexOf('o',5)        //返回 9
"Welcome to Java".indexOf("come")       //返回 3
"Welcome to Java".indexOf("Java",5)     //返回 11
"Welcome to Java".indexOf("java",5)     //返回-1
"Welcome to Java".lastIndexOf('a')      //返回 14
```

(4) 从当前字符串中抽取子字符串

方法：substring。

```
substring(int beginIndex)
```

返回新的字符串：当前字符串的子串。

该子串从指定的位置开始，并一直到当前字符串结束为止。

```
 substring(int beginIndex,int endIndex)
```

返回新的字符串：当前字符串的子串。

该子串从指定的位置（beginIndex）开始，到指定的位置（endIndex – 1）结束。例如：

```
"unhappy".substring(2)          //返回"happy"
"Harbison".substring(3)         //返回"bison"
"emptiness".substring(9)        //返回""（空串）
"emptiness".substring(10)       //返回 StringIndexOutOfBoundsException
"hamburger".substring(4,8)      //返回"urge"
"smiles".substring(1,5)         //返回"mile"
```

(5) 类 String 的成员方法 valueOf

静态（static）成员方法 valueOf 将参数的值转化成相应的字符串。例如：

```
valueOf(char[ ] data)                        //返回 new String(data);
valueOf(char[ ] data,int offset,int count)//返回 new String(data,offset,count);
```

其他 valueOf 方法的参数类型有 boolean、char、int、long、float、double 和 Object。对象还可以通过方法 toString 转化成字符串。

(6) 字符串分解

方法 split(String regex)：根据给定正则表达式的匹配拆分此字符串，得到拆分好的字符串数组。例如：

```
String[] tokens = "Java#HTML#Perl".split("#",0);
for (int i = 0;i < tokens.length;i++)
   System.out.print(tokens[i] + " ");
```

输出结果：

```
Java HTML Perl
```

用户可以用某种特定的模式来匹配、替换、分解一个字符串。这种非常有用的特征称为正则表达式，完整的正则表达式语法比较复杂，此处只涉及简单的入门知识，更多的正则表达式可参考相应的书籍或者文章。

在 Java 的 String 类中有好几个方法都与正则表达式有关，最典型的就是方法 matches(String regex)告知此字符串是否匹配给定的正则表达式。"."是一个元字符，匹配除了换行符以外的任意字符。*同样是元字符，不过它代表的不是字符，也不是位置，而是数量——它指定*前边的内容可以连续重复出现任意次以使整个表达式得到匹配。因此，.*连在一起就意味着任意数量，但不包含换行。例如，在如下语句中，返回结果都为 true：

```
"Java".matches("Java");
"Java".equals("Java");
"Java is fun".matches("Java.*");
"Java is cool".matches("Java.*");
```

运行上面学到的正则表达式和 matches 方法判断某个字符串是否是符合要求的电话号码，示例如下：

```
String str = "010-86835215";
System.out.println("str 是一个正确的电话号码？答案是："+str.matches
("0\\d{2}-\\d{8}"));
```

运行结果：

```
str 是一个正确的电话号码？答案是：true
```

第3章 面向对象程序设计

replaceAll()、replaceFirst()和 split()方法也可以和正则表达式一起使用，例如下面的语句：在"a+b$#c"中用字符串"NNN"替换了$、+或#，并返回一个新的字符串。

```
String s = "a+b$#c".replaceAll("[$+#]","NNN");
System.out.println(s);
```

这里正则表达式 [$+#] 表示模式为 $、+或#。所以输出结果为：

```
aNNNbNNNNNNc
```

再例如，下面的语句将字符串进行分解，并存储在一个字符数组中。分隔符是"，"或者"？"。

```
String[] tokens = "Java,C?C#,C++".split("[,?]");
   for (int i = 0;i < tokens.length;i++)
System.out.println(tokens[i]);
```

学习正则表达式的最好方法是从例子开始，理解例子之后再自己对例子进行修改，实验。表 3-9 中给出了不少简单的例子，并对其进行举例说明。

表 3-9　正则表达式举例

正则表达式		例　子
x	表示一个特定的字符 x	Java matches Java
.	表示任意单个字符	Java matches J..a
(ab|cd)	表示 a，b 或者 c	ten matches t[en|im]
(abc)	表示 a，b 或者 c	Java matches Ja[uvwx]a
[^abc]	表示除了这几个字符外的任意字符	Java matches Ja[^ars]a
[a-z]	表示 a 到 z	Java matches [A-M]av[a-d]
[a-e[m-p]]	表示 a 到 e 或者 m 到 p	Java matches [A-G[I-M]]av[a-d]
[a-e&&[c-p]]	表示 a-e.和 c-p	Java matches [A-P&&[I-M]]av[a-d]
\d	表示数字 [1-9]	Java2 matches "Java[\\d]"
\D	表示非数字	$Java matches "[\\D][\\D]ava"
\w	表示一个单词	Java matches "[\\w]ava"
\W	表示非单词的字符	$Java matches "[\\W][\\w]ava"
\s	表示空白符	"Java 2" matches "Java\\s2"
\S	表示非空白符的字符	Java matches "[\\S]ava"
p*	表示大于或等于 0 次的重复	Java matches "[\\w]*"
p+	表示大于或等于 0 次的重复	Java matches "[\\w]+"
p?	表示 0 或 1 次的重复	Java matches "[\\w]?Java"
p{n}	表示 n 次重复	Java matches "[\\w]{4}"
p{n,}	表示至少 n 次重复	Java matches"[\\w]{3,}"
p{n,m}	表示 n-m 次重复	Java matches "[\\w]{1,9}"

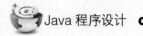

注意：

①如果用"."作为分隔的话，必须是如下写法：String.split(\\.)，这样才能正确分隔开，不能用 String.split(".")。

②如果用"|"作为分隔的话，必须是如下写法：String.split("\\|")，这样才能正确分隔开，不能用 String.split("|")。

因为"."和"|"都是转义字符，必须加"\\"。

StringTokenizer 类与 String 类的 split 方法功能类似，用于分解字符串，StringTokenizer 类是出于兼容性的原因而被保留的遗留类（在新代码中并不鼓励使用它）。建议所有寻求此功能的人使用 String 类的 split 方法或 java.util.regex 包。

(7) 其他 String 方法

①方法 replace(char1,char2)：返回一个新字符串，它是将字符串 s 中的所有 char1 替换成 char2；源字符串没有发生变化；如果 s 中不包含 char1，则返回源字符串的引用，即 s。例如：

```
"mesquite in your cellar".replace('e', 'o')  //返回"mosquito in your collar"
"JonL".replace('q', 'x')                      //返回"JonL"，即没有发生变化
```

②方法 toUpperCase：返回对应的新字符串，所有小写字母转换为大写字母，其他内容不变；如果没有字符被修改，则返回源字符串的引用；类似方法 s1.toLowerCase（所有大写字母转换为小写字母）。

③方法 trim()：返回新字符串，截去源字符串最前面和最后面的空白符；如果字符串没有被改变，则返回源字符串的引用。

④方法 toString()：由于 s 本身是字符串，所以返回 s 本身；其他引用类型也可以通过方法 toString 生成相应的字符串。

⑤方法 toCharArray()：将字符串转换成字符数组。

【例 3-7】 判断一个字符串是否是回文，采取从开头和结尾进行比较的方法。

```java
import java.util.Scanner;
public class CheckPalindrome {
  /* 主方法 */
  public static void main(String[] args) {
    //创建一个 Scanner 对象
    Scanner input = new Scanner(System.in);
    //提示用户输入字符串
    System.out.print("Enter a string: ");
    String s = input.nextLine();
    if (isPalindrome(s))
      System.out.println(s + " is a palindrome");
    else
      System.out.println(s + " is not a palindrome");
  }
  /* 判断一个字符串是否是回文 */
  public static boolean isPalindrome(String s) {
    //用来指向字符串中的第一个字符
```

```
        int low = 0;
        //用来指向字符串中最后一个字符
        int high = s.length() - 1;
        while(low < high) {
          if(s.charAt(low) != s.charAt(high))
            return false;     // 不是回文
            low++;
            high--;
        }
        return true;          // 这个字符串是回文
    }
}
```

程序中接受用户输入的字符串进行判断，例如输入某个字符串输出结果如下：

```
Enter a string: 上海自来水来自海上
上海自来水来自海上 is a palindrome
```

3.2.6 StringBuilder 类

前面学到过 String 类有一个重要的特点，那就是 String 的值是不可变的，这就导致每次对 String 的操作都会生成新的 String 对象，不仅效率低下，而且大量浪费有限的内存空间。那么对于经常要改变值的字符串应该怎样操作呢？答案就是使用 StringBuffer 和 StringBuilder 类，这两个类功能基本相似，区别主要在于 StringBuffer 类的方法是多线程安全的（多线程的内容后续章节会学习到），而 StringBuilder 不是线程安全的，相比而言 StringBuilder 类略微快一点。下面学习如何使用 StringBuilder 类处理字符串。

如果要修改字符串而不创建新的对象，则可以使用 System.Text.StringBuilder 类。例如，当在一个循环中将许多字符串连接在一起时，使用 StringBuilder 类可以提升性能。String 类的对象一旦创建，其内容不能再被修改（read-only）；StringBuilder 类的对象的内容是可以被修改的，除了字符的长度之外，还有容量的概念。通过动态改变容量的大小，加速字符管理。

StringBuilder 的常用构造函数如表 3-10 所示。

表 3-10　StringBuilder 的常用构造函数及其说明

java.lang.StringBuilder	说　　明
+StringBuilder()	构造一个空 StringBuilder 对象，初始容量为 16 个字符
+StringBuilder(capacity:int)	构造一个空 StringBuilder 对象，初始容量为 capacity 个字符
+StringBuilder(s:String)	构造一个 StringBuilde 对象，初始内容为字符串 str 的副本

对于 StringBuilder 类，除了 String 类中常用的像长度、字符串截取、字符串检索的方法可以使用之外，还有两个较为方便的方法系列，即 append 方法系列和 insert 方法系列，如表 3-11 所示。

表 3-11　StringBuilder 的常用方法及其说明

java.lang.StringBuilder	说　　明
+append(data:char[]):StringBuilder	append 方法系列根据参数的数据类型在 StringBuilder 对象的末尾直接进行数据添加
+append(data:char[],offset:int,len:int):StringBuilder	
+append(v:aPrimitiveType):StringBuilder	
+append(s:String):StringBuilder	
+delete(startIndex:int,endIndex:int):StringBuilder	删除从 startIndex 到 endIndex 的字符
+deleteCharAt(index:int):StringBuilder	删除 index 位置的字符
+insert(index:int,data:char[],offset:int,len:int):StringBuilder	insert 方法系列根据参数的数据类型在 StringBuilder 的 offset 位置进行数据插入
+insert(offset:int,data:char[]):StringBuilder	
+insert(offset:int,b:aPrimitiveType):StringBuilder	
+insert(offset:int,s:String):StringBuilder	
+replace(startIndex:int,endIndex:int,s:String):StringBuilder	用特定的字符串来替代从 startIndex 到 endIndex 的字符
+reverse():StringBuilder	对 StringBuilder 中的内容进行逆序排列
+setCharAt(index:int,ch:char):void	将 index 处的字符替换为 ch

表 3-12 所示为 StringBuilder 的其他常用方法及其说明。

表 3-12　StringBuilder 的其他常用方法

java.lang.StringBuilder	说　　明
+toString():String	将 StringBuilder 对象的数据转换为字符串
+capacity():int	返回 capacity 属性，这是对象的最大长度
+charAt(index：int):char	返回 index 处的字符
+length():int	返回 length 属性，这是对象的有效长度
+setLength(newLength:int):void	设置 length 属性
+substring(startIndex:int):String	从 startIndex 处开始返回一个字符串
+substring(startIndex:int,endIndex:int):String	从 startIndex 处开始到 endIndex-1 返回一个字符串
+trimToSize():void	去掉没有用到的空位置

　　虽然 StringBuilder 对象是动态对象，允许扩充它所封装的字符串中字符的数量，但是用户可以为它可容纳的最大字符数指定一个值。此值称为该对象的容量，不应将它与当前 StringBuilder 对象容纳的字符串长度混淆。例如，可以创建 StringBuilder 类的带有字符串"Hello"（长度为 5）的一个新实例，同时可以指定该对象的最大容量为 25。当修改 StringBuilder 时，在达到容量之前，它不会为自己重新分配空间。当达到容量时，将自动分配新的空间且容量翻倍。可以使用重载的构造函数指定 StringBuilder 类的容量。以下代码指定可以将 myStringBuilder 对象扩充到最大 25 个空白：

```
StringBuilder myStringBuilder = new StringBuilder("Hello World!",25);
```

另外，可以使用读/写 capacity 属性设置对象的最大长度。以下代码示例使用 capacity 属性定义对象的最大长度：

```
myStringBuilder.capacity =25;
```

ensureCapacity 方法用来检查当前 StringBuilder 的容量。如果容量大于传递的值，则不进行任何更改；但是，如果容量小于传递的值，则会更改当前的容量以使其与传递的值匹配。

也可以查看或设置 length 属性。如果将 length 属性设置为大于 capacity 属性的值，则自动将 capacity 属性更改为与 length 属性相同的值。如果将 length 属性设置为小于当前 StringBuilder 对象内的字符串长度的值，则会缩短该字符串。

【例 3-8】 编写程序，判断一个字符串是否是回文，假设字母不区分大小写。

```
import java.util.Scanner;
public class PalindromeIgnoreNonAlphanumeric {
  /**主方法*/
  public static void main(String[] args) {
    // 创建一个 Scanner 对象
    Scanner input = new Scanner(System.in);
    // 提示用户输入一个字符串
    System.out.print("Enter a string: ");
    String s = input.nextLine();
    // 演示结果
    System.out.println("Ignoring non-alphanumeric characters,\nis "+
s + " a palindrome? " + isPalindrome(s));
  }
  /* 如果是回文，返回 true */
  public static boolean isPalindrome(String s) {
    // 去除非字母的字符组成一个新的字符串
    String s1 = filter(s);
    // s1 倒置后作为一个新的字符串返回
    String s2 = reverse(s1);
    // 比较
    return s2.equals(s1);
  }
  /* 过滤非字母的字符 */
  public static String filter(String s) {
    // 创建一个 string builder 对象
    StringBuilder stringBuilder = new StringBuilder();
    // 检查字符串中的每个字符
    for (int i = 0;i < s.length();i++) {
      if (Character.isLetterOrDigit(s.charAt(i))) {
        stringBuilder.append(s.charAt(i));
      }
    }
    // 返回一个新字符串
    return stringBuilder.toString();
  }
```

```
/* 倒置方法 */
public static String reverse(String s) {
  StringBuilder stringBuilder = new StringBuilder(s);
  stringBuilder.reverse();         //调用 StringBuilder 中的 reverse 方法
  return stringBuilder.toString();
}
}
```

测试结果如下所示：

```
Enter a string: java h avaj
Ignoring non-alphanumeric character
is java h avaj a palindrome? True
```

如果程序对附加字符串的需求很频繁，不建议使用+进行字符串的串联。可以考虑使用 java.lang.StringBuilder 类，使用该类所产生的对象默认有 16 个字符的长度，用户也可以自行指定初始长度。如果附加的字符超出可容纳的长度，则 StringBuilder 对象会自动增加长度以容纳被附加的字符。如果有频繁作字符串附加的需求，使用 StringBuilder 类能大大提高效率。

StringBuilder 是 JDK 1.5.0 新增的类，在此之前的版本若有相同的需求，则使用 java.util.StringBuffer。事实上 StringBuilder 被设计为与 StringBuffer 具有相同的操作接口。在单机非线程（MultiThread）的情况下使用 StringBuilder 会有较好的效率，因为 StringBuilder 没有处理同步的问题。StringBuffer 则会处理同步问题，如果 StringBuilder 在多线程下被操作，则要改用 StringBuffer，让对象自行管理同步问题。

3.2.7　Character 类

在 Java 语言中，对简单类型数据的类有对应的包装类，这些类各自还定义了一些常数和方法，对各自的类型进行限制，如整型最大值 Integer.MAX_VALUE 和整型最小值 Integer.MIN_VALUE，其中 Boolean、Character、Byte、Double、Float、Integer、Long、Short 类都声明为 final 属性，不能被其他子类继承。利用这些类，可用变量值作为参数创建对象，并使用它们，其中 Character 类给用户提供了许多处理字符的方法，例 3-9 中要使用这个类来计算（在忽略字母大小写的情况下）一个字符串中每个字母出现的次数。Character 类经常和 String 类结合使用。

Character 类常用方法及其说明如表 3-13 所示。

表 3-14　Character 类常用方法及其说明

java.lang.Character	说　明
+Character(value: char)	用 char 变量创建一个 Character 对象
+charValue():char	返回这个 Character 对象的 char 变量值
+compareTo(anotherCharacter:Character):int	与另一个 Character 对象进行比较大小，返回 int 类型的值
+equals(anotherCharacter:Character):boolean	判断两个 Character 对象是否相等
+isDigit(ch:char):boolean	返回 true，如果这个 char 变量是数字

续表

java.lang.Character	说明
+isLetter(ch:char):boolean	返回 true，如果这个 char 变量是字母
+isLetterOrDigit(ch:char):boolean	返回 true，如果这个 char 变量是字母或数字
+isLowerCase(ch:char):boolean	返回 true，如果这个 char 变量是小写
+isUpperCase(ch:char):boolean	返回 true，如果这个 char 变量是大写
+toLowerCase(ch:char):char	把这个 char 变量转换为小写
+toUpperCase(ch:char):char	把这个 char 变量转换为大写

例如：

```
Character charObject = new Character('b');
charObject.compareTo(new Character('a'))    //返回 1
charObject.compareTo(new Character('b'))    //返回 0
charObject.compareTo(new Character('c'))    //返回 -1
charObject.compareTo(new Character('d'))    //返回 -2
charObject.equals(new Character('b'))       //返回 true
charObject.equals(new Character('d'))       //返回 false
```

【例 3-9】 编写程序，计算在字符串中每个字母出现的次数，字母忽略大小写。

```
import java.util.Scanner;
public class CountEachLetter {
  public static void main(String[] args) {
    // 创建一个 Scanner 对象
    Scanner input = new Scanner(System.in);
    // 提示用户输入一个字符串
    System.out.print("Enter a string: ");
    String s = input.nextLine();
    // 调用 countLetters 方法统计每个字符
    int[] counts = countLetters(s.toLowerCase());
    // 显示结果
    for (int i = 0;i < counts.length;i++) {
      if (counts[i] != 0)
      System.out.println((char)('a' + i) + " appears " +counts[i] +
((counts[i] == 1) ? " time" : " times"));
    }
  }
  /* 统计字符串中每个字母*/
  public static int[] countLetters(String s) {
    int[] counts = new int[26];
    for (int i = 0;i < s.length();i++) {
      if (Character.isLetter(s.charAt(i)))
      counts[s.charAt(i) - 'a']++;
    }
    return counts;
  }
}
```

测试结果如下所示：

```
Enter a string: This example gives a program that counts the number of
occurrence of each letter in a string. Assume the letters are not
case-sensitive
    a appears   9 times
    b appears   1 time
    c appears   6 times
    e appears   18 times
    f appears   2 times
    g appears   3 times
    h appears   5 times
    i appears   6 times
    l appears   3 times
    m appears   4 times
    n appears   7 times
    o appears   6 times
    p appears   2 times
    r appears   9 times
    s appears   10 times
    t appears   13 times
    u appears   4 times
    v appears   2 times
    x appears   1 time
```

3.3 静态变量、常量和方法

通常情况下，类成员必须通过它的类的对象访问，但是可以创建这样一个成员，它能够被它自己使用，而不必引用特定的实例。有时用户希望定义一个类成员，使它的使用完全独立于该类的任何对象。例如，定义圆形类，每个圆形类对象都有属于自己的 radius 值，但是当希望能够对创建的所有对象进行计数时，这个计数的变量是属于整个圆形类的。

成员的声明前面加上关键字 static（静态的）就能创建这样的成员。如果一个成员被声明为 static，它就能够在它的类的任何对象创建之前被访问，而不必引用任何对象。声明为 static 的变量实质上就是全局变量。当声明一个对象时，并不产生 static 变量的副本，而是该类所有的实例变量共用同一个 static 变量。

可以将方法和变量都声明为 static。static 成员的最常见的例子是 main()。因为在程序开始执行时必须调用 main()，所以它被声明为 static。

声明为 static 的方法有以下几条限制：它们仅能调用其他的 static 方法；它们只能访问 static 数据；它们不能以任何方式引用 this 或 super。

静态变量被类中的所有对象所共享，静态变量不能访问类中的实例成员。如果想让一个类的所有实例共享数据，就要使用静态变量（static variable），又称类变量。静态变量将变量值存储在一个公共的内存地址。因为是公共地址所以如果某个对象修改了静态变量的值，那么同一个类的所有对象都会受影响。静态方法和静态数据可以通过引用变量或它们的类名来调用。使用类名.方法名（参数）的方式调用静态方法，使用"类名.静态变量"的方法访问静态变量。这会提高程序的可读性，因为可以很容易地识别出类中的静态方法和数据。因为静态方法和静态变量在类实例化之前就有，它们存在的时候可能没有实例对象，所以静态方法不能调用实例方法或者实例数据。（静态方法和变量不属于某个特定对象）实例方法可以调用实例方法和静态方法，以及访问实例数据域和静态数据域。

如何判断一个变量或方法是实例的还是静态的？如果一个变量或方法依赖于类的某个具体实例，那就应该将它定义为实例变量或实例方法。如果一个变量或方法不依赖于类的某个具体实例，就应该将它定义为静态变量或静态方法。例如，每个圆都有自己的半径，半径依赖于某个具体的圆。半径 radius 就是 circle 类的一个实例变量。

在 Math 类中没有一个方法是依赖于一个特定实例的，如 random、pow、sin 和 cos 等。因此这些方法都是静态方法。

【例 3-10】 静态变量、常量和方法示例。

分析：示例中 Circle 类的数据域 radius 是一个实例变量，实例变量属于一个具体对象。不能被类中的不同对象共享。例如，图 3-5 所示类图中创建了两个 Circle 对象 circle1 和 circle2，那么这两个 radius 是存储在不同的内存位置的。circle1 的 radius 变化不会影响到 circle2 的 radius。numberOfObject 变量用来计算创建对象的个数，这个是静态变量，对于整个类来说，只有一份，因此创建两个对象后，numberOfObject 变量的值变成了 2。在 UML 类图中，静态的方法和变量用下画线"＿＿"标记。

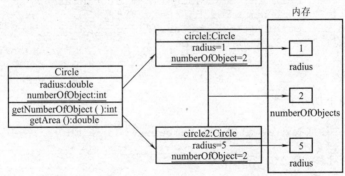

图 3-5 实例变量和静态变量

```
public class CircleWithStaticMembers {
    /* 圆的半径 */
    double radius;
    /* 创建的圆形的对象数*/
    static int numberOfObjects = 0;
    /* 创建一个半径为 1 的对象 */
    CircleWithStaticMembers() {
        radius = 1.0;
        numberOfObjects++;
    }
    /* 创建一个指定半径的圆形对象 */
    CircleWithStaticMembers(double newRadius) {
        radius = newRadius;
        numberOfObjects++;
    }
```

```java
    /* 返回创建的对象总数 */
    static int getNumberOfObjects() {
      return numberOfObjects;
    }
    /* 计算圆形的面积 */
    double getArea() {
      return radius * radius * Math.PI;
    }
}
public class TestCircleWithStaticMembers {
    public static void main(String[] args) {
      System.out.println("创建对象前: ");
      System.out.println("Circle 类的对象个数: " +
      CircleWithStaticMembers.numberOfObjects);
      // 创建对象 c1
      CircleWithStaticMembers c1 = new CircleWithStaticMembers();
      // Display c1 BEFORE c2 is created
      System.out.println("\n创建 c1");
      System.out.println("c1: radius (" + c1.radius +")
      Circle 类的对象数 (" + c1.numberOfObjects + ")");
      // 创建对象 c2
      CircleWithStaticMembers c2 = new CircleWithStaticMembers(5);
      // 修改 c1 的半径
      c1.radius = 9;
      // 显示 c2 创建之后 c1 and c2 的信息
      System.out.println("\n创建 c2 并修改 c1 之后");
      System.out.println("c1: radius (" + c1.radius +")
Circle 类的对象数(" + c1.numberOfObjects + ")");
      System.out.println("c2: radius (" + c2.radius + ")
Circle 类的对象数(" + c2.numberOfObjects + ")");
    }
}
```

测试结果如下所示：

```
C: \>java TestCircleWithStaticMembers
创建对象前:
Circle 类的对象个数: 0

创建 c1
c1: radius (1.0)   Circle 类的对象数 (1)

创建 c2 并修改 c1 之后
c1: radius (9.0) Circle 类的对象数 (2)
c2: radius (5.0) Circle 类的对象数 (2)
```

在下面两种情况下使用静态方法：
①一个方法不需要访问对象的状态，其所需的参数都通过显式提供。
②一个方法只需访问类的静态域。

注意：一个常见的设计错误就是将一个本应该声明为静态的方法声明为实例方法。例如：方法 factorial(int n)应该定义为静态的，因为它不依赖于任何具体的实例。

```java
public class Test{
    public static int factorial (int n) {
```

```
    for (int i = 1;i <= n;i++)
    {
        result += 1;
    }
    return result;
  }
}
```

3.4 数据域封装

日常生活中，使用烤箱调节烘烤温度时可以选择设置温度的低-中-高 3 挡，但是厂商并不希望用户去改变中挡所对应的温度值。当设计一个类时，希望对类的成员变量的访问做一些限定，不允许外界随意访问。Java 的封装可以避免任意修改数据。

所谓数据封装，就是为了防止用户破坏数据，任意修改数据而做的一些防护措施。避免数据被篡改，保证数据的合理性，数据结果的正确性。

【例 3-11】 定义一个 Circle 类。

```
public class Circle{
  double radius;
  static int numberOfObjects=0;
  Circle(double newRadius){
    radius=newRadius;
    numberOfObjects++;
  }
  static int getNumberOfObjects(){
    return numberOfObjects;
  }
  double get Area(){
    return radius*radius*Math.PI;
  }
}
```

类的 radius 容易被修改为不规范的值，比如负数，此时就会得到一个不合理的数据。另外，numberOfObjects 用来统计实例对象的个数，可是此处可以直接对其赋任意值，本来应该是不可以改变的值。

为了避免对数据域的直接修改，应该使用 private 修饰符将数据域声明为私有的，只有同一类能够访问该数据，不能对其直接进行修改，这称为数据域封装。

使用 private 修饰符后数据如何修改？可以设置读取器（getter）或访问器（accessor）读取数据，通过设置器（setter）或修改器（mutator）修改数据，即 get 方法和 set 方法。

get 方法：

```
public returnType getPropertyName()
```

如果返回值类型是 boolean 类型，习惯上定义 get 方法为：

```
public boolean isPropertyName()
```

set 方法：

public void setPropertyName(dataType propertyValue)

将上述程序修改为如下程序就能体会到数据封装的好处以及作用。

【例 3-12】 体现数据封装来定义一个 Circle 类。

```
public class CircleWithPrivateDataFields {
/*此处 numberOfObjects 数值被定义为私有数据域不可更改，保证了这个计算实例对象被创建次数的正确性 */
    private double radius = 1;
    private static int numberOfObjects = 0;

    /*创建一个对象 radius 为 1 */
    public CircleWithPrivateDataFields() {
      numberOfObjects++;
    }

    /*创建一个对象 radius 为指定的值 */
    public CircleWithPrivateDataFields(double newRadius) {
      radius = newRadius;
      numberOfObjects++;
    }

    /* 返回 radius 的值 */
    public double getRadius() {
      return radius;
    }

    /* 设置 radius 的值 */
    public void setRadius(double newRadius) {
      //在设置半径时对输入值进行判断，使得到有效数据
      radius = (newRadius >= 0) ? newRadius : 0;
    }

    /* 返回 numberOfObjects 计算对象的个数 */
    public static int getNumberOfObjects() {
      return numberOfObjects;
    }
    public double getArea() {
      return radius * radius * Math.PI;
    }
}
```

3.5 this 引用

在编写程序时有时会遇到方法的参数或方法中的变量和类的成员变量同名的情况，这时应该如何告诉程序现在调用的是哪个变量？可以使用 Java 中的 this 关键字来解决这个问题。

this 关键字是类内部对自己的一个引用，可以方便类中方法访问自己的属性；可

以返回当前对象的引用，同时还可以在一个构造函数中调用另一个构造函数。

方法参数或方法中的局部变量和成员变量同名的情况下，成员变量被屏蔽，此时要访问成员变量则需要用"this.成员变量名"的方式来引用成员变量。当然，在没有同名的情况下，可以直接用成员变量的名字。例如，下面的代码段中 this 显示引用对象的 radius 并调用 getArea()方法，this 可以省略。但是在引用隐藏数据域以及调用一个重载的构造方法时，this 是必需的。

```
class Circle {
  private double radius;
  …
  public double getArea() {
    return this.radius *this. radius * Math.PI;
  }
}
```

1. 使用 this 引用隐藏数据域

在 set 方法中，经常将数据域名作为参数名，在这种情况下，这个数据域在 set 方法中被隐藏。为了给它设置新值，需要在方法中引用隐藏的数据域名。隐藏的静态变量可以通过"类名.静态变量名"的方式引用。隐藏的实例变量就需要关键字 this 来引用。

```
public class Circle{
  private double radius = 5.0;
  private static int CircleNum= 0;
  void setR(double radius) {
    this. radius = radius;
  }

  static void setCircleNum(int n) {
    Circle.n =n;
  }
}
```

假如创建了两个对象：

```
Circle c1 = new Circle();
Circle c2 = new Circle();
```

调用 c1.setR(10)时执行 this.radius=10，这里 this 指向 c1。
调用 c2.setR(45)时执行 this.radius=45，这里 this 指向 c2。

2. 调用构造方法

关键字 this 可以调用同一个类的另一个构造方法。例如下面的 Circle 类。

```
public class Circle {
  private double radius;
  public Circle(double radius) {
    this.radius = radius;
  }
  public Circle() {
```

```
    this(1.0);
  }
  public double getArea() {
    return this.radius * this.radius * Math.PI;
  }
}
```

注意：Java 要求在构造方法中，语句 this（参数列表）应在任何其他可执行语句之前出现。如果一个类有多个构造方法，最好尽可能使用 this（参数列表）实现它们。通常，无参数或参数少的构造方法可以用 this（参数列表）调用参数多的构造方法。这样通常可以简化代码，使类易于阅读和维护。

编 程 实 训

实训 1

设计矩形类 Rectangle。参考书中的例子，设计一个 Rectangle 类表示矩形。

这个类包括：两个名为 width 和 height 的 double 类型的数据域，分别表示矩形的宽和高。width 和 height 的默认值为 1。

创建默认矩形的无参构造方法：

一个能够创建 width 和 height 为指定值的矩形的构造方法。

一个名为 getArea() 的方法返回这个矩形的面积。

一个名为 getPerimeter() 的方法返回周长。

画出这个类的 UML 类图，并实现这个类。编写一个测试程序，创建两个矩形对象，其中一个是宽为 5 高为 50，另一个宽为 4.5 高为 45.5。按照这个顺序显示每个矩形的宽、高、面积和周长。

实训 2

设计一个名为 MyPoint 的类，表示一个带 x 坐标和 y 坐标的点。

这个类包括：

两个带 get 方法的数据域 x 和 y 分别表示它们的坐标。

一个创建(0,0)点的无参构造方法。

一个创建特定坐标点的构造方法。

一个名为 distance 的方法，返回从该点到 Mypoint 类型的指定点之间的距离。

另一个名为 distance 的方法，返回从该点到指定 x 和 y 坐标的指定点之间的距离。

画出该类的 UML 图并实现这个类。编写一个测试程序，创建两个点(0,0)和(10,20.5)，并计算它们的距离。

实训 3

利用字符串和数组，设计一个能够对字符串进行加密和解密的程序。例如明文是"每周三下午开会地点-312"，通过用户指定的密令对这个内容进行加密显示，然后通过输入密令可以将已经加密的内容进行解密。

思路提示：使用字符串 password 作为密令对字符串 sourceString 进行加密，操作过程如下：

将密码 password 存放在一个字符数组中：

```
Char[]p=password.toCharArray();
```

假设数组 p 的长度为 n，那么待加密的字符串 sourceString 按顺序以 n 个字符为一组，对每组中的字符用数组 a 的对应字符做加法运算。例如，某数组中的 n 个字符分别是 $a_0a_1...a_{n-1}$，那么按照如下方式得到对该组字符的加密结果 $c_0c_1...c_{n-1}$：
c_0=(char)(a_0+p[0])，c_1=(char)(a_1+p[1])，...c_{n-1}=(char)(a_{n-1}+p[n-1])。

最后，将字符数组 c 转化为字符串得到密文。相应的解密算法是对密文做减法，得到明文。

参考程序：

```java
import java.util.Scanner;
public class Exercise3_3 {
   public static void main(String args[]) {
      String sourceString = "每周三下面开会地点-312";
      EncryptAndDecrypt person = new EncryptAndDecrypt();
      System.out.println("请输入一个密令对下面的明文进行加密: "+sourceString);
      Scanner scanner = new Scanner(System.in);
      String password = scanner.nextLine();
      String secret = person.encrypt(sourceString,password);
      System.out.println("加密后的密文是: "+secret);
      System.out.println("请输入正确的密令解密");
      password = scanner.nextLine();
      String source = person.decrypt(secret,password);
      System.out.println("解密后的明文是: "+source);
   }
}

class EncryptAndDecrypt {
   String encrypt(String sourceString,String password) { //加密算法
      char [] p= password.toCharArray();
      int n = p.length;
      char [] c = sourceString.toCharArray();
      int m = c.length;
      for(int k=0;k<m;k++){
         int mima=c[k]+p[k%n];        //加密
         c[k]=(char)mima;
      }
      return new String(c);           //返回密文
   }
   String decrypt(String sourceString,String password) { //解密算法
      char [] p= password.toCharArray();
      int n = p.length;
      char [] c = sourceString.toCharArray();
      int m = c.length;
      for(int k=0;k<m;k++){
         int mima=c[k]-p[k%n];        //解密
         c[k]=(char)mima;
      }
      return new String(c);           //返回明文
   }
}
```

测试结果：

```
C:\>java Example3_3
请输入一个密令对下面的明文进行加密：每周三下午开会地点-312
we
加密后的密文是：氽响龟买醍彦侑屋焰？？？？
请输入密令解密
we
解密后的明文是：每周三下午开会地点-312
```

实训 4

编写一个程序，提示用户输入一个社保号码，社保号码的格式是 DDD-DD-DDDD 其中 D 代表一个数字，判断用户输入的数字序列是否合法。

参考程序：

```
import java.util.Scanner;
public class Exercise3_4 {
  public static void main(String[] args) {
    Scanner input = new Scanner(System.in);
    System.out.print("Enter a SSN: ");
    String ssn = input.nextLine();

    boolean isValid = ssn.length() == 11 && Character. isDigit(ssn.charAt(0)) && Character.isDigit(ssn.charAt(1)) && Character.isDigit(ssn.charAt(2)) && ssn.charAt(3) == '-' && Character.isDigit(ssn.charAt(4)) && Character.isDigit(ssn.charAt(5)) && ssn.charAt(6) == '-' && Character. isDigit (ssn.charAt(7)) && Character.isDigit(ssn.charAt(8)) && Character.isDigit(ssn.charAt(9)) && Character.isDigit(ssn.charAt(10));

    if (isValid)
      System.out.println(ssn + " 是一个合法的社保号码);
    else
      System.out.println(ssn + " 不是一个合法的社保号码");
  }
}
```

实训 5

编写程序，使用 Math.random()方法或者 Random 类生成并显示一个随机的验证码。

思路提示：在 Java 中，随机数的概念从广义上将，有如下 3 种。

①通过 System.currentTimeMillis()获取一个当前时间毫秒数的 long 型数字。

②通过 Math.random()返回一个 0~1 之间的 double 值。

③通过 Random 类产生一个随机数，这个是专业的 Random 工具类，功能强大。

大家可以多试几种方法来设计这个程序。

第 4 章

继承与多态

知识目标

1. 了解 Java 程序中继承的定义；
2. 掌握子类中重写方法的使用；
3. 理解 Java 的多态性。

能力要求

1. 掌握通过继承定义子类的方法；
2. 掌握访问权限的使用。

面向对象的 3 个基本特征是封装、继承、多态。封装：主要实现了隐藏细节，对用户提供访问接口，无须关心方法的具体实现；继承：很好地实现了代码的复用，提高了编程效率；多态：程序的可扩展性及可维护性增强。

继承是多态得以实现的基础。简单地说，继承是从已有的类中派生出新的类，新的类能吸收已有类的数据属性和行为，并能扩展新的能力。

4.1 继 承

继承是使用已存在的类的定义作为基础建立新类的技术，新类的定义可以增加新的数据或新的功能，也可以用父类的功能。这种技术使得复用以前的代码非常容易，能够大大缩短开发周期，降低开发费用。比如定义"学生""教师""工人""职员"等类，从事不同职业的类有姓名、性别、工龄等共同特性，设计这些类来避免冗余并使得系统更易于理解和易于维护的最好方式就是继承。

1. 父类和子类

用户使用 Java 编写的每个类都是在继承，因为在 Java 语言中，java.lang.Object 类是所有类最根本的基类（又称父类、超类），如果用户新定义的类没有明确地指定继承自哪个基类，那么 Java 就会默认为它是继承自 Object 类的，如图 4-1 所示。Java 不支持多重继承，单继承使 Java 的继承关系很简单，一个类只能直接继承一个类，易于管理程序。

在面向对象程序设计中运用继承原则，就是在每个由一般类和特殊类形成的一般-特殊结构中，把一般类的对象实例和所有特殊类的对象实例都共同具有的属性和操作一次性地在一般类中进行显式定义,在特殊类中不再重复地定义一般类中已经定义的东西,但是在语义上,特殊类却自动地、隐含地拥有它的一般类(以及所有更上层的一般类)中定义的属性和操作。特殊类的对象拥有其一般类的全部或部分属性与方法,称作特殊类对一般类的继承。

图 4-1 默认父类 Object

继承所表达的就是一种对象类之间的相交关系,它使得某类对象可以继承另外一类对象的数据成员和成员方法。若类 B 继承类 A,则属于 B 的对象便具有类 A 的全部或部分性质(数据属性)和功能(操作),称被继承的类 A 为基类、父类或超类,而称继承类 B 为 A 的派生类或子类。

extends 关键字用于继承类。声明一个继承父类的类的通常形式如下:

```
class subclass-name extends superclass-name {
    //类体
}
```

【例 4-1】 假设要设计类建模学生、工人、教师等不同职业的类,这几个类有许多共同属性和行为。这样可以使用一个通用的类"Human"来建模。通过继承"Human"类来增加新的数据和方法,并且子类从父类中可以继承可访问的数据和方法。

程序代码如下:

```
class Human {
    String name;  //姓名
    char sex;     //性别
    Human(){
    }
    Human(String n, char s){
       name = n;sex = s;
    }
    public String getName() { return name; }
    public char getSex(){ return sex;}
}
class Worker extends Human {
    char category;   //类别
    int workAge;     //工龄
    Worker(){
    }
    Worker(String n,char s,char c,int w){
       name = n;  sex =s;  category = c; workAge = w;
    }
    public char getCategory(){return category;}
    public int getWorkAge(){ return workAge; }
}

public class InheDemo {
    public static void main(String args[]) {
       Worker laoWang= new Worker("老王",'M','B',40);
```

```
        System.out.println("工人信息");
        System.out.println("姓名 : "+laoWang.getName());
        System.out.println("性别 : "+laoWang.getSex());
        System.out.println("类别 : "+laoWang.getCategory());
        System.out.println("工龄 : "+laoWang.getWorkAge());
    }
}
```

测试结果如下所示:

```
C: \>javac InheDemo.
C: \>java InheDemo
工人信息
姓名 :    老王
性别 :    M
类别 :    B
工龄 :    40
```

2. 继承注意事项

继承避免了对一般类和特殊类之间共同特征进行的重复描述。同时,通过继承可以清晰地表达每一项共同特征所适应的概念范围——在一般类中定义的属性和操作适应于这个类本身以及它以下的每一层特殊类的全部对象。运用继承原则使得系统模型比较简练也比较清晰。

下面是继承应该注意的几个关键点:

(1) 子类继承父类的成员变量

当子类继承了某个类之后,便可以使用父类中的成员变量,但是并不是完全继承父类的所有成员变量。具体原则如下:

① 能够继承父类的 public 和 protected 成员变量;不能够继承父类的 private 成员变量。

② 对于父类的包访问权限成员变量,如果子类和父类在同一个包下,则子类能够继承;否则,子类不能够继承。

③ 对于子类可以继承的父类成员变量,如果在子类中出现了同名称的成员变量,则会发生隐藏现象,即子类的成员变量会屏蔽掉父类的同名成员变量。如果要在子类中访问父类中同名成员变量,需要使用 super 关键字进行引用。

(2) 子类继承父类的方法

同样地,子类也并不是完全继承父类的所有方法。

① 能够继承父类的 public 和 protected 成员方法;不能够继承父类的 private 成员方法。

② 对于父类的包访问权限成员方法,如果子类和父类在同一个包下,则子类能够继承;否则,子类不能够继承。

③ 对于子类可以继承的父类成员方法,如果在子类中出现了同名称的成员方法,则称为覆盖,即子类的成员方法会覆盖掉父类的同名成员方法。如果要在子类中访问父类中同名成员方法,需要使用 super 关键字进行引用。

注意:隐藏和覆盖是不同的。隐藏是针对成员变量和静态方法的,而覆盖是针对普通方法的。

4.2 关于 super 关键字

在 Java 中，this 通常指当前对象，super 则指父类的。当要引用当前对象的某种东西，比如当前对象的某个方法，或当前对象的某个成员，可以利用 this 实现这个目的，当然，this 的另一个用途是调用当前对象的另一个构造方法。如果要引用父类的某种东西，则非 super 莫属。由于 this 与 super 有如此相似的一些特性，所以可以通过对比进行学习，可以更好地区分和理解。

1. super 的使用

super 指代父类，可以调用父类中的普通方法和构造方法。

super 主要有两种用法：

```
super.成员变量/super.成员方法
super(parameter1,parameter2....)
```

第一种用法主要用来在子类中调用父类的同名成员变量或者方法；第二种主要用在子类的构造方法中显式地调用父类的构造方法，要注意的是，如果是用在子类构造方法中，则必须是子类构造方法的第一个语句。这是显式地调用父类构造方法的唯一方式。

子类不能够继承父类的构造方法，但是要注意的是，如果父类的构造方法都是带有参数的，则必须在子类的构造方法中显式地通过 super 关键字调用父类的构造方法并配以适当的参数列表。如果父类有无参构造方法，则在子类的构造方法中用 super 关键字调用父类构造方法不是必需的，如果没有使用 super 关键字，系统会自动调用父类的无参构造方法。

构造方法可以调用重载的构造方法或者父类的构造方法。如果它们没有被显式地调用，编译器会自动将 super() 作为构造方法的第一条语句。例如：

```
public ClassName(){
    //语句
}
```

等价于

```
public ClassName(){
    super();
    //语句
}
public ClassName(double d){
    //语句
}
```

等价于

```
public ClassName(double d){
    super();
    //语句
}
```

看下面这个例子就清楚了。

【例 4-2】 定义形状 Shape 类，子类 Circle 类。

```
class Shape {
  protected String name;
  public Shape(){
    name ="shape";
  }
  public Shape(String name) {
    this.name = name;
  }
}
class Circle extends Shape {
  private double radius;
  public Circle() {
    radius = 0;
  }
  public Circle(double radius) {
    this.radius = radius;
  }
  public Circle(double radius, String name) {
    this.radius = radius;
    this.name = name;
  }
}
```

这样的代码是没有问题的，如果把父类的无参构造方法去掉，如图 4-2 所示，则代码必然会出错。

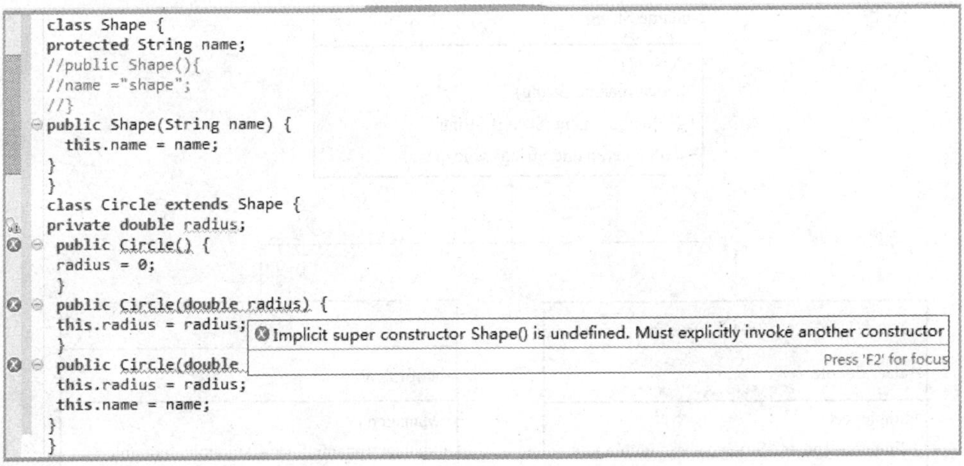

```
class Shape {
protected String name;
//public Shape(){
//name ="shape";
//}
public Shape(String name) {
    this.name = name;
}
}
class Circle extends Shape {
private double radius;
  public Circle() {
    radius = 0;
  }
  public Circle(double radius) {
    this.radius = radius;
  }
  public Circle(double
    this.radius = radius;
    this.name = name;
  }
}
```

⊗ Implicit super constructor Shape() is undefined. Must explicitly invoke another constructor
Press 'F2' for focus

图 4-2　缺少父类的无参构造方法

改成图 4-3 即可：

因此，如果要设计一个可以被继承的类，最好提供一个无参构造方法，以便于对该类进行扩展，同时避免错误。

```
15 class Shape {
16
17     protected String name;
18
19     //public Shape(){
20     //    name = "shape";
21     //}
22
23     public Shape(String name) {
24         this.name = name;
25     }
26 }
27
28 class Circle extends Shape {
29     private double radius;
30
31     public Circle() {
32         super("cicle");
33         radius = 0;
34     }
35
36     public Circle(double radius) {
37         super("cicle");
38         this.radius = radius;
39     }
40
41     public Circle(double radius,String name) {
42         super(name);
43         this.radius = radius;
44         this.name = name;
45     }
46 }
```

图 4-3　修改子类的构造方法

2. 构造方法链

在任何情况下，构造一个类的实例时，将会调用沿着继承链的所有父类的构造方法。通俗地说就是在构造一个子类的对象时，子类构造方法会在完成自己的任务之前先调用父类的构造方法，如果父类又继承自其他类，那么父类在完成自己的任务之前也会先调用他的父类的构造方法，一直持续，直到最后一个类的构造方法被调用，这就是构造方法链。

例如，定义了 3 个类：Person 类、Employee 类（继承 Person 类）、Manager 类（继承 Employee 类）。3 个类的类图如图 4-4 所示。

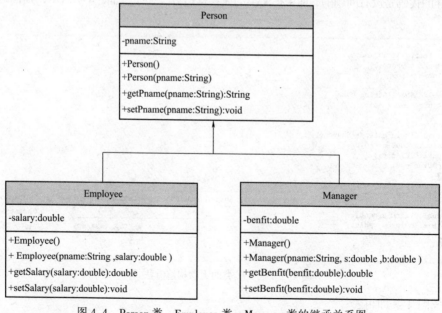

图 4-4　Person 类、Employee 类、Manager 类的继承关系图

【例 4-3】 构造方法链。

建立 Person 类、Employee 类、Manager 类，三个类的关系见图 4-4。

```java
//建立Person类
class Person {
    private String pname;
    //建立空参构造方法
    public Person()
    {
        System.out.println("创建人类");
    }
    public Person(String pname) {
        //super();
        this.pname = pname;
        System.out.println(getPname());
    }
    public String getPname() {
        return pname;
    }
    public void setPname(String pname) {
        this.pname = pname;
    }
}
//建立Employee类
class Employee extends Person {
    private double salary;
    public Employee()
    {
        //隐式地调用父类的空参构造方法
        System.out.println("创建员工");
    }

    public Employee(String pname, double s)
    {
        //显式地调用父类带参构造方法
        Super(pname);
        this.salary = s;
        System.out.println(pname+"的工资是: "+getSalary());
    }

    public double getSalary() {
        return salary;
    }

    public void setSalary(double salary) {
        this.salary = salary;
    }
}
//建立Manager类
class Manager extends Employee {
    private double benfit;
```

```java
    public Manager(String pname,double s,double b) {
      super(pname, s);
      this.benfit = b;
      System.out.println(pname+"的工资是: "+s+", "+"奖金是"+getBenfit());
    }

    public Manager() {
      System.out.println("创建经理");
    }

    public double getBenfit() {
      return benfit;
    }

    public void setBenfit(double benfit) {
      this.benfit = benfit;
    }
}
//用TestConstructorChain类测试这3个类之间的联系以及怎样实现的构造方法链
public class TestConstructorChain {
  public static void main(String[] args) {
    //子类的构造方法一定会隐式或显式地调用父类的构造方法
    Manager m = new Manager();
    Manager m2 = new Manager("汤姆",4000,3000);
  }
}
```

测试结果如下所示：

```
创建人类
创建员工
创建经理
汤姆
汤姆的工资是: 4000.0
汤姆的工资是: 4000.0, 奖金是3000.0
```

注意：

如果在一个类中自定义了有参数的构造函数，那么这个类原先默认的无参构造方法就会被覆盖掉。(如果把Person类的无参构造方法去掉，那么Employee中无参构造方法就会报错）子类的构造方法会隐式地调用父类的无参构造方法。所以如果有子类继承这个类，一旦子类中要隐式地调用父类无参构造方法时会报错，因此需要自己增加父类的无参构造函数。

还有就是在Employee类中关于this()和super()的用法：this()和super()不能同时存在，因为都要在第一行；带不带参数视具体情况而定；this()自己调用自己的构造方法，super()调用父类的空参构造方法；this(**)为自己的带参构造方法；super(**)为父类的带参构造方法。

4.3 方法的重写和重载的比较

子类从父类中继承方法，有时需要在子类中修改父类中定义的方法的实现，这称作方法的重写（overriding）。重写意味着在子类中提供一个对方法的新的实现。前面章节中学习了方法的重载，方法的重载意味着使用同样的名字但不同的参数列表、返回值等来定义多个方法。下面讲解方法的重写和重载的不同之处。

1. 方法的重写

子类继承了父类的方法，有时需要修改父类中定义的方法的实现。当子类拥有和父类相同的方法定义（即返回类型、方法名、参数列表完全相同时，仅方法体不一样），称为方法重写。

对于子类创建的一个对象，如果子类重写了父类的方法，则运行时系统调用子类重写的方法，如果子类继承了父类的方法（未重写），那么子类创建的对象也可以调用这个方法，只不过方法产生的行为和父类的相同而已。

重写父类方法时不可以降低方法的访问权限。如果重写了父类的方法后使用父类的被重写方法，可以在子类的方法中使用 super 调用被重写的方法。

重写只能出现在继承关系之中。当一个类继承它的父类方法时，就可能重写该父类的方法。一个特例是父类的方法被标识为 final。重写的主要优点是能够定义某个子类型特有的行为。例如：

```
class Animal {
  public void eat(){
    System.out.println ("动物吃东西");
  }
}
class Horse extends Animal{
  @Override
  public void eat(){
    System.out.println ("马吃草");
  }
}
```

重写方法的规则：

若想实现一个合格的重写方法，必须同时满足下列规则：

① 重写方法不能比被重写方法限制有更严格的访问级别。但是可以更广泛，比如父类方法是包访问权限，子类的重写方法是 public 访问权限。例如：Object 类有个 toString() 方法，重写这个方法时如果忘记 public 修饰符，出错的原因就是：没有加任何访问修饰符的方法具有包访问权限，包访问权限比 public 要严格，所以编译器会报错。

② 参数列表必须与被重写方法的相同。如果子类方法的参数与父类对应的方法不同，那是重载，不是重写。

③ 返回类型必须与被重写方法的返回类型相同。

父类方法 A：void eat(){}；子类方法 B：int eat(){} 两者虽然参数相同，可是返回类型不同，所以不是重写。

父类方法 A：int eat(){}；子类方法 B：long eat(){} 返回类型虽然兼容父类，但是不同就是不同，所以不是重写。

④不能重写被标识为 final 的方法。

⑤如果一个方法不能被继承，则不能重写它。

重写方法的意义：重写方法可以实现多种形式对方法的使用，用父类的引用来操作子类对象，但是在实际运行中对象将运行其自己特有的方法。

【例 4-4】 动物 Animal 类和子类 horse 类中对方法的重写。

```java
public class AnimalTest {
  public static void main (String[] args) {
    Animal h = new Horse();
    Animal a = new Animal();
    a.eat();
    h.eat();
    //h.ride();
  }
}

class Animal {
  public void eat(){
    System.out.println ("动物吃东西");
  }
}

class Horse extends Animal{
  @Override
  public void eat(){
    System.out.println ("马吃草");
  }
  public void ride(){
    System.out.println ("马可以骑");
  }
}
```

测试结果如下所示：

```
动物吃东西
马吃草
```

注意：在上面的例子中，如果调用子类特有的方法，例如调用 h.ride();编译器会报错。因为 h 定义的是 Animal 类型的引用，编译器就会只调用引用类所拥有的方法。编译器只看引用类型，而不是对象类型。

程序中的@Override 是伪代码，表示重写（当然不写也可以），不过写上可以当注释用，方便阅读。另外，就是编译器可以给你验证@Override 下面的方法名是否是你父类中所有的，如果没有则报错。

例如，用户如果没写@Override，而下面的方法名又写错了，这时编译器是可以编译通过的，因为编译器以为这个方法是子类中自己增加的方法。

在重写父类的 eat()方法时，在方法前面加上@Override 系统可以帮用户检查方法的正确性。例如，如果写为：

```
class Horse extends Animal{
  public void eet(){
    System.out.println("马吃草");
  }
}
```

这种写法是正确的，如果写成：

```
@Override
public void eet(){
  System.out.println("马吃草");
}
```

编译器会报如下错误：The method eet() of type Horse must override or implement a supertype method，以确保用户正确重写 eat()方法。如果不加@Override，则编译器将不会检测出错误，而是会认为用户为子类定义了一个新方法：eet()。

2．方法的重写与重载

在之前的章节中已经学过了关于方法重载的内容。方法的重写发生在通过继承而相关的不同类中，是指该方法必须使用相同的签名和相同的返回值类型并在子类中重新定义。

方法的重载使类中有多个同名的方法。方法能够在一个类中或者在一个子类中被重载。被重载的方法必须改变参数列表。参数必须不同，这是最重要的，不同包括参数的个数、参数的类型、参数的顺序。被重载的方法与返回类型无关。也就是说，不能通过返回类型区分重载方法。被重载的方法可以改变访问修饰符，没有重写方法那样严格的限制。

重载会自动寻找匹配的方法。方法的重载在编译时就决定调用哪个方法了，和重写不同。

分析一下下面的程序代码，思考 4 个输出分别是什么？被注释的两条语句能不能通过编译？

【例 4-5】 动物 Animal 类和子类 Horse 类中方法的重载和重写。

```
class Animal {
  public void eat(){
    System.out.println ("动物吃东西");
  }
}
class Horse extends Animal{
  public void eat(){
    System.out.println("马吃草");
  }
  public void eat(String food){
    System.out.println ("马吃" + food);
  }
```

```
    }
    public class Test {
      public static void main (String[] args) {
        Animal a = new Animal();
        Horse h = new Horse();
        Animal ah = new Horse();
        a.eat();
        h.eat();
        h.eat("apple");
        ah.eat();
        //a.eat("苹果");
        //ah.eat("苹果");
      }
    }
```

第一条：a.eat();普通的方法调用，调用了 Animal 类的 eat()方法，输出：

动物吃东西

第二条：h.eat();普通的方法调用，调用了 Horse 类的 eat()方法，输出：

马吃草

第三条：h.eat("apple");方法的重载。Horse 类的两个 eat()方法重载。调用了 Horse 类的 eat(String food)方法，输出：

马吃苹果

第四条：ah.eat();前面有例子了，不难理解。输出：

马吃草

第五条：a.eat("苹果");低级错误，Animal 类中没有 eat(String food)方法。因此不能通过编译。

第六条：ah.eat("苹果");关键点就在这里。解决的方法：不能看对象类型，要看引用类型。Animal 类中没有 eat(String food)方法。因此不能通过编译。

4.4 多 态

父类的引用可以指向子类的对象。这种情况是 Java 多态性的表现。面向对象程序设计的三大特征：封装、继承和多态。前面已经学习了封装和继承，下面介绍多态。多态性在实际中的含义就是不同的对象有相同的成员，但是具体执行的过程却大相径庭。例如，驾驶人在开车的时候都知道"遇到红灯要刹车等待"，这与驾驶人驾驶的是什么类型的车无关，所有的车都具有刹车功能。在 Java 程序开发中，基于继承的多态就是指对象功能的调用者用父类的引用进行方法的调用，这样可以调高灵活性。因为父类的引用可以调用不同的子类实现。

1. 什么是多态

面向对象的三大特性：封装、继承、多态。从一定角度来看，封装和继承几乎都是为多态而准备的。

现实中，关于多态的例子不胜枚举。比方说按下 F1 键这个动作，如果当前在 Flash 界面下弹出的就是 AS 3 的帮助文档；如果当前在 Word 下弹出的就是 Word 帮助；如果当前在 Windows 下弹出的就是 Windows 帮助和支持。同一个事件发生在不同的对象上会产生不同的结果。

多态的定义：指允许不同类的对象对同一消息作出响应。即同一消息可以根据发送对象的不同而采用多种不同的行为方式，（发送消息就是方法调用）。简单来说，多态是具有表现多种形态的能力的特征。

当一个类有很多子类时，并且这些子类都重写了父类中的某个方法。那么当我们把子类创建的对象的引用放到一个父类的对象中时，就得到了该对象的一个上转对象，那么这个上转对象在调用这个方法时就可能具有多种形态。

例如，定义了父类 Person 类和子类 Student。引用的类型是 Person，指向子类对象 Student，如 Person p1 = new Student()。

上转对象不能操作子类新增的成员变量（失掉了这部分属性）；不能使用子类新增的方法（失掉了一些功能）。

上转对象可以操作子类继承或隐藏成员变量，也可以使用子类继承的或重写的方法。

上转对象操作子类继承或重写的方法时，就是通知对应的子类对象去调用这些方法。因此，如果子类重写了父类的某个方法后，对象的上转对象调用这个方法时，一定是调用了这个重写的方法。

可以将对象的上转对象再强制转换到一个子类对象，这时，该子类对象又具备了子类所有属性和功能。

实现多态的技术称为动态绑定（dynamic binding），是指在执行期间判断所引用对象的实际类型，根据其实际类型调用其相应的方法。

2. 动态绑定

Java 的动态绑定又称运行时绑定。意思就是说，程序会在运行的时候自动选择调用哪个方法。当虚拟机调用一个实例方法时，它会基于对象实际的类型（只能在运行时得知）来选择所调用的方法，这就是动态绑定，是多态的一种。动态绑定为解决实际的业务问题提供了很大的灵活性。重写（Override）的方法就是使用动态绑定完成的。

先看一个问题：

```
Object o = new Car();
System.out.println(o.toString());
```

程序是调用 Object 中的 toString()方法呢？还是调用 Car 中的 toString()方法呢？

先来看两个概念：声明类型和引用类型。

一个变量必须被声明为某种类型，变量的这个类型称为声明类型，上述代码中 o 的声明类型是 Object；实际类型是被变量引用的对象的实际类，上述代码中 o 的实际类型为 Car。

动态绑定的工作机制：假设对象 o 是类 C1，C2，…，Cn 的实例，其中 C1 是 C2 的子类，C2 是 C3 的子类，依此类推。如果对象 o 调用一个方法 fun();那么 Java 虚拟机会依次在 C1，C2，…，Cn 中查找方法 fun();的实现，直到找到为止，一旦找到一个实现，就会停止查找，然后调用这个第一次找到的实现。下面通过一个示例来展示。

【例 4-6】 动态绑定示例。

```java
class People extends Object{
  @Override
  public String toString() {
    return "People";
  }
}
class Student extends People{
  @Override
  public String toString() {
    return "Student";
  }
}

class GraduateStudent extends Student{
  //这个方法中不对 toString()方法进行重写
}
public class DynamicBindTest {
  public static void main(String[] args) {
    fun(new GraduateStudent());
    fun(new Student());
    fun(new People());
    fun(new Object());
  }
  /**
   * 这个方法的类型是 Object，所以通用类型都可以传进来
   * @param obj
   */
  Public static void fun(Object obj){
    System.out.println(obj.toString());
  }
}
```

测试结果如下所示：

```
Student
Student
People
java.lang.Object@128f6ee
```

分析：
任何一个类都是从 Object 类继承下来的，每个对象都从 Object 继承一个 toString()方

法。通过这个方法返回一个表示引用对象自己正常信息的字符串。在打印的时候,如果在代码中没有重载 toString()方法,那么 Java 将自动调用 Object 的 toString()方法,默认的字符串内容是"类名+哈希编码"。因此可以通过在类里面重写 toString()方法,把默认的字符串内容改成自己想要表达的正常信息的字符串内容。

①fun(new GraduateStudent())执行时会调用 fun()方法中的 obj.toString()方法,GraduateStudent 继承 Student,Student 继承 People,People 又继承 Object,根据动态绑定的原理,会依次查询 GraduateStudent→Student→People→Object 中的 toString()方法,一旦找到就立即调用并停止查询,GraduateStudent 类中没有实现 toString()方法,所以到了 Student 类中,发现这个类中实现了 toString()方法,程序马上调用,然后停止,即第一个输出的是 Student 类中的"Student"。

②执行 fun(new Student())时也是同样的道理,依次寻找 toString()方法,然后发现 Student 类中就实现了 toString()方法,调用然后停止,即输出第二个也是 Student 类中的"Studnet"。

③执行 fun(new People())时也是同样的道理,输出的是 People 类中的"People"。

④执行 fun(new Object())时,输出的是 Object 类中的 toString()方法。

注意:构造方法链是一直往上找,找到最后的类进行执行,而动态绑定也是往上找,只不过一旦找到就立即调用并马上停止。

4.5 protected 数据和方法

在一个类的内部,其成员(包括成员变量和成员方法)能否被其他类所访问,取决于该成员的修饰词。Java 语言中有 4 种访问修饰符:private、无(default)、protected 和 public。表 4-1 所示总结了类中成员的可访问性。

表 4-1 访问权限

类成员的修饰符	在同一个类内访问	在同一个包内访问	在子类内可访问	在不同包可访问
private	√	×	×	×
无(default)	√	√	×	×
protected	√	√	√	×
public	√	√	√	√

public:能被所有的类(接口、成员)访问。

protected:只能被本类、同一个包中的类访问;如果在其他包中被访问,则必须是该成员所属类的子类。

private:成员变量和方法都只能在定义它的类中被访问,其他类都访问不到。对成员变量进行获取和更改,一般用 public 的 get()和 set()方法。实现了 Java 面向对象的封装思想。

friendly(缺省):访问权限与 protected 相似,但修饰类成员时不同包中的子类不能访问。

例如，在图 4-5 中描述了 C1 类中的 public、protected、默认的和 private 数据或方法是如何被 C2、C3、C4 和 C5 类访问的。其中，C2 类和 C1 类在同一个包中、C3 是 C1 类在同一个包中的子类、C4 类是 C1 类在不同包中的子类、C5 类与 C1 类在不同包中。

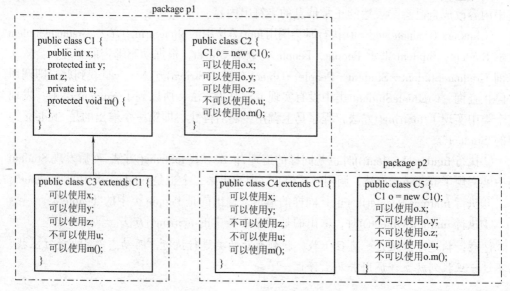

图 4-5 访问权限修饰的使用

注意：子类可以重写它的父类中的 protected 方法，并把它的可见性改为 public。但是子类不能削弱父类中定义的方法的可访问性。例如：如果一个方法在父类中定义为 public，在子类中也必须定义为 public。

4.6 阻止扩展和重写

有时希望阻止类被扩展。在这种情况下，可以使用 final 修饰符表示一个类是最终类，就不能作为父类被继承，阻止该类再派生出子类，例如 String 和 Math 类就是 final 类。这样做是出于安全原因，因为可以避免类被恶意继承并篡改。

方法也可以被 final 修饰，被 final 修饰的方法不能被覆盖；变量也可以被 final 修饰，被 final 修饰的变量在创建对象以后就不允许改变它们的值。一旦将一个类声明为 final，那么该类包含的方法也将被隐式地声明为 final，但是变量不是。

被 final 修饰的方法为静态绑定，不会产生多态（动态绑定），程序在运行时不需要再检索方法表，能够提高代码的执行效率。在 Java 中，被 static 或 private 修饰的方法会被隐式地声明为 final，因为动态绑定没有意义。

编 程 实 训

实训 1

设计一个名为 Person 的类和它的两个名为 Student 和 Employee 的子类。Employee 类又有子类：教员类 Faculty 和职员类 Staff。每个人都有姓名、地址、电话号码和电子邮件地址。学生有班级状态（大一、大二、大三、大四）。将这些状态定义为常量。一个雇员涉及办公室、工资和受聘日期。教员有办公时间和级别。职员有职务称号。覆盖每个类中的 toString() 方法，显示相应的类别名字和人名。

画出这些类的 UML 图，并实现这些类。编写一个测试程序，创建 Person、Student、Employee、Faculty 和 Staff，并调用它们的 toString() 方法显示信息。

参考代码：

```java
import java.util.*;
public class Exercise4_1 {
  public static void main(String[] args) {
  }
}

class Person {
  protected String name;
  protected String address;
  protected String phoneNumber;
  protected String email;
  @Override
  public String toString() {
    return "Person";
  }
}

class Student1 extends Person {
  public static int FRESHMAN = 1;
  public static int SOPHOMORE = 2;
  public static int JUNIOR = 3;
  public static int SENIOR = 4;
  protected int status;
  @Override
  public String toString() {
    return "Student";
  }
}

class Employee extends Person {
  protected String office;
  protected int salary;
  protected Calendar dateHired;
  @Override
  public String toString() {
    return "Employee";
  }
}

class Faculty extends Employee {
```

```java
  public static int LECTURER = 1;
  public static int ASSISTANT_PROFESSOR = 2;
  public static int ASSOCIATE_PROFESSOR = 3;
  public static int PROFESSOR = 4;
  protected String officeHours;
  protected int rank;
  @Override
  public String toString() {
     return "Faculty";
  }
}

class Staff extends Employee {
  protected String title;
  @Override
  public String toString() {
     return "Staff's title is " + title;
  }
}
```

实训 2

多态性练习。实现一个汽车类 Car，它有两个子类 Truck 类和 SUV 类。其中刹车(brake)方法是所有车都具有的一个功能。Truck 类和 SUV 类分别重写了父类中的刹车方法，提供子类不同的刹车实现。

参考代码:

```java
class Car {
  //定义抽象方法 brake
  public void brake(){};
}
class SUV extends Car {
  //实现 brake 方法
  public void brake() {
     System.out.println("正在 SUV 上刹车!! ");
  }
}

class Truck extends Car{
  //实现 brake 方法
  public void brake()
  {
     System.out.println("卡车刹车!! ");
  }
}

public class Exercise4_2{
  public static void main(String[] args)
  {
     //声明 Car 引用 c 并将其指向 Truck 类的对象
```

```
        Car c=new Truck();
        System.out.print("调用的方法为: ");
        //使用引用 c 调用 brake 方法
        c.brake();
        //将引用 c 指向 Mini 类的对象
        c=new SUV();
        System.out.print("调用的方法为: ");
        //使用引用 c 调用 brake 方法
        c.brake();
    }
}
```

实训 3

设计 3 个类，以员工类（Employee）为父类，经理类（Manager）、工人类（Worker）为子类，子类继承父类中的成员变量和成员方法（如 age、name、salary 等）。编写测试程序能输出经理和工人的工资等信息。在父类中编写 getSalary()方法，并在子类中覆盖，实现多态。

思路提示：多态是通过相同的方法名实现不同的功能。方法的覆盖和重载都可以实现多态，不仅如此，还可以通过对象的引用实现多态。创建不同的 Employee 对象，实现不同岗位的薪水信息。

第 5 章 抽象类和接口

知识目标

1. 了解 Java 程序中的抽象类和接口的定义；
2. 掌握抽象类的使用；
3. 掌握设计和使用接口的方法。

能力要求

1. 掌握抽象类和接口的定义和使用；
2. 掌握常用抽象类和接口的使用方法。

对于面向对象编程语言来说，抽象是它的特征之一。在 Java 中，可以通过两种形式来体现 OOP 的抽象：接口和抽象类。这两者有太多相似的地方，又有太多不同的地方。很多人在初学的时候会以为它们可以随意互换使用，但是实际则不然。下面讲解 Java 中的接口和抽象类。

5.1 抽 象 类

在面向对象的概念中，所有的对象都是通过类来描绘的，但是反过来却不是这样。并不是所有的类都是用来描绘对象的，如果一个类中没有包含足够的信息来描绘一个具体的对象，这样的类就是抽象类。抽象类往往用来表征用户在对问题领域进行分析、设计中得出的抽象概念，是对一系列看上去不同，但是本质上相同的具体概念的抽象。例如：如果进行一个图形编辑软件的开发，就会发现问题领域存在着圆、三角形这样一些具体概念，它们是不同的，但是它们又都属于形状这样一个概念，形状这个概念在问题领域是不存在的，它就是一个抽象概念。正是因为抽象的概念在问题领域没有对应的具体概念，所以用以表征抽象概念的抽象类是不能够实例化的。

5.1.1 抽象类的概念

在了解抽象类之前，先来了解一下抽象方法。抽象方法是一种特殊的方法，它只有声明，而没有具体的实现。例如一个抽象方法的声明为：

```
abstract void fun();
```

抽象方法必须用 abstract 关键字进行修饰。如果一个类含有抽象方法，则称这个类为抽象类，抽象类必须在类前用 abstract 关键字修饰。因为抽象类中含有无具体实现的方法，所以不能用抽象类创建对象。

下面要注意一个问题：在《Java 编程思想》一书中，将抽象类定义为"包含抽象方法的类"，但是如果一个类不包含抽象方法，只是用 abstract 修饰的话也是抽象类。也就是说抽象类不一定必须含有抽象方法。

```
[public] abstract class ClassName {
    abstract void fun();
}
```

从这里可以看出，抽象类就是为了继承而存在的，如果定义了一个抽象类，却不去继承它，那么等于白白创建了这个抽象类，因为不能用它来做任何事情。对于一个父类，如果它的某个方法在父类中没有必要实现出来，必须根据子类的实际需求进行不同的实现，那么就可以将这个方法声明为 abstract 方法，此时这个类也就成为 abstract 类了。

包含抽象方法的类称为抽象类，但并不意味着抽象类中只能有抽象方法，它和普通类一样，同样可以拥有成员变量和普通的成员方法。

抽象类和普通类的主要区别有如下 3 点：

①抽象方法必须为 public 或者 protected（如果为 private，则不能被子类继承，子类便无法实现该方法），缺省情况下默认为 public。

②抽象类不能用来创建对象。

③如果一个类继承于一个抽象类，则子类必须实现父类的抽象方法。如果子类没有实现父类的抽象方法，则必须将子类也定义为 abstract 类。

在其他方面，抽象类和普通类没有区别。

【例 5-1】 定义抽象类。

分析：定义图 5-1 所示的 3 个类，分别是几何图形类 GeometricObject，圆形类 Circle 和矩形类 Rectangle。其中父类几何图形类中声明了计算面积和周长的方法，但是从数学上不存在一个通用的公式可以计算所有几何图形的面积和周长，因此父类中不能对这两个方法进行定义，需要在子类中进行实现。

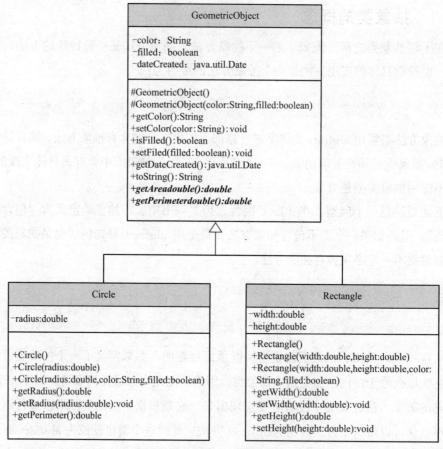

图 5-1　几何图形类、圆形类和矩形类

```java
//定义几何图形类 GeometricObject.java
public abstract class GeometricObject {
    private String color = "white";
    private boolean filled;
    private java.util.Date dateCreated;
    /* 创建一个几何图形对象的构造方法 */
    protected GeometricObject() {
        dateCreated = new java.util.Date();
    }
    /*指定color、filled值的几何图形对象构造方法*/
    protected GeometricObject(String color, boolean filled) {
        dateCreated = new java.util.Date();
        this.color = color;
        this.filled = filled;
    }
    public String getColor() {
        return color;
    }
    public void setColor(String color) {
        this.color = color;
```

```java
    }
    public boolean isFilled() {
       return filled;
    }
    public void setFilled(boolean filled) {
       this.filled = filled;
    }
    /* 获得创建对象的时间*/
    public java.util.Date getDateCreated() {
       return dateCreated;
    }
    public String toString() {
       return "created on " + dateCreated + "\ncolor: " + color + " and filled: " + filled;
    }
    /* 抽象方法 getArea */
    public abstract double getArea();

    /*抽象方法 getPerimeter */
    public abstract double getPerimeter();
}
//定义圆形类Circle.java
public class Circle extends GeometricObject {
    private double radius;
    public Circle() {
    }
    public Circle(double radius) {
       this.radius = radius;
    }
    public double getRadius() {
       return radius;
    }
    public void setRadius(double radius) {
       this.radius = radius;
    }
    @Override /* 计算圆形的面积 */
    public double getArea() {
       return radius * radius * Math.PI;
    }
    public double getDiameter() {
       return 2 * radius;
    }
    @Override /* 计算圆形的周长*/
    public double getPerimeter() {
       return 2 * radius * Math.PI;
    }
    public void printCircle() {
```

```java
      System.out.println("The circle is created " + getDateCreated() +" and the radius is " + radius);
    }
}

//定义矩形类 Rectangle.java
public class Rectangle extends GeometricObject {
    private double width;
    private double height;
    public Rectangle() {
    }
    public Rectangle(double width, double height) {
        this.width = width;
        this.height = height;
    }
    public double getWidth() {
        return width;
    }
    public void setWidth(double width) {
        this.width = width;
    }
    public double getHeight() {
        return height;
    }
    public void setHeight(double height) {
        this.height = height;
    }
    @Override /*计算矩形的面积 */
    public double getArea() {
        return width * height;
    }
    @Override /*计算矩形的周长 */
    public double getPerimeter() {
        return 2 * (width + height);
    }
}
//定义测试类 TestGeometricObject.java
public class TestGeometricObject {
    /* Main 方法 */
    public static void main(String[] args) {
        // 声明、创建2个 GeometricObject 对象
        GeometricObject geoObject1 = new Circle(5);
        GeometricObject geoObject2 = new Rectangle(5, 3);
        System.out.println("The two objects have the same area? " + equalArea(geoObject1, geoObject2));
        // 显示圆形对象的信息
        displayGeometricObject(geoObject1);
        // 显示矩形对象的信息
        displayGeometricObject(geoObject2);
    }
    /* 判断两个 GeometricObject 对象面积是否相等 */
```

```
    public static boolean equalArea(GeometricObject object1, GeometricObject
object2) {
        return object1.getArea() == object2.getArea();
    }

    /* 显示GeometricObject对象的信息 */
    public static void displayGeometricObject(GeometricObject object) {
      System.out.println();
      System.out.println("The area is " + object.getArea());
      System.out.println("The perimeter is " + object.getPerimeter());
    }
}
```

从上面的例子中可以看到，当定义 GeometricObject 类的时候，getArea()和 getPerimeter()方法为抽象方法的好处就是，创建了两个几何对象：一个圆，一个矩形的时候，调用 equalArea()方法来检查它们的面积是否相同，然后再显示它们的结果。

Circle 类和 Rectangle 类中覆盖了定义在 GeometricObject 类中的抽象方法，在程序中这两行代码：

```
GeometricObject geoObject1 = new Circle(5);
GeometricObject geoObject2 = new Rectangle(5, 3);
```

创建了一个圆形对象和矩形对象，并把它们赋值给 GeometricObject 类型的变量 geoObject1 和 geoObject2。当调用 egualArea(geoObject1,geoObject2)时，由于 geoObject1 是一个圆，所以 geoObject1.getArea()使用的是 Circle 类的 getArea()方法，而 geoObject2 是一个矩形，所以 geoObject2.getArea()使用的是 Rectangle 类的 getArea()方法。类似的,当调用 displayGeometricObject()方法时, 分别调用的是圆形和矩形的 getArea()方法和 getPerimeter()方法。JVM 在运行时会根据对象的类型动态地决定调用哪个类的方法。如果在父类中没有定义抽象的 getArea()方法，就没有办法定义 egualArea()方法。

5.1.2 Calendar 类

在 Java API 中提供了许多抽象类，例如，Number 类是数值包装类、BigInterger、BigDecimal 的抽象父类。Calendar 类是 GregorianCalendar 的抽象父类。

java.util.Date 对象可以表示一个以毫秒为单位的日期对象。java.util.Calendar 是一个抽象的类，可以提取出详细的日历信息。例如，年、月、日、小时、分钟、秒。Calendar 类的子类可以实现特定的日历系统，例如公历（GregorianCalendar）、农历（lunarCalendar）和犹太历。目前 Java 支持 java.util.GregorianCalendar，在图 5-2 中可以看到 Calendar 的 add()方法是抽象的，它的实现依赖于某个具体的日历。

抽象类 Calendar 定义了各种日历的共同属性。可以利用 GregorianCalendar 类的构造方法创建一个日历对象，Calendar 类中的 get(field:int)方法可以提取日期、时间的信息，其中，参数 field 的值由 Calendar 类的静态常量决定。其中：YEAR 代表年，MONTH 代表月，HOUR 代表小时，MINUTE 代表分。如 calendar.get(Calendar.MONTH); 如果返回值为 0 代表当前日历是一月份，如果返回 1 代表二月份，依此类推，这对于日常编程非常方便。由 Calendar 类中的常用常量如表 5-1 所示。

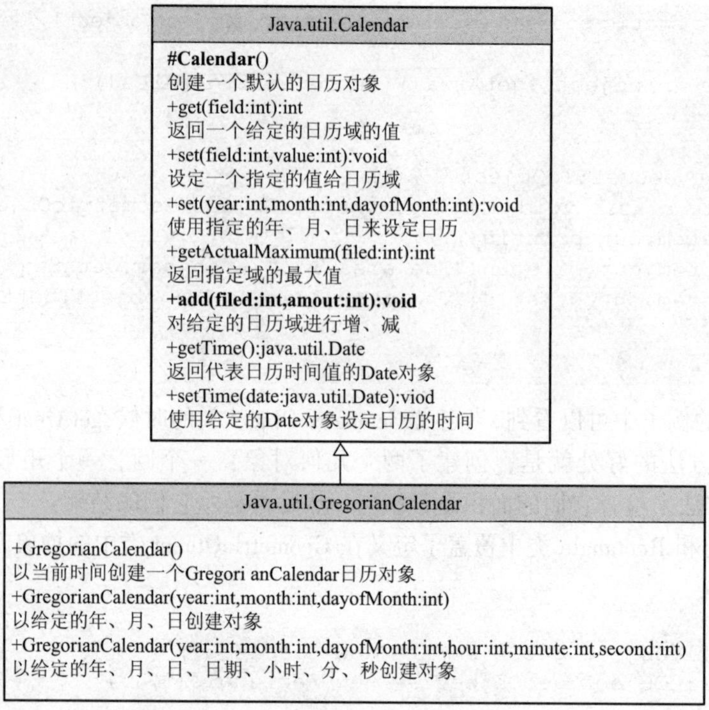

Java 程序设计

```
          ┌─────────────────────────────────────────┐
          │           Java.util.Calendar            │
          ├─────────────────────────────────────────┤
          │ #Calendar()                             │
          │ 创建一个默认的日历对象                   │
          │ +get(field:int):int                     │
          │ 返回一个给定的日历域的值                 │
          │ +set(field:int,value:int):void          │
          │ 设定一个指定的值给日历域                 │
          │ +set(year:int,month:int,dayofMonth:int):void │
          │ 使用指定的年、月、日来设定日历           │
          │ +getActualMaximum(filed:int):int        │
          │ 返回指定域的最大值                       │
          │ +add(filed:int,amout:int):void          │
          │ 对给定的日历域进行增、减                 │
          │ +getTime():java.util.Date               │
          │ 返回代表日历时间值的Date对象             │
          │ +setTime(date:java.util.Date):void      │
          │ 使用给定的Date对象设定日历的时间         │
          └─────────────────────────────────────────┘
                              △
          ┌─────────────────────────────────────────┐
          │         Java.util.GregorianCalendar     │
          ├─────────────────────────────────────────┤
          │ +GregorianCalendar()                    │
          │ 以当前时间创建一个Gregori anCalendar日历对象 │
          │ +GregorianCalendar(year:int,month:int,dayofMonth:int) │
          │ 以给定的年、月、日创建对象               │
          │ +GregorianCalendar(year:int,month:int,dayofMonth:int,hour:int,minute:int,second:int) │
          │ 以给定的年、月、日、日期、小时、分、秒创建对象 │
          └─────────────────────────────────────────┘
```

图 5-2 Calendar 和子类 GregorianCalendar

表 5-1 Calendar 类中的常量

常量名	说 明
YEAR	日历的年份
MONTH	日历的月份，0 表示一月
DATE	日历的天
HOUR	日历的小时（12 小时制）
HOUR_OF_DAY	日历的小时（24 小时制）
MINUTE	日历的分
SECOND	日历的秒
DAY_OF_WEEK	一周的天数，1 是星期日
DAY_OF_MONTH	当前月的天数
DAY_OF_YEAR	当前年的天数，1 是一年的第一天
WEEK_OF_MONTH	当前月内的星期数，1 是该月的第一个星期
WEEK_OF_YEAR	当前年内的星期数，1 是该年的第一个星期
AM_PM	表明是上午还是下午（0 表示上午，1 表示下午）

提示：在 Java 中对于不便于记忆的一些数值往往设计成类的常量来表示。关于 Calendar 和 GregorianCalendar 还有很多常量和方法，有兴趣的读者可以自己查阅 API。

【例 5-2】 创建一个 GregorianCalendar 对象来获得当前的时间和日期信息。

```java
import java.util.*;
public class TestCalendar {
  public static void main(String[] args) {
```

```
        // 使用当前时间创建一个 GregorianCalendar 对象
        Calendar calendar = new GregorianCalendar();
        System.out.println("Current time is " + new Date());
        System.out.println("YEAR: " + calendar.get(Calendar.YEAR));
        System.out.println("MONTH: " + calendar.get(Calendar.MONTH));
        System.out.println("DATE: " + calendar.get(Calendar.DATE));
        System.out.println("HOUR: " + calendar.get(Calendar.HOUR));
        System.out.println("HOUR_OF_DAY:"+ calendar.get(Calendar.HOUR_OF_DAY));
        System.out.println("MINUTE: " + calendar.get(Calendar.MINUTE));
        System.out.println("SECOND: " + calendar.get(Calendar.SECOND));
        System.out.println("DAY_OF_WEEK: " + calendar.get(Calendar.DAY_OF_WEEK));
        System.out.println("DAY_OF_MONTH:"+ calendar.get(Calendar.DAY_F_MONTH));
        System.out.println("DAY_OF_YEAR:"+ calendar.get(Calendar.DAY_OF_YEAR));
        System.out.println("WEEK_OF_MONTH:"+ calendar.get(Calendar.WEEK_OF_MONTH));
        System.out.println("WEEK_OF_YEAR: " + calendar.get(Calendar.WEEK_OF_YEAR));
        System.out.println("AM_PM: " + calendar.get(Calendar.AM_PM));
        // 创建一个具体年、月、日的日历对象
        Calendar calendar1 = new GregorianCalendar(2017,2,1);
        String[]dayNameOfWeek={"Sunday","Monday","Tuesday","Wednesday","Thursday","Friday","Saturday"};
        System.out.println("2017-2-1 是 " + calendar1.get(Calendar.DAY_OF_WEEK) +"  "+ dayNameOfWeek[calendar1.get(Calendar.DAY_OF_WEEK) - 1]);
    }
}
```

测试结果如下所示

```
C:\>javac TestCalendar.java
C:\>java TestCalendar
Current time is Sat Feb 11 23:37:51 CST 2017
YEAR: 2017
MONTH: 1
DATE: 11
HOUR: 11
HOUR_OF_DAY:23
MINUTE: 37
SECOND: 51
DAY_OF_WEEK: 7
DAY_OF_MONTH:11
DAY_OF_YEAR: 42
WEEK_OF_MONTH: 2
WEEK_OF_YEAR: 6
AM_PM: 1
2017-2-1是4 是Wednesday
```

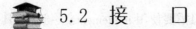

5.2 接　　口

接口是一种与类相似的结构，只包含常量和抽象方法。接口在很多地方与抽象类相似，但是它的目的是指明相关或者不相关的类的多个对象的共同行为。抽象类在父类中定义了相关子类的共同行为而接口可以用于定义不同类的共同行为。例如，可以定义一些对象是可比较的、可食用的、可克隆的等。另一方面，Java 只支持单重继承，不支持多重继承，即一个类中只能有一个父类。但是在实际应用中，又经常需要使用多重继承解决问题。Java 提供的接口可以解决该问题，实现类的多重继承功能。

5.2.1 接口的定义

Java 接口（interface）是一系列方法的声明，是一些方法特征的集合，一个接口只有方法的特征没有方法的实现，因此这些方法可以在不同地方被不同的类实现，而这些实现可以具有不同的行为（功能）。

接口在 Java 中被看作一种特殊的类，使用接口或多或少有点像使用抽象类，例如，可以使用接口作为引用变量的数据类型或者类型转换的结果。与抽象类一样，接口不能用 new 操作符来创建实例。

定义一个接口的形式如下：

```
public interface InterfaceName {
    /* 常量声明 */
    constant declarations;
    /* 抽象方法声明 */
    abstract method signatures;
}
```

例如，定义一个可食用接口：

```
public interface Edible {
    /* Describe how to eat */
    public abstract String howToEat();
}
```

接口中可以含有变量和方法。但是要注意，接口中的变量会被隐式地指定为 public static final 变量（并且只能是 public static final 变量，用 private 修饰会报编译错误），而方法会被隐式地指定为 public abstract 方法且只能是 public abstract 方法（用其他关键字，比如 private、protected、static、final 等修饰会报编译错误），并且接口中所有的方法不能有具体的实现，也就是说，接口中的方法必须都是抽象方法。

从这里可以隐约看出接口和抽象类的区别，接口是一种极度抽象的类型，它比抽象类更加"抽象"，并且一般情况下不在接口中定义变量。

一个接口不能实现（implements）另一个接口，但它可以继承多个其他接口。Java 接口必须通过类来实现它的抽象方法。一个类只能继承一个直接的父类。但可以实现多个接口，间接地实现了多继承。

要让一个类遵循一些接口需要使用 implements 关键字，具体格式如下：

```
class ClassName implements Interface1,Interface2,[....]{
}
```

当类实现了某个 Java 接口时，它必须实现接口中的所有抽象方法，否则这个类必须声明为抽象类。

5.2.2　接口的作用

1. 精简程序结构，免除重复定义

例如，有两个及以上的类拥有相同的方法，但是实现功能不一样，就可以定义一个接口，将这个方法提炼出来，在需要使用该方法的类中去实现，就免除了多个类定义系统方法的麻烦。例如，图 5-3 所示分别定义鸟类和昆虫类，鸟类和昆虫类都具有飞行的功能，这个功能是相同的，但是其他功能是不同的。

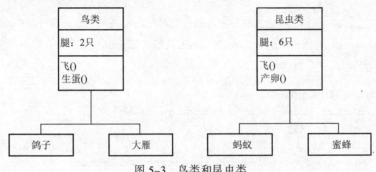

图 5-3　鸟类和昆虫类

在程序实现过程中可以定义一个专门描述飞行的接口。图 5-4 中定义了飞行生物接口。

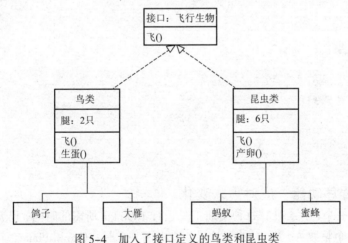

图 5-4　加入了接口定义的鸟类和昆虫类

【例 5-3】鸟类和昆虫类的实现。

```
interface Flyanimal{
  void fly();
}
class Insect {
  int legnum=6;
}
class Bird {
```

```
    int  legnum=2;
    void egg(){};
}
class Ant extends Insect implements  Flyanimal {
  public void fly(){
    System.out.println(Ant can  fly");
  }
}
class Pigeon extends Bird implements  Flyanimal {
  public void fly(){
    System.out.println("pigeon  can fly");
  }
  public void egg(){
    System.out.println("pigeon  can lay  eggs ");
  }
}
public class InterfaceDemo{
  public static void main(String args[]){
    Ant a=new Ant();
    a.fly();
    System.out.println("Ant's legs are"+ a.legnum);
    Pigeon p = new Pigeon();
    p.fly();
    p.egg();
  }
}
```

程序运行结果：

```
C:\>javac InterfaceDemo.java
C:\>java InterfaceDemo
Ant can  fly
Ant's legs are6
pigeon  can fly
pigeon  can lay  eggs
```

2. 拓展程序功能，应对需求变化

例如，编写一个程序，计算每种交通工具运行 1000 km 所需的时间，已知每种交通工具的参数都是 3 个整数 A、B、C 的表达式。现有两种工具：Car 和 Plane。

其中，Car 的速度运算公式为 A*B/C；Plane 的速度运算公式为 A+B+C。

当增加第 3 种交通工具时，比如火车（Train），不必修改以前的任何程序，只需要编写新的交通工具程序即可。

【例 5-4】 不同交通工具计算路程时间。

```
import java.lang.*;
interface Common {
  double runTimer(double a, double b, double c);
```

```
    String getName(); //获取交通工具的名称
}
class Plane implements Common {
    public double runTimer(double a, double b, double c) {
        return (a+b+c);
    }
    public String getName(){
        return"Plane";
    }
}
class Car implements Common {
    public double runTimer(double a, double b, double c) {
        return ( a*b/c );
    }
    public String getName(){
        return"Car";
    }
}
public class ComputeTime {
  public static void main(String args[])  {
      double A=3;
      double B=5;
      double C=6;
      double v,t;
      Common d=new Car();
      v=d.runTimer(A,B,C);
      t=1000/v;
      System.out.println(d.getName()+"的平均速度: "+v+" km/h");
      System.out.println(d.getName()+"的运行时间: "+t+" 小时");
      d=new Plane();
      v=d.runTimer(10,30,40);
      t=1000/v;
      System.out.println(d.getName()+"的平均速度: "+v+" km/h");
      System.out.println(d.getName()+"的运行时间: "+t+" 小时");
  }
}
```

程序运行结果；

```
C:\>javac ComputeTime.java
C:\>java ComputeTime
Car的平均速度: 2.5 km/h
Car的运行时间: 400.0 小时
Plane的平均速度: 80.0 km/h
Plane的运行时间: 12.5 小时
```

5.2.3 Comparable 接口

假设要定义一个求两个相同类型对象中较大者的通用方法。这里的对象可能是两个学生、两个日期、两个圆、两个矩形。为了实现这个方法，这两个对象必须是可比较的。因此，这两个对象的共同方法就是 comparable（可比较的）。为此，Java 提供了 Comparable 接口。任何需要比较对象的类，都要实现该接口。接口的定义如下：

```java
package java.lang;
public interface Comparable<E>{
    public int CompareTo(E o);
}
```

CompareTo 判断这个对象相对于给定对象的顺序，当这个对象小于、等于或大于给定对象 o 时，分别返回负数、0 或正数。

Comparable 接口是一个泛型接口。在实现该接口时，泛型 E 被替换成一种具体的类型。

Java 类库中的许多类实现了 Comparable 接口以定义对象的自然顺序。String、Date、Calendar 还有基本数据类型的包装类（如 Internet、Float 等）都实现了 Comparable 接口。因此，数字是可比较的，字符串是可比较的，日期也是如此。

【例 5-5】 可比较大小的 Rectangle 类。

```java
public class ComparableRectangle extends Rectangle
implements Comparable<ComparableRectangle> {
  public ComparableRectangle(double width, double height) {
    super(width, height);
  }
  @Override //实现 compareTo 方法
  public int compareTo(ComparableRectangle o) {
    if(getArea() > o.getArea())
      return 1;
    else if (getArea() < o.getArea())
      return -1;
    else
      return 0;
  }
  @Override // 实现 toString 方法
  public String toString() {
    return "Width: "+getWidth()+" Height: "+getHeight() +" Area: "+getArea();
  }
}
```

【例 5-6】 编写程序，定义图 5-5 中的 Animal 类、Chicken 类和 Tiger 类。

分析：图 5-5 所示描述了多个类和接口的继承关系。Animal 类定义了 sound()方法，这是个抽象的方法，具体的动物有具体的叫声。其中 Chicken 类实现了 Edible 接口表示鸡是可以食用的。并且 Chicken 也继承了 Animal 类并实现了 sound()方法。Fruit 类实现了 Edible 接口，但是没有实现 howToEat()方法，所以 Fruit 仍为抽象类。定义一个 main()方法创建 Tiger、Chicken 和 Apple 类型的 3 个对象，判断如果这个对象可以食用就调用 howToEat()方法，如果是一种动物就调用 sound()方法。在 UML 类图中接口用"《 》"标识，抽象类和方法用斜体标识，带虚线的空心箭头表示对接口的实现，带实线的空心箭头表示继承。

第5章 抽象类和接口

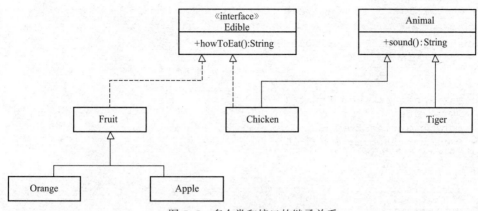

图 5-5 多个类和接口的继承关系

程序代码如下：

```java
public interface Edible {
  /* 如何吃的方法*/
  public abstract String howToEat();
}
public class TestEdible {
  public static void main(String[] args) {
    Object[] objects = {new Tiger(), new Chicken(), new Apple()};
    for (int i = 0; i < objects.length; i++) {
      if (objects[i] instanceof Edible )
        System.out.println(((Edible)objects[i]).howToEat());
      if (objects[i] instanceof Animal) {
        System.out.println(((Animal)objects[i]).sound());
      }
    }
  }
}

abstract class Animal {
  /* 动物叫的方法 */
  public abstract String sound();
}

class Chicken extends Animal implements Edible {
  @Override
  public String howToEat() {
    return "Chicken: 烤着吃";
  }

  @Override
  public String sound() {
    return "Chicken: 咕咕咕咕";
  }
}

class Tiger extends Animal {
  @Override
  public String sound() {
    return "Tiger: 啊呜~";
  }
```

```
}
abstract class Fruit implements Edible {
    // 此处省略类的定义
}

class Apple extends Fruit {
    @Override
    public String howToEat() {
        return "Apple: 削掉皮吃";
    }
}

class Orange extends Fruit {
    @Override
    public String howToEat() {
        return "Orange: 榨橘子汁";
    }
}
```

运行结果：

```
C:\>javac TestEdible.java
C:\>java TestEdible
Tiger: 啊呜~
Chicken: 烤着吃
Chicken: 咕咕咕咕
Apple: 削掉皮吃
```

Java 中的 instanceof 运算符用来在运行时指出对象是否是特定类的一个实例。instanceof 通过返回一个布尔值来指出这个对象是否是这个特定类或者是它的子类的一个实例。如果 object 是 class 的一个实例，则 instanceof 运算符返回 true。如果 object 不是指定类的一个实例，或者 object 是 null，则返回 false。

5.3 抽象类和接口的比较

一个类可以实现多个接口，但是只能继承一个父类。接口的使用和抽象类的使用基本类似，但是，定义一个接口和定义一个抽象类有所不同。编写程序时如何区别需要定义一个抽象类还是一个接口呢？抽象类和接口的区别是什么？

在表 5-2 中对比了接口和抽象类的区别。分别从语法层面、设计层面进行分析。

表 5-2 抽象类和接口

	变量	构造方法	方法
抽象类	无限制	子类通过构造方法链调用构造方法，抽象类不能用 new 操作符实例化	无限制
接口	所有的变量必须是 public static final	没有构造方法。接口不能用 new 操作符实例化	所有方法都必须是公共的、抽象的

1. 语法层面上的区别

抽象类可以提供成员方法的实现细节，而接口中只能存在 public abstract 方法；抽象类中的成员变量可以是各种类型的，而接口中的成员变量只能是 public static final 类型的；接口中不能含有静态代码块以及静态方法，而抽象类可以有静态代码块和静态方法；一个类只能继承一个抽象类，而一个类却可以实现多个接口。

2. 设计层面上的区别

抽象类是对一种事物的抽象，即对类抽象，而接口是对行为的抽象。抽象类是对整个类整体进行抽象，包括属性、行为，但是接口却是对类局部（行为）进行抽象。举个简单的例子，飞机和鸟是不同类的事物，但是它们都有一个共性，就是都会飞。那么在设计的时候，可以将飞机设计为一个类 Airplane，将鸟设计为一个类 Bird，但是不能将飞行这个特性也设计为类，因此它只是一个行为特性，并不是对一类事物的抽象描述。此时可以将飞行设计为一个接口 Fly，包含方法 fly()，然后 Airplane 和 Bird 分别根据自己的需要实现 Fly 这个接口。至于不同种类的飞机（如战斗机、民用飞机等）直接继承 Airplane 类即可，对于鸟也是类似的，不同种类的鸟直接继承 Bird 类即可。从这里可以看出，继承是一个"是不是"的关系，而接口实现则是"有没有"的关系。如果一个类继承了某个抽象类，则子类必定是抽象类的种类，而接口实现则是有没有、具备不具备的关系，比如鸟是否能飞（或者是否具备飞行这个特点），能飞行则可以实现这个接口，不能飞行就不能实现这个接口。

抽象类作为很多子类的父类，它是一种模板式设计。而接口是一种行为规范，它是一种辐射式设计。什么是模板式设计？例如，PPT 中的模板，如果用模板 A 设计了 PPT B 和 PPT C，PPT B 和 PPT C 公共的部分就是模板 A，如果它们的公共部分需要改动，则只需要改动模板 A 即可，不需要重新对 PPT B 和 PPT C 进行改动。什么是辐射式设计？例如，某个电梯都装了某种报警器，一旦要更新报警器，就必须全部更新。也就是说对于抽象类，如果需要添加新的方法，可以直接在抽象类中添加具体的实现，子类可以不进行变更；而对于接口则不行，如果接口进行了变更，则所有实现这个接口的类都必须进行相应的改动。

【例 5-7】 门和警报。

门都有 open()和 close()两个动作，可以通过抽象类和接口来定义这个抽象概念：

```
abstract class Door {
  public abstract void open();
  public abstract void close();
}
```

或者：

```
interface Door {
  public abstract void open();
  public abstract void close();
}
```

但是如果需要门具有报警 alarm()的功能，那么该如何实现？下面提供两种思路：

①将这 3 个功能都放在抽象类里面，这样一来所有继承于这个抽象类的子类都具备了报警功能，但是有的门并不一定具备报警功能。

②将这3个功能都放在接口里面,需要用到报警功能的类就需要实现这个接口中的open()和 close()，也许这个类根本就不具备 open()和 close()功能，比如火灾报警器。

从这里可以看出，Door 的 open()、close()和 alarm()属于两个不同范畴内的行为，open()和 close()属于门本身固有的行为特性，而 alarm()属于延伸的附加行为。因此最好的解决办法是单独将报警设计为一个接口，包含 alarm()行为，Door 设计为单独的一个抽象类，包含 open()和 close()两种行为。再设计一个报警门继承 Door 类和实现 Alarm 接口。

```
interface Alram {
  void alarm();
}
abstract class Door {
  void open();
  void close();
}
class AlarmDoor extends Door implements Alarm {
  void open() {
    //....
  }
  void close() {
    //....
  }
  void alarm() {
    //....
  }
}
```

总结：

①abstract class 在 Java 中表示一种继承关系，一个类只能使用一次继承关系。但是，一个类却可以实现多个 interface。

②在 abstract class 中可以有自己的数据成员，也可以有非 abstarct 的成员方法，而在 interface 中，只能有静态的不能被修改的数据成员（必须是 static final 的，不过在 interface 中一般不定义数据成员），所有的成员方法都是 abstract 的。

③abstract class 和 interface 所反映出的设计理念不同。其实 abstract class 表示"is-a"关系，interface 表示"like-a"关系。例如，公历是一种日历，所以，类 java.util. GregorianCalendar 和 java.util. Calendar 是用类的继承建模的。"like-a"关系又称类属关系，它表明对象拥有某种属性，可以用接口建模。例如，所有的字符串都是可比较的，因此，String 类实现 Comparable 接口。

④实现抽象类和接口的类必须实现其中的所有方法。抽象类中可以有非抽象方法。接口中则不能有实现方法。

⑤接口中定义的变量默认是 public static final 型,且必须给其赋初值,所以实现类中不能重新定义,也不能改变其值。抽象类中的变量默认是 friendly 型,其值可以在子类中重新定义,也可以重新赋值。

⑥abstract 类的继承类中可以追加方法,而接口的实现类中不能追加方法。

⑦接口中的方法默认都是 public、abstract 类型的。

使用 extends 关键字,接口之间也可以继承,例如:

```
public Interface NewInterface extends Interface1,…InterfaceN{
}
```

那么一个实现接口 NewInterface 的类必须实现 NewInterface、Interface1、……、InterfaceN 中定义的所有抽象方法。

一个类可以在继承父类的同时实现多个接口。所有的类共享一个根类,但是接口没有共同的根。接口可以当作一种数据类型来使用,将接口类型的变量转换为它的子类,反过来也可以。例如图 5-6 中,c 是 class2 的实例,那么 c 也是 class1、interface1、interface1_1 interface2_1、interface2_2 的实例。

通常,接口比抽象类更灵活。因为接口可以定义相关类共有的父类型。例如,Animal 类中定义 howToEat()方法。子类也必须是一种动物。可以定义 Edible 接口,定义 howToEat() 方法可以让各种可食用的类来实现。

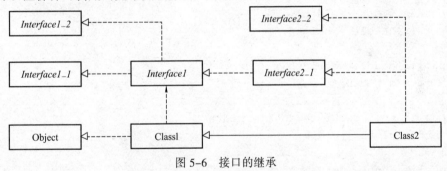

图 5-6 接口的继承

编 程 实 训

实训 1

建立鱼类 Fish 的抽象类。鱼类可分为淡水鱼和热带鱼,这里以淡水鱼为例,淡水鱼包含鲤鱼 carp、鲈鱼 weever、鲶鱼 catfish 等。每种鱼都可以游动。

思路提示:这个实训练习抽象类的使用。抽象类中的方法通常什么都不做,需要在子类中实现方法。

实训 2

改写例题的代码,实现一个可比较的圆形类 ComparableCircle。画出 UML 图,实现 compareTo()方法,能够根据面积比较两个圆。编写一个测试程序,求出两个对象中的较大者。

参考代码:

```java
public class Exercise5_2 {
  public static void main(String[] args) {
    Rectangle5_2 obj1 = new Rectangle5_2();
    Rectangle5_2 obj2 = new Rectangle5_2();
    System.out.println(obj1.equals(obj2));
    System.out.println(obj1.compareTo(obj2));
  }
}

// Rectangle5_2 继承 GeometricObject
class Rectangle5_2 extends GeometricObject implements Comparable<Rectangle5_2> {
    private double width;
    private double height;
    /* Default constructor */
    public Rectangle5_2() {
      this(1.0, 1.0);
    }

    public Rectangle5_2(double width, double height) {
      this.width = width;
      this.height = height;
    }
    public double getWidth() {
      return width;
    }
    public void setWidth(double width) {
      this.width = width;
    }
    public double getHeight() {
      return height;
    }
    public void setHeight(double height) {
      this.height = height;
    }
    public double getArea() {
      return width*height;
    }
    public double getPerimeter() {
      return 2*(width + height);
    }

    @Override
    public String toString() {
```

```
      return "矩形的width = " + width + " 矩形的height = " + height;
    }

    @Override
    public int compareTo(Rectangle5_2 obj) {
      if (this.getArea() > obj.getArea())
        return 1;
      else if (this.getArea() < obj.getArea())
        return -1;
      else
        return 0;
    }

    public boolean equals(Object obj) {
      return this.getArea() == ((Rectangle5_2)obj).getArea();
    }
}
```

实训 3

利用 GregorianCanlendar 类功能在控制台显示当月日历。

参考代码：

```
import java.util.*;
public class Exercise5_3{
  public static void main(String[] args) {
    // 创建当前日历对象
    GregorianCalendar now = new GregorianCalendar();
    // 从当前日期对象中取出时间日期对象
    Date date = now.getTime();
    // 将时间日期对象按字符串形式打印
    System.out.println(date.toString());
    // 重新将时间对象设置到日期对象中
    now.setTime(date);
    // 从当前日期对象中取出当前月份、日期
    int today = now.get(Calendar.DAY_OF_MONTH);
    int month = now.get(Calendar.MONTH);
    // 设置日期为本月开始日期
    now.set(Calendar.DAY_OF_MONTH, 1);
    // 获取本月开始日期在一周中的编号
    int week = now.get(Calendar.DAY_OF_WEEK);
    // 打印日历头并换行
   System.out.println("星期日  星期一  星期二  星期三  星期四  星期五  星期六");
    // 设置当前月中第一天的开始位置
    for (int i = Calendar.SUNDAY; i < week; i++)
      System.out.print("        ");
    // 按规格循环打印当前月的日期数字
```

```java
      while (now.get(Calendar.MONTH) == month) {
        // 取出当前日期
        int day = now.get(Calendar.DAY_OF_MONTH);
        // 设置日期数字小于10与不小于10两种情况的打印规格
        if (day < 10) {
          // 设置当前日期的表示形式
          if (day == today)
            System.out.print(" <" + day + ">   ");
          else
            System.out.print("  " + day + "    ");
        } else {
          // 设置当前日期的表示形式
          if (day == today)
            System.out.print("<" + day + ">   ");
          else
            System.out.print(" " + day + "    ");
        }
        // 设置什么时候换行
        if (week == Calendar.SATURDAY) {
          System.out.println();
        }
        // 设置日期与星期几为下一天
        now.add(Calendar.DAY_OF_MONTH, 1);
        week = now.get(Calendar.DAY_OF_WEEK);
      }
    }
  }
```

第 6 章

面向对象程序设计的思考

知识目标

1. 理解类的抽象与封装的概念；
2. 理解类与类之间的关系；
3. 理解关联、组合、聚合的概念。

能力要求

1. 理解类之间的关系；
2. 理解面向对象编程的思想。

Java 是一种面向对象的语言，面向对象程序设计中以"对象"作为编程实体，将程序和数据封装其中，以提高软件的重用性、灵活性和扩展性，其中，最主要的概念就是类、对象、方法、继承性、封装性、抽象性等，本章将以面向对象的思想来理解 Java。

6.1 类的抽象和封装

抽象和封装都是面向对象程序设计的特征，抽象是什么？动物——就是一个抽象，它是猫、猪、狗等其他动物的抽象，表述了只属于动物的特征属性和行为，包括：吃、喝、拉、撒、睡。对于另一个抽象——植物，就没有这些特征，植物和动物还有更上一层的抽象——生物，这个抽象拥有植物和动物共同的属性和行为，比如 age 属性以及 grow 行为。封装是什么？计算机正在使用的电源插座就是一个很好的封装例子，只需要知道电源插座是三孔还是两孔，不需要了解插座内部的电线如何连接，插座对计算机来说隐藏了其内部用的电线以及电线是如何连接的——即属性和实现细节。

1. 抽象

（1）抽象的含义

抽象：抽象是一种研究方法，即去除掉研究对象中与主旨无关的次要部分，或是暂时不予考虑的部分，仅仅抽取出与研究工作有关的实质性的内容加以考察。例如，当你购买电视机时，站在使用者的角度，你所关注的是电视机的品牌、外观等。然而，对于电视机维修人员来说，站在维修的角度，他们所关注的是电视机的内部，即各部分元器件的组成及工作原理等。

其实，所有编程语言的最终目的都是提供一种"抽象"方法。在早期的程序设计语言中，一般把所有问题都归纳为算法或列表，其中一部分是面向基于"强制"的编程，而另一部分是专为处理图形符号设计的。每种方法都有自己特殊的用途，只适合解决某类问题。面向对象的程序设计可以根据问题来描述问题，不必受限于特定类型的问题。一般将问题空间的元素称为"对象"，在处理一个问题时，如果需要一些在问题空间没有的其他对象，则可通过添加新的对象类型与处理的问题相配合，这无疑是一种更加灵活、更加强大的语言抽象方法。

（2）抽象的原则

所谓抽象（abstraction）就是从被研究对象中舍弃个别的、非本质的或与研究主旨无关的次要特征，而抽取其与研究工作有关的实质性内容加以考察，形成对所研究问题正确的、简明扼要的认识。抽象是科学研究中经常使用的一种方法，是形成概念的必要手段。在计算机软件开发领域，抽象原则的运用非常广泛，概括起来，可分为过程抽象和数据抽象两类。

①过程抽象：将整个系统的功能划分为若干部分，强调功能完成的过程和步骤，而隐藏其具体的实现，任何一个明确定义的功能操作都可看作单个实体，尽管这个操作实际上可能由一系列更低级的操作来完成。面向过程的软件开发方法采用这种抽象方法。使用过程抽象有利于控制，降低整个程序的复杂度，但是这种方法本身自由度较大，难于规范化和标准化，操作起来有一定难度，在质量上不易保证。

②数据抽象：将需要处理的数据和这些数据上的操作结合在一起，以及根据功能、性质、作用等因素，抽象成不同的抽象数据类型。每个抽象数据类型既包含了数据，也包含了针对这些数据的操作，相对于过程抽象，数据抽象是更为合理的抽象方法。面向对象的软件开发方法采用数据抽象的方法来构建程序类的类、对象和方法。它强调把数据和操作结合为一个不可分的系统单位——对象，对象的外部只需要知道这个对象能做什么，而不必知道它是如何做的。

2．封装

（1）封装的定义

所有对象的内部信息被限定在这个边界内。封装是一种信息隐蔽技术，利用抽象数据类型将数据和基于数据的操作封装在一起，用户只能看到对象的封装界面信息，对象的内部细节对用户是隐藏的，封装的目的在于将对象的使用者和设计者分开，使用者不必知道行为实现的细节，只需使用设计者提供的消息来访问对象。

类的设计者把类设计成一个黑匣子，使用者只能看见类中定义的公共方法，而看不见方法的实线细节，也不能直接对类中的数据进行操作。这样可以防止外部的干扰和误用。即使改变了类中数据的定义，只要方法名不改变，就不会对使用该类的程序产生任何影响。可以这样理解，封装减少了程序对类中数据表达的依赖性。例如，使用电视机的用户不需要了解电视机内部复杂工作的具体细节，他们只需要知道诸如开、关、选台、调台等设置或操作即可。

（2）接口

①对象向对象提供的方法，外界可以通过这些方法与对象进行交互；

②受保护的内部实现；

③功能的实现细节，不能从类外访问。

（3）封装的意义

①在面向对象的程序设计中，类封装了数据及对数据的操作，是程序中的最小模块。

②禁止了外界直接操作类中的数据，模块与模块之间只能通过严格控制的接口进行交互，这使得模块之间的耦合度大大降低。

③保证了模块具有较好的独立性，程序维护和修改较为容易。

3. 抽象和封装的不同

抽象和封装是互补的概念：抽象关注对象的行为；封装关注对象行为的细节。一般是通过隐藏对象内部状态信息做到封装，因此，封装可以看成是用来提供抽象的一种策略。

一个对象包含了若干个成员变量和成员方法，它是现实世界中特定实体在程序中的具体表现。其中，成员变量反映实体的属性状态，成员方法反映实体具有的行为能力，类是对具有类似特征的对象的抽象说明，对象是类的实例。

类的抽象和封装是一个问题的两个方面。现实生活中的许多例子都可以说明类抽象的概念。例如：考虑建立一个计算机系统。个人计算机有很多部件，如中央处理器、内存、硬盘等。每个部件都可以看作一个有属性和方法的对象。要使各个部件一起工作，只要知道每个部件怎么用，以及它们是如何与其他部件进行交互的，不用再了解各个部件内部是如何工作的。内部功能的实现被封装起来，对用户来说是隐藏的，因而，如果用户组装一台计算机，不需要了解每个部件是如何实现功能的。

6.2 面向对象程序的设计

面向过程的程序设计方法重点在于设计方法，面向对象的程序设计方法是将数据和方法耦合在一起构成对象，使用面向对象程序设计方法，重点在对象以及对对象的操作上。面向过程和面向对象最大区别是：前者数据和数据上的操作是分离的，后者数据和对它们的操作都放在一个对象中，真实世界中，所有对象和其属性、动作都是相关联的，这就体现出面向对象程序设计方法的优越性。

1. 面向对象程序设计的基本概念

面向对象编程（object oriented programming，OOP，又称面向对象程序设计）是一种计算机编程架构。OOP 的一条基本原则是计算机程序是由单个能够起到子程序作用的单元或对象组合而成。OOP 达到了软件工程的 3 个主要目标：重用性、灵活性和扩展性。为了实现整体运算，每个对象都能够接收信息、处理数据和向其他对象发送信息。

面向对象程序设计中的概念主要包括：对象、类、封装、继承、组合、多态、动态绑定、静态绑定、消息传递、方法。这些概念具体体现了面向对象的思想。

①对象（object）：可以对其进行操作的一些东西。一个对象有状态、行为和标识 3 种属性。

②类（class）：一个共享相同结构和行为的对象的集合。

③封装（encapsulation）。封装有两层意思：第一层意思是将数据和操作捆绑在一起，创造出一个新的类型的过程；第二层意思是将接口与实现分离的过程。

④继承：类之间的关系，在这种关系中，一个类共享了一个或多个其他类定义的结构和行为。继承描述了类之间的"是一种"关系。子类可以对基类的行为进行扩展、覆盖、重定义。

⑤组合：既是类之间的关系也是对象之间的关系。在这种关系中一个对象或者类包含了其他的对象和类。组合描述了"有"关系。

⑥多态：类型理论中的一个概念，一个名称可以表示很多不同类的对象，这些类和一个共同超类有关。因此，这个名称表示的任何对象可以以不同的方式响应一些共同的操作集合。

⑦动态绑定：又称动态类型，指的是一个对象或者表达式的类型直到运行时才确定，通常由编译器插入特殊代码来实现。

⑧静态绑定：又称静态类型，指的是一个对象或者表达式的类型在编译时确定。

⑨消息传递：指的是一个对象调用了另一个对象的方法（或者称为成员函数）。

⑩方法：又称成员函数，是指对象上的操作，作为类声明的一部分来定义。方法定义了可以对一个对象执行哪些操作。

2. 面向对象程序设计的特征

面向对象设计方法以对象为基础，利用特定的软件工具直接完成从对象客体的描述到软件结构之间的转换。这是面向对象设计方法最主要的特点和成就。面向对象设计方法的应用解决了传统结构化开发方法中客观世界描述工具与软件结构的不一致性问题，缩短了开发周期，解决了从分析和设计到软件模块结构之间多次转换映射的繁杂过程，是一种很有发展前途的系统开发方法。

但是同原型方法一样，面向对象设计方法需要一定的软件基础支持才可以应用。另外，在大型的管理信息系统（MIS）开发中，如果不经自顶向下的整体划分，而是一开始就自底向上的采用面向对象设计方法开发系统，同样也会造成系统结构不合理、各部分关系失调等问题。所以面向对象设计方法和结构化方法目前仍是两种在系统开发领域相互依存的、不可替代的方法。

①基本特征。面向对象的程序设计把计算看作一个系统的开发过程，系统由对象组成，经历一连串的状态变化以完成计算任务。面向对象程序设计对体系结构和支撑软件系统没有突变要求，因而不存在难以利用现有资源的问题。

②基础构件。面向对象程序的基础构件是对象和类，从程序设计角度来看，对象是一种不依赖于外界的模块，对应着存储器的一块被划分的区域。它包含数据，在逻辑上包含作用于这些数据的过程，这些过程称为方法。

3. 面向对象程序设计的优点

面向对象出现以前，结构化程序设计是程序设计的主流，结构化程序设计又称面向过程的程序设计。在面向过程程序设计中，问题被看作一系列需要完成的任务，函数（在此泛指例程、函数、过程）用于完成这些任务，解决问题的焦点集中于函数。其中函数是面向过程的，即它关注如何根据规定的条件完成指定的任务。在多函数程序中，许多重要的数据被放置在全局数据区，这样它们可以被所有的函数访问。每个函数都可以具有它们自己的局部数据。这种结构很容易造成全局数据在无意中被其他函数改动，因而程序的正确性不易保证。

面向对象程序设计的出发点之一就是弥补面向过程程序设计中的一些缺点：对象是程序的基本元素，它将数据和操作紧密地连接在一起，并保护数据不会被外界的函数意外地改变。

比较面向对象程序设计和面向过程程序设计，还可以得到面向对象程序设计的其他优点：

①数据抽象的概念可以在保持外部接口不变的情况下改变内部实现，从而减少甚至避免对外界的干扰。

②通过继承大幅减少冗余代码，并可以方便地扩展现有代码，提高编码效率，也降低了出错概率，降低软件维护的难度。

③结合面向对象分析、面向对象设计，允许将问题域中的对象直接映射到程序中，减少软件开发过程中中间环节的转换过程。

④通过对对象的辨别、划分，可以将软件系统分割为若干相对独立的部分，在一定程度上更便于控制软件复杂度。

⑤以对象为中心的设计可以帮助开发人员从静态（属性）和动态（方法）两方面把握问题，从而更好地实现系统。

⑥通过对象的聚合、联合，可以在保证封装与抽象的原则下实现对象内在结构以及外在功能上的扩充，从而实现对象由低到高的升级。

4. 程序设计语言的比较

面向机器的程序：最早的计算机程序是为特定的硬件系统专门设计的。其运行速度和效率都很高，但是可读性和可移植性很差，随着软件开发规模的扩大，面向机器的程序逐渐被以 C 语言为代表的面向过程的程序取代。

面向过程的程序：模拟问题的解决过程。数据结构、算法是面向过程问题求解的核心组成。面向过程的问题求解可以精确、完备地描述具体的求解过程，但却不足以把一个包含了多个相互关联的过程的复杂系统表述清楚。

面向对象的程序设计语言对现实世界的直接模拟体现在：客观世界是由一些具体的事物构成，每个事物都具有自己的一组静态特征（属性）和一组动态特征（行为）。例如，一辆汽车有颜色、型号、马力、生产厂家等静态特征，又有行驶、转弯、停车等动态特征。面向对象的程序设计语言把客观世界的这一事实映射到计算机语言中，把客观世界中的事物抽象成对象，用一组数据描述该对象的静态特征（属性，称为数据成员），用一组方法来刻画该对象的动态特征（行为），可以通过图 6-1 来加以说明。

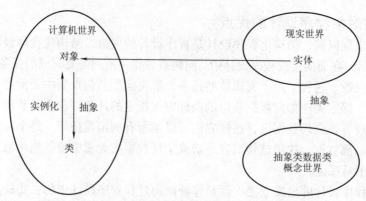

图 6-1　面向对象的程序设计语言对现实世界的直接模拟

【例 6-1】编写程序，计算自己的身体质量指数 BMI，判断是否处在标准体重范围内。如果只是给出如何计算身体质量指数的程序，也是可以实现的，但是这样的代码不能在其他程序中重用。为使得它具备重用性，考虑编写这个程序时，可以定义一个静态方法计算身体质量指数，例如：

```
public static double getBMI(double weight,double height)
```

这个方法也有它的局限性，如何知道是哪个人的身体质量指数呢？可以创建一个包含这个人属性的对象，即身体质量指数 BMI 类。

```
public class BMI
{
  private String name;
  private int age;
  private double weight;
  private double height;
  public BMI(String name,int age,double weight,double height){
    this.name=name;
    this.age=age;
    this.weight=weight;
    this.height=height;
  }
  public BMI(String name,double weight,double height){
    this(name,35,weight,height);
  }
  public double getBMI(){
    double bmi=weight/(height*height);
    return bmi;
  }
  public String getStatus(){
    double bmi=getBMI();
    if(bmi<16)
      return "严重偏轻";
    else if(bmi<18)
      return "偏轻";
    else if(bmi<24)
      return "正常体重";
```

```
        else if(bmi<29)
            return "超重";
        else if(bmi<35)
            return "严重超重";
        else
            return "非常严重超重";
    }
    public String getName(){
        return name;
    }
    public int getAge(){
        return age;
    }
    public double getWeight(){
        return weight;
    }
    public double getHeight(){
        return height;
    }
}

public class UseBMI{
    public static void main(String[] args){
        BMI bmi=new BMI("李四",40,45,1.7);
        System.out.println(bmi.getName()+"的身体质量指数 BMI 是 "+ bmi.getBMI()+" "+bmi.getStatus());
        BMI bmi1=new BMI("张三",200,1.65);
        System.out.println(bmi1.getName()+"的身体质量指数 BMI 是 "+bmi1.getBMI()+" "+bmi1.getStatus());

    }
}
```

测试结果如下所示：

李四的身体质量指数 BMI 是 15.570934256055365 严重偏轻
张三的身体质量指数 BMI 是 73.46189164370983 非常严重超重

6.3 类的关系

  为了设计类，需要探究类之间的关系，类之间的关系很多，通常是依赖、关联、聚合、组合和继承关系，继承已经介绍过了，下面重点讨论关联、聚合、组合关系。
  类与类之间的关系与现实生活是密不可分的，例如，一个人在世界上生存，既需要一些外界因素，也需要许多人际关系。人离开新鲜的空气就无法生存，这是依赖关系；一个人有许多朋友，这是关联关系；人有一个家，是聚集关系；心脏是人的一部分，这是组合关系。
  类与类之间的关系有很多种，在大的分类上可以分为两种：纵向关系、横向关系。纵向关系就是继承关系，实现关系；横向关系较为微妙，按照统一建模语言（UML）大体分为4种：依赖关系（Dependency）、关联关系（Association）、聚合关系（Aggregation）、组合关系（Composition）。它们的强弱关系是：依赖<关联<聚合<组合，下面通过UML的方法解释一下这几种关系。

1. 依赖关系

（1）含义

依赖关系是一种使用关系，它描述两个模型元素（类、用例等）之间的语义连接关系，假如类A的某个方法中，使用了类B，那么就说类A依赖于类B，它们是依赖关系，其中，类A的某个方法使用类B，可能是方法的参数是类B，也可能是在方法中获得了一个类B的实例。但无论是哪种情况，类B在类A中都是以局部变量的形式存在的。另外，如果类A依赖于类B，那么类A的变化将会影响类B，它是一种组成不同模型关系的简便方法。依赖表示两个或多个模型元素之间语义上的关系。它只将模型元素本身连接起来而不需要用一组实例来表达它的意思。它表示了这样一种情形：提供者的某些变化会要求或指示依赖关系中客户的变化。

（2）UML表示法：虚线+箭头

------------------------------>

关系："…use a…"

依赖关系最为简单，也最好理解，所谓的依赖关系就是某一对象的功能依赖于另外一个对象，而被依赖的对象只是作为一种工具在使用，并不持有对它的引用。

【例6-2】 人依赖于新鲜的空气生存。

人类依赖于新鲜的空气生存的UML如图6-2所示。

图6-2 人类依赖于新鲜的空气生存

```
//Human.java
public class Human{
  public void live(){
    Air freshAir=new Air();
    freshAir.releasePower();
  }
  public static void main(String agrs[]){
    Human human=new Human();
    human.live();
  }
}
class Air{
  public void releasePower() {
    // TODO Auto-generated method stub
    System.out.println("提供氧气");
  }
}
```

解释：人离开空气就不能生存，所以说空气只不过是人类的一个工具，而人类并不持有对于空气的引用。

2. 关联关系

（1）含义

关联关系是类与类之间关系的一种比较重要的关系。所谓关联就是某个对象会长期持有另一个对象的引用，而二者的关联往往也是相互的。关联的两个对象彼此间没有任何强制性的约束，只要二者同意，可以随时解除关系或是进行关联，它们在生命周期问题上没有任何约定。被关联的对象还可以再被别的对象关联，所以关联是可以共享的。

关联是一种结构关系，说明一个事物的对象与另一个事物的对象相联系。给定有关联的两个类，可以从一个类的对象得到另一个类的对象。

（2）UML 表示法：实线+箭头

⎯⎯⎯⎯⎯⎯⎯→

关系："…has a …"

简单的关联关系用实线和箭头就可以表示。另外，关联也可由两个类之间的实线表示，可以有一个可选的标签描述关系，如图 6-3 中，标签是 Take 和 Teach，每个关系可以有一个可选的小的黑色三角形表明关系的方向。在图 6-3 中，Student 类指向 Course 类的黑色三角表示学生选取课程。

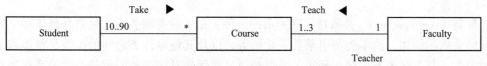

图 6-3　Student 类、Course 类与 Teacher 类的关联关系

关联中设计的每个类可以给定一个多重性，放置在类的边上用于给定 UML 图中关系所涉及的类的对象数。多重性可以是一个数字，也可以是一个区间，决定在关系中涉及的类的对象的个数，字符*表示无数多个对象，而 $m..n$ 表示对象数在 m 和 n 之间（包括 m 和 n），在图 6-3 中，每个学生可选任意数量的课程，每门课程可以有至少 10 个最多 90 个学生。每门课程只由一位教师讲授，每位教师每学期可以教授 1 到 3 门课程。

（3）关联的分类

关联体现的是两个类，或者类与接口之间语义级别的一种强依赖关系，普通关联关系的两个类处于同一个层次上，关联可以是单向（只有一个类知道另外一个类的公共属性和操作）的，也可以是双向的（两个类都知道彼此的公共属性和操作）；大多数关联应该是单向的，单向关系更容易建立和维护。

①双向关联如图 6-4 所示。

②单向关联如图 6-5 所示。

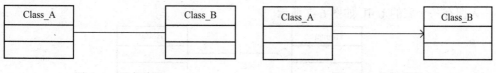

图 6-4　双向关联　　　　　　　　图 6-5　单向关联

对于两个相对独立的对象，当一个对象的实例与另一个对象的一些特定实例存在固定的对应关系时，这两个对象之间为关联关系。关联关系分为单向关联和双向关联。在 Java 中，单向关联表现为：类 A 当中使用了类 B，其中类 B 作为类 A 的成员变量。双向关联表现为：类 A 当中使用了类 B 作为成员变量；同时类 B 中也使用了类 A 作为成员变量。

（4）关联关系的实现

在 Java 代码中，可以通过使用数据域以及方法来实现关联。例如，图 6-3 中的关联关系可以使用图 6-6 中的类来实现。关系"一个学生选取一门课程"使用 Student 类中的 addCourse()方法和 Course 类中的 addStudent()方法实现。再比如，关系"一位教师讲授一门课程"使用 Faculty 类中的 addCourse()方法和 Course 类中的 setFaculty()方法实现。

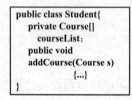 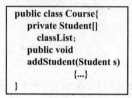 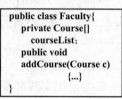

图 6-6 关联关系使用类中的数据域和方法来实现

3. 聚集关系

（1）含义

聚集（Aggregation） 关系是关联关系的一种，是强的关联关系。聚集是整体和个体之间的关系。例如，汽车类与引擎类、轮胎类，以及其他零件类之间的关系是整体和个体的关系。与关联关系一样，聚集关系也是通过实例变量实现的。但是关联关系所涉及的两个类是处在同一层次上的，而在聚集关系中，两个类是处在不平等层次上的，一个代表整体，另一个代表部分。 也就是说，聚集关系是关联关系的一种，耦合度强于关联，它们的代码表现是相同的，仅仅在语义上有所区别：关联关系的对象间是相互独立的，而聚集关系的对象间存在着包容关系，它们之间是"整体-个体"的相互关系。

（2）UML 表示法：空心菱形+实线+箭头

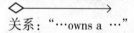

关系："…owns a …"

聚集是强版本的关联。它暗含着一种所属关系以及生命期关系。被聚集的对象还可以再被其他对象关联，所以被聚集对象是可以共享的。虽然是共享的，聚集代表的是一种更亲密的关系。聚集关系标识两个对象之间的归属关系。归属关系中的所有者对象称为聚集对象（aggregation object），而它的类称为聚集类（aggregation class）。归属关系中的从属对象称为被聚集对象（aggregated object），而它的类称为被聚集类（aggregated class）。

【例 6-3】 人与自己家的聚集关系。

人拥有一个家的 UML 如图 6-7 所示。

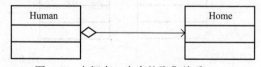

图 6-7 人拥有一个家的聚集关系

```
class Human{
  Home home=new Home();
  public String goHome(){
    return home.opendoor();
  }
  public static void main(String args[]){
    Human human=new Human();
    human.goHome();
    System.out.println(human.goHome());
  }
}
class Home{
  public String opendoor() {
    // TODO Auto-generated method stub
    return "只有家人才有钥匙开门";
  }
}
```

解释：某个人的家和他自己具有强烈的所属关系，他的家可以是共享的，但是共享又被分为两种：一种是聚集间的分享，他和他的家人都对这个家有强烈的所属关系；第二种是聚集与关联的分享，朋友来家做客，主人不会给他配一把钥匙。

4．组合关系

（1）含义

组合（Composition） 关系是关联关系的一种，是比聚集关系强的关系。它要求普通的聚集关系中代表整体的对象负责代表部分对象的生命周期，组合关系是不能共享的。代表整体的对象需要负责保持部分对象和存活，在一些情况下将负责代表部分的对象湮灭掉。代表整体的对象可以将代表部分的对象传递给另一个对象，由后者负责此对象的生命周期。换言之，代表部分的对象在每个时刻只能与一个对象发生组合关系，由后者排他地负责生命周期。部分和整体的生命周期一样。

一个对象可以包含另一个对象。这两个对象之间的关系称为组合。组合实际上是聚集关系的一种特殊形式。

（2）UML 表示法：实心菱形+实线

关系："……is a part of ……"

组合是关系当中的最强版本，它直接要求包含对象的拥有以及包含对象与被包含对象生命期的关系。被包含的对象还可以再被其他对象关联，所以被包含对象是可以共享的，然而绝不存在两个包含对象对同一个被包含对象的共享。

【例 6-4】 心脏是人的一部分。

心脏是人的一部分的 UML 如图 6-8 所示。

图 6-8　心脏是人的一部分的组合关系

```
public class Human{
  static Heart heart=new Heart();
  public static void main(String args[]){
    Human human=new Human();
    heart.beat();
  }
}
class Heart{
  public void beat() {
    // TODO Auto-generated method stub
    System.out.println("咚咚跳");
  }
}
```

解释：组合关系就是整体与部分的关系，部分属于整体，整体不存在，部分一定不存在，然而部分不存在整体是可以存在的，说得更明确一些就是部分必须出现在整体之后，而销毁于整体销毁之前。部分在这个生命周期内可以被其他对象关联甚至聚集，但有一点必须注意，一旦部分所属于的整体销毁，那么与之关联的对象中的引用就为空引用，这一点可以利用程序来保障。心脏的生命周期与人的生命周期是一致的，如果换个部分就不那么一定，比如阑尾，很多人在出生之后的某个时间就把它销毁了，可它和人类的关系属于组合。

在 UML 中存在一种特例，是允许被包含对象在包含对象销毁前转移给新对象，这虽然不自然，但是他给需要心脏移植的患者带来福音。

（3）聚集与组合的关系

首先，都是整体与部分的关系，组合的关系更强一点，对组合关系来说，如果失去部分，整体也将不存在了。

①代码实现上来看：

组合：在整体的构造方法中实例化部分，这个部分不能被其他实例共享。整体与部分的生命周期是同步的。而聚集关系的部分，可以在构造方法中通过参数传递的形式进行初始化。

②从数据库的层面上看：

组合关系：需要级联删除，而聚集关系不需要。

聚集关系是 "owns-a" 关系，组合关系是 "is a part of" 关系；聚集关系表示整体与部分的关系比较弱，而组合比较强；聚集关系中代表部分事物的对象与代表聚集事物的对象的生存期无关，一旦删除了聚集对象不一定就删除了代表部分事物的对象。组合中一旦删除了组合对象，同时也就删除了代表部分事物的对象。

另外，还有一个差别是组合中的一个对象在同一时刻只能属于一个组合对象，而聚集的一个部分对象可以被多个整体对象聚集。

例如："一个职员有一个名字"就是职员类 Employee 与名字类 Name 之间的一个组合关系，而"一个职员在一个公司上班"就是职员类 Employee 与公司类 Company 之间的一个聚集关系，因为这个公司可以被多个职员所共享。在 UML 图中，附加在聚集类上的实心菱形表示它和被聚集类之间具有组合关系；而附加在聚集类上的空心菱形表示它与被聚集类之间具有聚集关系，如图 6-9 所示。

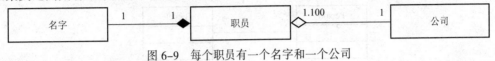

图 6-9　每个职员有一个名字和一个公司

在图 6-9 中每个职员只能有一个公司，而每个公司最多可以被 100 个职员共享。每个职员都有一个名字，而每个职员的名字都是唯一的。

聚集关系通常被表示为聚集类中的一个数据域。例如，图中的关系可以使用图 6-10 中的类来实现。关系"一个职员拥有一个名字"以及"一个职员有一个公司"在 Employee 类中的数据域 name 和 company 中实现。

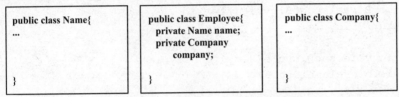

图 6-10　组合关系使用类中的数据域来实现

【例 6-5】　通过自行车、打气筒来分析类与类之间的关系。

①对于两个相对独立的系统，当一个系统负责构造另一个系统的实例，或者依赖另一个系统的服务时，这两个系统之间主要体现为依赖关系，例如自行车 Bicycle 和打气筒 Pump，自行车通过打气筒来充气。

提示：Bicycle 类与 Pump 类的 UML 如图 6-11 所示。

图 6-11　Bicycle 类与 Pump 类的依赖关系

Bicycle 类和 Pump 类之间是依赖关系，在 Bicycle 类中无须定义 Pump 类型的变量。Bicycle 类的定义如下：

```
public class Bicycle{
   /* 给轮胎充气 */
   public void expand(Pump pump){
      pump.blow();
   }
}
```

在现实生活中，通常不会为某一辆自行车配备专门的打气筒，而是在需要打气的时候，从附近某个修车棚里借个打气筒打气。在程序代码中，表现为 Bicycle 类的 expand() 方法有个 Pump 类型的参数。

②对于两个相对独立的系统，当一个系统的实例与另一个系统的一些特定实例存在固定的对应关系时，这两个系统之间为关联关系。例如自行车和主人，每辆自行车属于特定的主人，每个主人有特定的自行车，图 6-12 显示了主人和自行车的关联关系。而充电电池和充电器之间就不存在固定的对应关系，同样自行车和打气筒之间也不存在固定的对应关系。

图 6-12 主人和自行车的关联关系

Person 类与 Bicycle 类之间存在关联关系，这意味着在 Person 类中需要定义一个 Bicycle 类型的成员变量。以下是 Person 类的定义：

```java
public class Person{
  private Bicycle bicycle;  //主人的自行车
  public Bicycle getBicycle(){
    return bicycle;
  }
  public void setBicycle(Bicycle bicycle){
    this.bicycle=bicycle;
  }
  /* 骑自行车去上班 */
  public void goToWork(){
    bicycle.run();
  }
}
```

在现实生活中，当你骑自行车去上班时，只要从家里推出自己的自行车就能上路了，不像给自行车打气那样，在需要打气时，还要四处去找修车棚。因此，在 Person 类的 goToWork()方法中，调用自身的 bicycle 对象的 run()方法。假如 goToWork()方法采用以下的定义方式：

```java
/* 骑自行车去上班 */
public void goToWork(Bicycle bicycle){
  bicycle.run();
}
```

那就好比去上班前，还要先四处去借一辆自行车，然后才能去上班。

③当系统 A 被加入到系统 B 中，成为系统 B 的组成部分时，系统 B 和系统 A 之间为聚集关系。例如自行车和它的响铃、车头、轮胎、钢圈以及刹车装置就是聚集关系，因为响铃是自行车的组成部分。而人和自行车不是聚集关系，因为人不是由自行车组成的，如果一定要研究人的组成，那么他应该由头、躯干和四肢等组成。由此可见，可以根据语义来区分关联关系和聚集关系。

聚集关系和关联关系的区别还表现在以下方面：

①对于具有关联关系的两个对象，多数情况下，两者有独立的生命周期。比如自行车和他的主人，当自行车不存在了，它的主人依然存在；反之亦然。但在个别情况下，一方会制约另一方的生命周期，比如客户和订单，当客户不存在，它的订单也就失去存在的意义。

②对于具有聚集关系（尤其是强聚集关系）的两个对象，整体对象会制约它的组成对象的生命周期。部分类的对象不能单独存在，它的生命周期依赖于整体类的对象的生命周期，当整体消失，部分也就随之消失。比如小王的自行车被偷了，那么自行车的所有组件也不存在了，除非小王事先碰巧把一些可拆卸的组件（比如响铃和坐垫）拆了下来。不过，在用程序代码来表示关联关系和聚集关系时，两者比较相似。

以下是 Bicycle 类的源程序。

```java
//Bicycle.java
public class Bicycle{
   private Bell bell;
   public Bell getBell(){
      return bell;
   }
   public void setBell(Bell bell){
      this.bell=bell;
   }
   /* 发出铃声 */
   public void alert(){
      bell.ring();
   }
}
```

在 Bicycle 类中定义了 Bell 类型的成员变量，Bicycle 类利用自身的 bell 成员变量来发出铃声，这和在 Person 类中定义了 Bicycle 类型的成员变量，Person 类利用自身的 bicycle 成员变量去上班很相似。

```java
//Person.java
public class Person{
   private Bicycle bicycle; //主人的自行车
   public Bicycle getBicycle(){
      return bicycle;
   }
   public void setBicycle(Bicycle bicycle){
      this.bicycle=bicycle;
   }
   /* 骑自行车去上班 */
   public void goToWork(){
      bicycle.run();
   }
}
//Bicycle.java
public class Bicycle{
   private Bell bell;
```

```java
    public Bell getBell(){
      return bell;
    }
    public void setBell(Bell bell){
      this.bell=bell;
    }
    /* 发出铃声 */
    public void alert(){
      bell.ring();
    }
    public void expand(Pump pump){
      pump.blow();
    }
    class Bell{
      public void ring() {
        // TODO Auto-generated method stub
        System.out.println("自行车发出铃声");
      }
    }
    public void run() {
      // TODO Auto-generated method stub
      System.out.println("主人骑自行车上班。");
    }
}
//Pump.java
public class Pump {
    public void blow() {
      // TODO Auto-generated method stub
      System.out.println("打气");
    }
}
```

思 考 题

1.现实中有哪些例子能够说明什么是依赖关系，什么是聚集关系，什么是关联关系？

依赖关系：人依赖食物；电视机依赖电；理发师依赖剪刀和吹风机；鱼依赖水。

聚集关系：计算机由显示器、主机和键盘聚集而成。

关联关系：公司和员工；老公和老婆。

2.抽象的最主要特征是什么？

抽象是从特定角度出发，从已经存在的一些事物中抽取我们关注的特性，形成一个新的事物的思维过程。抽象是一种由具体到抽象、由复杂到简洁的思维方式。

3.继承有哪些优点和缺点？

优点：提高程序代码的可重用性；提高系统的可扩展性。

缺点：如果继承非常复杂，或者随便扩展本不是专门为继承而设计的类，反而会削减系统的可扩展性和可维护性。

4.继承与组合有哪些异同?

相同点:组合与继承都是提高代码可重用性的手段。

不同点:组合关系和继承关系相比,前者的最主要优势是不会破坏封装,当类 A 与类 C 之间为组合关系时,类 C 封装实现,仅向类 A 提供接口。而当类 A 与类 C 之间为继承关系时,类 C 会向类 A 暴露部分实现细节。在软件开发阶段,组合关系不能比继承关系减少编程量,但是到了软件维护阶段,由于组合关系使系统具有较好的松耦合性,使得系统更加容易维护。组合关系的缺点是比继承关系要创建更多的对象。

编 程 实 训

实训 1

编写一个 Java 程序,定义一个表示动物的抽象类 Animal,包括域"名字""年龄""颜色";方法"获得名字""获得年龄""获得颜色""睡觉的方法",然后实例化狗这种动物。

思路提示:

首先新建一个文件夹,这里设计的是一个关于动物睡觉的实例,然后在 src 下面新建两个类 Animal 和 SleepTest。

因为所有的动物都有相同的属性和不同的睡觉方法,所以在 Animal 类里面要封装这些属性和睡觉方法,下面代码是 Animal 类的属性封装。

参考代码:

```java
//Animal 类
public abstract class Animal {
    //封装,将相同的属性列在 Animal 类里,有动物名字(name)、年龄(age)和颜色(color)
    private String name;
    private int age;
    private String color;
    /*创建一个抽象方法 sleep(),抽象方法要加关键字(abstract),抽象方法没有方法体(方法后面的花括号),因为子类的方法不一定全都相同,所以要自己定义*/
    public abstract void sleep();
    public static void main(String[] args) {
        // TODO Auto-generated method stub

    }
    /*这里是动物名字封装,setName(String name)用于给动物名字赋值,getName()用于取出已存的值,下面的 setAge/getAge 等也是这样*/
    public String getName() {
        return name;
    }
    public void setName(String name) {
        this.name = name;
    }
    public int getAge() {
        return age;
    }
    public void setAge(int age) {
```

```java
    this.age = age;
  }
  public String getColor() {
    return color;
  }
  public void setColor(String color) {
    this.color = color;
  }
}
```

在父类里将动物名（name）、年龄（age）、颜色（color）进行封装，并将类和类里的Sleep()方法抽象化，接下来是在子类里继承，创建一个睡觉测试（SleepTest）类。

参考代码：

```java
//SleepTest 类
public class SleepTest extends Animal{

  //这是小狗的测试类，有公共方法 sleep()
  public void sleep(){
    System.out.println("小狗晚上是不睡觉的");
  }

  public static void main(String[] args) {
    /*因为抽象类不能被new，所以让父类（Animal）new，子类（SleepTest();）接收实现*/
    Animal a=new SleepTest();
    a.setAge(3);
    a.setColor("黑色");
    a.setName("黑虎");
    System.out.println("小狗名字: "+ a.getName());
    System.out.println("小狗颜色: "+ a.getColor());
    System.out.println("小狗年龄: "+ a.getAge());
    System.out.println("------------");
    a.sleep();
  }
}
```

实训 2

设计一个名为 Course 的类。这个类包括：域课程名、存储该课程的数组、学生的个数；方法有"创建带特定名称的课程""获得课程名""给课程添加新同学""获得这门课的学生""获得这门课程的学生人数"；然后编写一个测试类，创建一门课程，并向课程中加入学生。

参考代码：

```java
//Course 类
public class Course{
  private String courseName;
  private String[] students=new String[200];
```

第6章 面向对象程序设计的思考

```
    private int numOfStudents;
    public Course(String courseName){
      this.courseName=courseName;
    }
    public void addStudents(String student){
      students[numOfStudents++]=student;
    }
    public String[] getStudents(){
      return students;
    }
    public int getNumberOfStudents(){
      return numOfStudents;
    }
    public String getCourseName(){
      return courseName;
    }
}
//TestCourse 类
public class CourseTest{
    public static void main(String[] args){
      Course course1=new Course("Java");
      course1.addStudents("张三");
      course1.addStudents("李四");
      System.out.println("选择"+course1.getCourseName()+"的学生数是: "+course1.getNumberOfStudents());
      String[] students=course1.getStudents();
      for(int i=0;i<course1.getNumberOfStudents();i++)
      System.out.print(students[i]+",");
    }
}
```

实训 3

设计一个名为 MyInteger 的类。这个类包括：

一个名为 value 的 int 型数据域。

一个为指定的 int 值创建 MyInteger 对象的构造方法。

一个返回 int 值的 get 方法。其中，如果值分别为偶数、奇数、素数，那么 isEven()、isOdd() 和 isPrime() 方法都会返回 true。如果指定值分别为偶数、奇数、素数，那么 isEven(int)、isOdd(int) 和 isPrime(int) 方法都会返回 true。

实训 4

有若干个圆和矩形，已知每个圆的半径和矩形的长、宽，计算这些圆和矩形的面积及周长。

参考代码：

```
//Shape 类
public abstract class Shape{
  public abstract double area();
  public abstract double perimeter();
}
```

```java
//Circle 类
public class Circle extends Shape{
  private double radius;
  public Circle(double radius) {
    this.radius=radius;
  }
  public double area(){
    return Math.PI*radius*radius;
  }
  public double perimeter(){
    return 2*Math.PI*radius;
  }
}
//Rectangle 类
public class Rectangle extends Shape{
  private double width,height;
  public Rectangle(double width,double height){
    this.width=width;
    this.height=height;
  }
  public double area(){
    return width*height;
  }
  public double perimeter(){
    return 2*(width+height);
  }
}
//TestShape 类
public class TestShape{
  public static void main(String args[]){
    Shape shape;
    Double area,perimeter;
    shape=new Circle(5);
    area=shape.area();
    perimeter=shape.perimeter();
    System.out.printf("圆的面积: %.2f,周长: %.2f\n",area,perimeter);
    shape=new Rectangle(10,5);
    area=shape.area();
    perimeter=shape.perimeter();
    System.out.printf("矩形的面积: %.2f,周长: %.2f\n",area,perimeter);
    shape=new Circle(2.5);
    area=shape.area();
    perimeter=shape.perimeter();
    System.out.printf("圆的面积: %.2f,周长: %.2f\n",area,perimeter);
    shape=new Rectangle(3.2,4.85);
    area=shape.area();
    perimeter=shape.perimeter();
    System.out.printf("矩形的面积: %.2f,周长: %.2f\n",area,perimeter);
  }
}
```

第 7 章
异常处理和文本 I/O

知识目标

1. 了解 Java 程序中的异常和异常类；
2. 掌握 Java 的异常处理机制；
3. 掌握 try…catch…finally 捕获异常；
4. 掌握 throw 抛出异常和 throws 声明异常；
5. 掌握自定义异常；
6. 掌握 File 类获取文件的属性信息；
7. 掌握文本输入/输出常用类的使用方法。

能力要求

1. 掌握异常处理机制，掌握捕获异常、抛出异常、自定义异常的使用；
2. 掌握 File 类和文本 I/O 常用类的使用方法。

为了让程序具有稳定性和可靠性，本章来认识 Java 程序中的异常，学习如何利用 Java 中的异常处理机制处理类似的问题。

7.1 异　　常

很多情况下处理问题时都涉及用户输入的处理，在前面的章节中并未考虑到实际应用中会出现用户输入数据不符合要求的情况，例如虽然已经提示用户输入分数的时候选择 double 类型，但是我们并不能保证用户不会在无意的情况下输入一些不符合要求的字符，如果这种异常情况没有被处理，那么程序就会非正常终止，该如何处理才能使程序可以继续运行或者优雅地终止呢？Java 提供了异常处理机制，它通过面向对象的方法来处理异常。

7.1.1 异常的定义

异常的英文单词是 exception，字面翻译就是 "意外、例外" 的意思，也就是非正常情况。事实上，异常本质上是程序上的错误，包括程序逻辑错误和系统错误。比如使用空的引用、数组下标越界、内存溢出错误等，这些都是意外情况，背离程序本身的意图。

错误（Error）在编写程序的过程中会经常发生，包括编译期间和运行期间的错误，在编译期间出现的错误有编译器帮助用户一起修正，然而运行期间的错误编译器无能为力，并且运行期间的错误往往是难以预料的。假若程序在运行期间出现了错误，如果置之不理，程序便会终止或直接导致系统崩溃，显然这不是用户希望看到的结果。因此，如何对运行期间出现的错误进行处理和补救呢？Java 提供了异常机制进行处理，用户可通过异常机制处理程序运行期间出现的错误。通过异常机制，可以更好地提升程序的健壮性。

Java 中的异常用对象来表示。Java 按异常分类处理异常，不同异常有不同的分类，每种异常都对应一个类型（class），每个异常都对应一个异常（类的）对象。

异常类从哪里来？有两个来源：一是 Java 语言本身定义的一些基本异常类型；二是用户通过继承 Exception 类或者其子类自己定义的异常。Exception 类及其子类是 Throwable 的一种形式，它指出了合理的应用程序想要捕获的条件。

异常的对象从哪里来呢？有两个来源：一是 Java 运行时环境自动抛出系统生成的异常，而不管你是否愿意捕获和处理，它总要被抛出，比如除数为 0 的异常；二是程序员自己抛出的异常，这个异常可以是程序员自己定义的，也可以是 Java 语言中定义的，用 throw 关键字抛出异常，这种异常常用来向调用者汇报异常的一些信息。

例如，例 7-1 中的程序如果第二个数字输入为 0，那就会产生一个运行时错误，因为不能用一个整数除以 0（注意，一个浮点数除以 0 不会产生异常）。

【例 7-1】 求两个数相除的结果。

```
import java.util.Scanner;
public class Quotient {
  public static void main(String[] args) {
    Scanner input=new Scanner(System.in);
    //提示用户输入两个整数
    System.out.print("Enter two integers: ");
    int number1 = input.nextInt();
    int number2 = input.nextInt();
    System.out.println(number1+"/"+number2+" is "+(number1/ number2));
  }
}
```

解决这个错误的一个简单方法就是添加一个 if 条件语句测试第二个数字，因此程序就会终止运行。

【例 7-2】 求两个数相除的结果（添加了条件处理）。

```
import java.util.Scanner;
public class QuotientWithIf {
  public static void main(String[] args) {
    Scanner input = new Scanner(System.in);
    //提示用户输入两个整数
    System.out.print("Enter two integers: ");
    int number1=input.nextInt();
    int number2=input.nextInt();
```

```
      if (number2!=0)
        System.out.println(number1+" / "+number2+" is "+(number1/ number2));
      else
        System.out.println("除数不能为 0 ");
   }
}
```

测试结果如下所示：

```
Enter two integers: 24  0
除数不能为 0
```

但是问题是，不应该让方法来终止程序，应该由调用者来决定是否终止程序。方法如何通知它的调用者产生了一个异常呢？Java 可以让一个方法抛出异常，该异常可以被调用者捕获和处理，下面重写例 7-2 中的程序。

【例 7-3】 求两个数相除的结果（添加了异常处理）。

```java
import java.util.Scanner;
public class QuotientWithException {
  public static int quotient(int number1, int number2) {
    if (number2 == 0)
      throw new ArithmeticException("除数不能为 0");
    return number1 / number2;
  }
  public static void main(String[] args) {
    Scanner input = new Scanner(System.in);
       // 提示用户输入两个整数
    System.out.print("Enter two integers: ");
    int number1 = input.nextInt();
    int number2 = input.nextInt();
    try {
      int result = quotient(number1, number2);
      System.out.println(number1 + " / " + number2 + " is " + result);
    }
    catch (ArithmeticException ex) {
      System.out.println("异常：整数不能被 0 整除 ");
    }
    System.out.println("继续执行 ...");
  }
}
```

测试结果如下所示：

```
Enter two integers:
2 0
异常：整数不能被 0 整除
继续执行 ...
```

在上面的程序中，如果 number2 为 0，方法通过执行下面的语句抛出一个异常：throw new ArithmeticException("Divisor cannot be zero")，在这种情况下，抛出的值为 new ArithmeticException("Divisor cannot be zero")称为一个异常。throw 语句的执行称为抛出一个异常。在这种情况下，异常对象的异常类就是 java.lang.ArithmeticException。构造方法 ArithmeticException(str)被调用以构建一个异常，其中 str 就是描述异常的消息。当异常被抛出，正常的执行流程就不中断。"抛出异常"就是把异常从一个地方传递到另一个地方。调用方法的语句包含一个 try 语句块和一个 catch 语句块。try 语句块中包含了正常情况下执行的代码。异常被 catch 块捕获，catch 块中的代码执行来处理异常。然后 catch 块后面的语句被继续执行。

try...throw...catch 语句块的模板如下：

```
try {
  // 可能会发生异常的程序代码
} catch (Type1 id1){
  // 捕获并处置try抛出的异常类型Type1
} catch (Type2 id2){
  //捕获并处置try抛出的异常类型Type2
}
```

关键词 try 后的一对大括号将一块可能发生异常的代码包起来，称为监控区域。Java 方法在运行过程中出现异常，则创建异常对象。将异常抛出监控区域之外，由 Java 运行时系统试图寻找匹配的 catch 子句以捕获异常。若有匹配的 catch 子句，则运行其异常处理代码，try...catch 语句结束。

匹配的原则是：如果抛出的异常对象属于 catch 子句的异常类，或者属于该异常类的子类，则认为生成的异常对象与 catch 块捕获的异常类型相匹配。

现在可以看到使用异常处理的好处了。它能使方法抛出一个异常给它的调用者，并由调用者处理该异常。如果没有这个处理机制，那么被调用的方法必须自己处理异常或者终止该程序。异常处理最根本的优势就是将检测错误从处理错误中分离开。Java 中提供了很多库方法都可以抛出异常。例如下面的程序，对用户输入进行了异常处理。

【例 7-4】 对读入数据进行异常处理。

```
import java.util.*;
public class InputMismatchExceptionDemo {
  public static void main(String[] args) {
    Scanner input = new Scanner(System.in);
    boolean continueInput = true;
    do {
      try {
        System.out.print("Enter an integer: ");
        int number = input.nextInt();
          //显示结果
        System.out.println("The number entered is " + number);
        continueInput = false;
      }
      catch (InputMismatchException ex) {
```

```
            System.out.println("Try again. (错误的输入:请输入一个整数)");
            input.nextLine();
        }
    } while (continueInput);
}
```

测试结果如下所示：

```
Enter an integer: 9.1
Try again. (错误的输入:请输入一个整数)
Enter an integer: 6
The number entered is 6
```

当执行 input.nextInt()时，如果输入的不是整数，就会抛出一个 InputMismatchException 异常。程序的执行被转移到 catch 语句中，提示用户输入错误，并接收用户输入的新行。当接收一个合法值时，continueInput 的值变为 false，就没有必要再继续输入。

7.1.2 异常的类型

前面使用了 ArithmeticException 和 InputMismatchException 异常。那是不是还有其他类型的异常呢？可以自己定义异常么？答案是肯定的。在 Java 的 API 中定义了很多异常类，如图 7-1 所示。

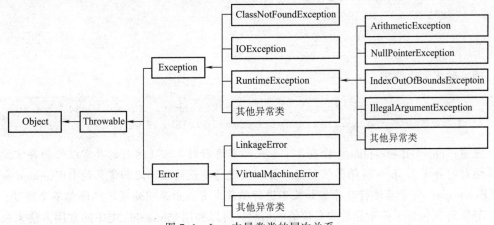

图 7-1 Java 中异常类的层次关系

以下是对有关异常 API 的一个简单介绍，关键在于理解异常处理的原理，具体用法可以参见 Java API 文档。

在 Java 中异常被当作对象处理，Throwable 类是 Java 语言中所有错误或异常的根类。Throwable 类中定义了 OutOfMemoryError、NullPointerException、IndexOutOfBoundsException 等异常类，只有当对象是此类（或其子类之一）的实例时，才能通过 Java 虚拟机或者 Java throw 语句抛出。类似地，只有此类或其子类之一才可以是 catch 子句中的参数类型。这些异常类分为两大类：Error 和 Exception。

Error 是无法处理的异常，比如 OutOfMemoryError，一般发生这种异常，JVM 会选择终止程序。因此编写程序时不需要关心这类异常。在执行该方法期间，无须在方法中通过 throws 声明可能抛出但没有捕获的 Error 的任何子类，因为 Java 编译器不去检查它，也就是说，当程序中可能出现这类异常时，即使没有用 try…catch 语句捕获它，也没有用 throws 子句声明抛出它，还是会编译通过。

Exception 是经常见到的一些异常情况，如 NullPointerException、IndexOutOfBoundsException，等异常是可以处理的异常。

Exception 类的异常包括 checked exception 和 unchecked exception。unchecked exception 又称运行时异常 RuntimeException，当然这里的运行时异常并不是说的运行期间的异常，只是 Java 中用运行时异常这个术语来表示，Exception 类的异常都是在运行期间发生的。

常见的 NullPointerException、IndexOutOfBoundsException 为 unchecked exception。对于运行时异常，Java 编译器不要求必须进行异常捕获处理或者抛出声明，由程序员自行决定。由于检查运行时异常的代价远大于捕捉异常所带来的益处，运行时异常不可查。Java 编译器允许忽略运行时异常，一个方法可以既不捕捉、也不声明抛出运行时异常。

【例 7-5】不捕捉、也不声明抛出运行时异常。

```
public class TestException {
  public static void main(String[] args) {
    int a, b;
    a = 6;
    b = 0;  //除数 b 的值为 0
    System.out.println(a / b);
  }
}
```

测试结果如下所示：

```
Exception in thread "main" java.lang.ArithmeticException: / by zero
at Test.TestException.main(TestException.java:8)
```

注意：checked exception（检查异常）又称非运行时异常（运行时异常以外的异常就是非运行时异常），Java 编译器强制程序员必须进行捕获处理，比如常见的 IOExeption 和 SQLException。对于非运行时异常如果不进行捕获或者抛出声明处理，编译都不会通过。

异常对象包含了关于异常的有价值的信息。可以利用 Throwable 类中的常用方法来获得，如图 7-2 所示。

Java.lang.Throwable
+getMeage()：返回异常的消息信息
+toString()：String 返回 3 个字符串的连接，即"异常类的全名"+":"+"getMessage() 方法的内容"
+printStackTrace()：void 在控制台打印 Throwable 对象和它的调用堆栈信息
+getStackTrace()：StackTraceElement[] 返回和该异常对象相关的代表堆栈跟踪的一个堆栈跟踪元素的数组

图 7-2 Java.lang.Throwable 类图

在 Java 中提供了一些异常用来描述经常发生的错误，对于这些异常，有的需要程序员进行捕获处理或声明抛出，有的是由 Java 虚拟机自动进行捕获处理。下面介绍 Java 中常见的异常类。

1. RuntimeException 子类

RuntimeException 的常见子类及其说明如表 7-1 所示。

表 7-1　RuntimeException 常见子类及其说明

类	说　明
java.lang.ArrayIndexOutOfBoundsException	数组索引越界异常，当数组的索引值为负数或大于等于数组大小时抛出
java.lang.ArithmeticException	算术条件异常，如整数除零等
java.lang.NullPointerException	空指针异常，当试图在要求使用对象的地方使用了 null 时，抛出该异常。例如：调用 null 对象的实例方法、访问 null 对象的属性、计算 null 对象的长度、使用 throw 语句抛出 null 等
java.lang.ClassNotFoundException	找不到类异常，当应用试图根据字符串形式的类名构造类，而在遍历 CLASSPAH 之后找不到对应名称的 class 文件时，抛出该异常
java.lang.NegativeArraySizeException	数组长度为负异常
java.lang.ArrayStoreException	数组中包含不兼容的值抛出的异常
java.lang.SecurityException	安全性异常
java.lang.IllegalArgumentException	非法参数异常

2. IOException

常见的输入/输出异常类及其说明如表 7-2 所示。

表 7-2　输入/输出异常类及其说明

类	说　明
IOException	操作输入流和输出流时可能出现的异常
EOFException	文件已结束异常
FileNotFoundException	文件未找到异常

3. 其他

其他异常类及其说明如表 7-3 所示。

表 7-3　其他异常类及其说明

类	说　明
ClassCastException	类型转换异常类
ArrayStoreException	数组中包含不兼容的值抛出的异常
SQLException	操作数据库异常类
NoSuchFieldException	字段未找到异常
NoSuchMethodException	方法未找到抛出的异常

续表

类	说 明
NumberFormatException	字符串转换为数字抛出的异常
StringIndexOutOfBoundsException	字符串索引超出范围抛出的异常
IllegalAccessException	不允许访问某类异常
InstantiationException	当应用程序试图使用Class类中的newInstance()方法创建一个类的实例，而指定的类对象无法被实例化时，抛出该异常

7.2 处理异常

Java 异常处理是 Java 语言的一大特色，也是个难点，掌握异常处理可以让编写的代码更健壮和易于维护。前面给出了异常处理的概况，同时介绍了几个预定义异常的类型。异常是用方法来处理的，抛出、声明抛出、捕获和处理异常都是在方法中进行的。本节对异常处理进行深入讨论。

Java 异常处理模型基于3种操作：声明一个异常、抛出一个异常、捕获一个异常。Java 异常处理通过 5 个关键字 try、catch、throw、throws、finally 进行管理。对于可能出现异常的代码，有如下两种处理办法：

①在方法中用 try...catch 语句捕获并处理异常，catch 语句可以有多个，用来匹配多个异常。

②对于处理不了的异常或者要转型的异常，在方法的声明处通过 throws 语句抛出异常。

7.2.1 try...throw...catch 机制

try...throw...catch 机制基本过程是用 try 语句块包住需要监视的语句，如果在 try 语句块内出现异常，则异常会被抛出，代码在 catch 语句块中可以捕获到这个异常并进行处理；还有一部分系统生成的异常在 Java 运行时自动抛出。finally 语句块会在方法执行 return 之前执行，一般结构如下：

```
try{
    程序代码
}catch(异常类型1 异常的变量名1){
    程序代码
}catch(异常类型2 异常的变量名2){
    程序代码
}finally{
    程序代码
}
```

try 块：用于捕获异常。其后可接零个或多个 catch 块，如果没有 catch 块，则必须跟一个 finally 块。

catch 块：用于处理 try 捕获到的异常。

finally 块：无论是否捕获或处理异常，finally 块里的语句都会被执行。当在 try 块或

catch 块中遇到 return 语句时，finally 语句块将在方法返回之前被执行。在以下 4 种特殊情况下，finally 块不会被执行：

①在 finally 语句块中发生了异常。
②在前面的代码中用了 System.exit()退出程序。
③程序所在的线程死亡。
④关闭 CPU。

try、catch、finally 语句块的执行顺序遵循下面的原则：

原则一：当 try 没有捕获到异常时，try 语句块中的语句逐一被执行，程序将跳过 catch 语句块，执行 finally 语句块和其后的语句。

原则二：当 try 捕获到异常，catch 语句块里没有处理此异常的情况时，此异常将会抛给 JVM 处理，finally 语句块里的语句还是会被执行，但 finally 语句块后的语句不会被执行。

原则三：当 try 捕获到异常，catch 语句块里有处理此异常的情况时，在 try 语句块中是按照顺序来执行的，当执行到某一条语句出现异常时，程序将跳到 catch 语句块，并与 catch 语句块逐一匹配，找到与之对应的处理程序，其他的 catch 语句块将不会被执行，而 try 语句块中，出现异常之后的语句也不会被执行，catch 语句块执行完后，执行 finally 语句块里的语句，最后执行 finally 语句块后的语句。

7.2.2　throw 和 throws 异常处理机制

对于处理不了的异常或者要转型的异常，也可以通过 throws 关键字在方法上声明该方法要抛出异常,然后在方法内部通过 throw 抛出异常对象。throws 出现在方法的声明中，表示该方法可能会抛出的异常，然后交给上层调用它的方法程序处理，允许 throws 后面跟多个异常类型。throw 只会出现在方法体中，当方法在执行过程中遇到异常情况时，将异常信息封装为异常对象，然后 throw 出去。

1．throws 声明抛出异常

如果一个方法可能会出现异常，但没有能力处理这种异常，可以在方法声明处用 throws 子句声明抛出异常。例如，汽车在运行时可能会出现故障，汽车本身没办法处理这个故障，那就让开车的人来处理。 throws 语句用在方法定义时声明该方法要抛出的异常类型，如果抛出的是 Exception 异常类型，则该方法被声明为抛出所有的异常。多个异常可使用逗号分隔。throws 语句的语法格式如下：

```
methodname throws Exception1,Exception2,…,ExceptionN
{
}
```

方法名后的 throws Exception1，Exception2…ExceptionN 为声明要抛出的异常列表。当方法抛出异常列表的异常时，方法将不对这些类型及其子类型的异常进行处理，而抛向调用该方法的方法去处理。

注意：throws 表示出现异常的一种可能性，并不一定会发生这些异常；throw 则是抛出了异常，执行 throw 则一定抛出了某种异常对象。两者都是消极处理异常的方式，只是抛出或者可能抛出异常，但是不会由方法去处理异常，真正的处理异常由此方法的上层调用处理。

【例 7-6】 定义一个圆形类，在设置半径的方法中如果参数 newRadius 为负数，就会抛出一个 IllegalArgumentException 异常。

```java
public class CircleWithException {
  private double radius;
  private static int numberOfObjects = 0;
  public CircleWithException() {
    this(1.0);
  }
  /* 构造一个指定半径大小的圆形 */
  public CircleWithException(double newRadius) {
    setRadius(newRadius);
    numberOfObjects++;
  }
  public double getRadius() {
    return radius;
  }
  public void setRadius(double newRadius) throws IllegalArgumentException {
    if(newRadius >= 0)
      radius = newRadius;
    else
      throw new IllegalArgumentException("半径不能为负数");
  }
  public static int getNumberOfObjects() {
     return numberOfObjects;
  }
}
```

下面给出例 7-6 中圆形类的测试程序，在 main 方法中对异常进行处理。

【例 7-7】 圆形类的测试程序 TestCircleWithException。

```java
public class TestCircleWithException {
  public static void main(String[] args) {
    try {
      CircleWithException c1=new CircleWithException(5);
      CircleWithException c2=new CircleWithException(-5);
      CircleWithException c3=new CircleWithException(0);
    }
    catch (IllegalArgumentException ex) {
      System.out.println(ex);
    }
    System.out.println("创建 Circle 的对象个数: " + CircleWithException.getNumberOfObjects());
  }
}
```

测试结果如下所示：

```
java.lang.IllegalArgumentException: 半径不能为负数
创建 Circle 的对象个数: 1
```

测试程序创建了 3 个 CircleWithException 对象：c1、c2、c3，测试如何产生异常。调用 new CircleWithException(-5)会导致对 setRadius 方法的调用，由于半径为负数，所以会抛出 IllegalArgumentException 异常。在 catch 块中，对象 ex 是 IllegalArgumentException 类型，能够匹配，因此这个异常被 catch 捕获。异常处理使用 System.out.println(ex)语句输出异常消息。

2. 使用 throw 抛出异常

throw 总是出现在函数体中，用来抛出一个 Throwable 类型的异常。程序会在 throw 语句后立即终止，它后面的语句执行不到，然后在包含它的所有 try 块中（可能在上层调用函数中）从里向外寻找含有与其匹配的 catch 子句的 try 块。

由于异常是异常类的实例对象，可以创建异常类的实例对象通过 throw 语句抛出。该语句的语法格式如下：

```
throw new exceptionname;
```

例如，抛出一个 IOException 类的异常对象：

```
throw new IOException;
```

要注意的是，throw 抛出的只能够是可抛出类 Throwable 或者其子类的实例对象。下面的操作是错误的：

```
throw new String("exception");
```

这是因为 String 不是 Throwable 类的子类。

如果抛出了检查异常，则还应该在方法头部声明方法可能抛出的异常类型。该方法的调用者也必须检查处理抛出的异常。如果所有方法都层层上抛获取的异常，最终 JVM 会进行处理，处理也很简单，就是打印异常消息和堆栈信息。如果抛出的是 Error 或 RuntimeException，则该方法的调用者可选择处理该异常。

通过分析思考可以看出，越早处理异常消耗的资源和时间越小，产生影响的范围也越小。因此，不要把自己能处理的异常也抛给调用者。

throw 和 throws 关键字的区别如下：

throw 用来抛出一个异常，在方法体内。语法格式为：

```
throw 异常对象
```

throws 用来声明方法可能会抛出什么异常，在方法名后，语法格式为：

```
throws 异常类型1,异常类型2...异常类型n
```

throws 抛出异常的规则：

①如果是不可查异常（unchecked exception），即 Error、RuntimeException 或它们的子类，那么可以不使用 throws 关键字来声明要抛出的异常，编译仍能顺利通过，但在运行时会被系统抛出。

②必须声明方法可抛出的任何可查异常（checked exception），即如果一个方法可能出

现可查异常，要么用 try...catch 语句捕获，要么用 throws 子句声明将它抛出，否则会导致编译错误。

③仅当抛出了异常，该方法的调用者必须处理或者重新抛出该异常。当方法的调用者无力处理该异常的时候，应该继续抛出，而不是囫囵吞枣。

④调用方法必须遵循任何可查异常的处理和声明规则。若覆盖一个方法，则不能声明与覆盖方法不同的异常。声明的任何异常必须是被覆盖方法所声明异常的同类或子类。

例如下面的代码片段：

```
void method1() throws IOException{}   //合法
//编译错误，必须捕获或声明抛出 IOexception
void method2(){
  method1();
}
//合法，声明抛出 IOexception
void method3()throws IOException {
  method1();
}
//合法，声明抛出 Exception，IOException 是 Exception 的子类
void method4()throws Exception {
  method1();
}
//合法，捕获 IOException
void method5(){
  try{
    method1();
  }catch(IOException e){…}
}
//编译错误，必须捕获或声明抛出 Exception
void method6(){
  try{
    method1();
  }catch(IOException e){throw new Exception();}
}
//合法，声明抛出 Exception
void method7()throws Exception{
  try{
    method1();
  }catch(IOException e){throw new Exception();}
}
```

一个方法是否可能会出现异常可以通过下面的情况进行判断：

依据 1：方法中有 throw 语句。例如，以上 method7()方法的 catch 代码块有 throw 语句。

依据 2：调用了其他方法，其他方法用 throws 子句声明抛出某种异常。例如，method3()方法调用了 method1()方法，method1()方法声明抛出 IOException，因此，在 method3()方法中可能会出现 IOException。

还有一点，不可忽视：finally 语句在任何情况下都必须执行，这样可以保证一些在任

何情况下都必须执行代码的可靠性。比如，在数据库查询异常的时候，应该释放 JDBC 连接等。finally 语句先于 return 语句执行，而不论其先后位置，也不管是否 try 块出现异常。finally 语句唯一不被执行的情况是执行了 System.exit()方法。System.exit()的作用是终止当前正在运行的 Java 虚拟机。finally 语句块中不能通过给变量赋新值来改变 return 的返回值，也建议不要在 finally 块中使用 return 语句，没有意义还容易导致错误。

异常处理的语法规则如下：

①try 语句不能单独存在，可以和 catch、finally 组成 try...catch...finally、try...catch、try...finally 3 种结构，catch 语句可以有一个或多个，finally 语句最多一个，try、catch、finally 3 个关键字均不能单独使用。

②try、catch、finally 3 个代码块中变量的作用域分别独立而不能相互访问。如果要在 3 个块中都可以访问，则需要将变量定义到这些块的外面。

③当有多个 catch 块时，Java 虚拟机会匹配其中一个异常类或其子类，就执行这个 catch 块，而不会再执行别的 catch 块。

④throw 语句后不允许紧跟其他语句，因为这些没有机会执行。

⑤如果一个方法调用了另外一个声明抛出异常的方法，那么这个方法要么处理异常，要么声明抛出。

7.2.3 重新抛出异常和异常链

如果异常处理不能处理一个异常，或者只是简单地希望它的调用者注意到该异常，Java 允许该异常处理器重新抛出异常。语法格式如下：

```
try{
   语句;
}
catch(TheException ex){
   语句;
   throw ex;
}
```

语句 throw ex 重新抛出异常给调用者，以便调用者的其他处理器获得处理异常 ex 的机会。

上面的例子中 catch 语句块重新抛出原始异常，有时候可能需要同原始异常一起抛出一个新的异常，这个新异常一般会带有附加的消息，这称为链式异常。

【例 7-8】 产生和抛出链式异常。

```
public class ChainedExceptionDemo {
  public static void main(String[] args) {
    try {
      method1();
    }
    catch (Exception ex) {
      ex.printStackTrace();
    }
  }
  public static void method1() throws Exception {
```

```
        try {
          method2();
        }
        catch (Exception ex) {
          throw new Exception("方法1中的异常消息", ex);
        }
      }
      public static void method2() throws Exception {
        throw new Exception("方法2中的异常消息");
      }
    }
```

测试结果如下所示：

```
java.lang.Exception: 方法1中的异常消息
        at ChainedExceptionDemo.method1(ChainedExceptionDemo.java:15)
        at ChainedExceptionDemo.main(ChainedExceptionDemo.java:4)
Caused by: java.lang.Exception: 方法2中的异常消息
        at ChainedExceptionDemo.method2(ChainedExceptionDemo.java:19)
        at ChainedExceptionDemo.method1(ChainedExceptionDemo.java:12)
        ... 1 more
```

main 方法调用 method1，method1 调用 method2，method2 抛出一个异常。该异常被 method1 中的 catch 块所捕获，并被包装成一个新异常类。该新异常类被抛出，并在 main 方法的 catch 块中被捕获。从示例输出可以看到 printStackTrace() 方法的结果。首先显示从 method1 中抛出的新异常，然后显示从 method2 中抛出的原始异常。

7.3 自定义异常

Java 提供相当多的异常类，尽量使用它们而不要创建自己的异常类。然而，如果遇到一些不能用预定义异常类描述的问题，那就需要程序员通过继承 Exception 类或者其子类，创建自定义异常类（如 IOException），即创建自己的异常类。

【例 7-9】 自定义异常类。

```
public class InvalidRadiusException extends Exception {
  private double radius;
  /**自定义异常类的构造方法 */
  public InvalidRadiusException(double radius) {
    super("无效的 radius " + radius);
    this.radius = radius;
  }
  public double getRadius() {
    return radius;
  }
}
```

这个自定义异常类继承自父类 java.lang.Exception。而 Exception 类扩展自 java.lang.Throwable。Exception 类中所有方法都是从 Throwable 继承的。Exception 类中含有 4 个构

造方法，最常用的构造方法如图 7-3 所示。

| Java.lang.Exception |
| +Exception() |
| +Exception(message:String) |

图 7-3 Java.lang.Exception 类图

例 7-9 中 super("无效的 radius " + radius)就是调用父类的带有一条消息的构造方法。这条消息将会被设置在异常对象中，并且可以在该对象上调用 getMessage()获得。Java API 中大多数异常类都含有两个构造方法：一个无参数的构造方法和一个有参数的构造方法。所以例 7-6 中的圆形类程序可以修改为例 7-10 所示程序。

【例 7-10】 圆形类定义（添加了自定义异常类处理）。

```java
public class TestCircleWithCustomException {
  public static void main(String[] args) {
    try {
      new CircleWithCustomException(5);
      new CircleWithCustomException(-5);
      new CircleWithCustomException(0);
    }
    catch (InvalidRadiusException ex) {
      System.out.println(ex);
    }
    System.out.println("Number of objects created: " +
CircleWithCustomException.getNumberOfObjects());
  }
}
class CircleWithCustomException {
  private double radius;
  private static int numberOfObjects = 0;
  public CircleWithCustomException() throws InvalidRadiusException {
    this(1.0);
  }
  Public CircleWithCustomException(double newRadius)throws InvalidRadiusException {
    setRadius(newRadius);
    numberOfObjects++;
  }
  public double getRadius() {
    return radius;
  }
  public void setRadius(double newRadius)throws InvalidRadiusException {
    if (newRadius >= 0)
      radius = newRadius;
    else
      throw new InvalidRadiusException(newRadius);
  }
  public static int getNumberOfObjects() {
    return numberOfObjects;
  }
}
```

测试结果如下所示：

```
InvalidRadiusException: 无效的 radius -5.0
Number of objects created: 1
```

当半径为负数时，CircleWithCustomException 类中的 setRadius()方法会抛出一个 InvalidRadiusException。由于 InvalidRadiusException 是一个必检异常，所以 setRadius()方法必须在方法的头部进行声明。而且在 CircleWithCustomException 的构造方法中调用 setRadius()方法，setRadius()方法是有可能抛出异常的，所以 CircleWithCustomException 的构造方法也需要在头部声明抛出 InvalidRadiusException 异常。

注意：在自定义异常的时候，最好使自定义异常必检，这样编译器就可以在程序中强制捕获这些异常。

下面给出几个 Java 异常处理的原则和技巧：

①避免过大的 try 块，不要把不会出现异常的代码放到 try 块里面，尽量保持一个 try 块对应一个或多个异常。

②细化异常的类型，不要不管什么类型的异常都写成 Excetpion。

③catch 块尽量保持一个块捕获一类异常，不要忽略捕获的异常，捕获到后要么处理，要么转译，要么重新抛出新类型的异常。

④不要把自己能处理的异常抛给别人。

⑤不要用 try...catch 参与控制程序流程，异常控制的根本目的是处理程序的非正常情况。

⑥对于运行时异常，不要用 try...catch 来捕获处理，而是在程序开发调试阶段，尽量去避免这种异常，一旦发现该异常，正确的做法就会改进程序设计的代码和实现方式，修改程序中的错误，从而避免这种异常。捕获并处理运行时异常是好的解决办法，因为可以通过改进代码实现来避免该种异常的发生。

⑦对于受检查异常，老老实实按照异常处理的方法去处理，要么用 try...catch 捕获并解决，要么用 throws 抛出。

⑧对于 Error（运行时错误），不需要在程序中做任何处理，出现问题后，应该在程序外的地方找问题，然后解决。

7.4 文件管理类 File

File 类的对象主要用来获取文件本身的一些信息，如文件所在的目录、文件长度、文件读/写权限等，不涉及对文件的读/写操作。

在编程过程中，通常需要将数据处理结果保存到文件中，或是从文件中读取一些数据作为输入。Java 对文件的操作提供了基于流的输入/输出类，如 File、FileInputStream

和FileOutputStream。File类能够访问文件和目录对象，描述了文件的路径、名称、大小及属性等特性，并提供许多操作文件和目录的方法。这里将目录看作一种文件，与普通文件不同的是，目录可以存放文件或其他目录，而文件只能存放数据。下面学习通过File类获得文件的路径、名称、大小及属性修改。

1. File 类的构造方法

```
File(String filename);  //filename为文件名，该文件与当前应用程序在同一目录中
File(String directoryPath,String filename);  //directoryPath是文件路径
File(file f,String filename);  //f是指定目录的一个文件
```

2. File 类的主要方法

```
public String getName();              //获取文件的名字
public boolean canRead();             //判断文件是否可读
public boolean canWrite();            //判断文件是否可写
public boolean exits();               //判断文件是否存在
public ling length();                 //获取文件长度
public String getAbsolutePath();      //获取文件的绝对路径
public String getParent();            //获取文件的父目录
public boolean isFile();              //判断文件是否是一个正常文件而不是目录
public boolean isDirectory();         //判断文件是否是一个目录
public boolean isHidden();            //判断文件是否为隐藏文件
public logn lastModified();           /*文件最后修改的时间（从1990年午夜至文
                                      件最后修改时刻的毫秒数）*/
```

【例 7-11】编写程序，演示如何创建一个文件，然后使用File类中的一些方法来获得文件的属性。所创建文件的样式与平台无关。

```java
public class TestFileClass {
  public static void main(String[] args) {
    java.io.File file = new java.io.File("image/us.gif");
    System.out.println("Does it exist? " + file.exists());
    System.out.println("The file has " + file.length() + " bytes");
    System.out.println("Can it be read? " + file.canRead());
    System.out.println("Can it be written? " + file.canWrite());
    System.out.println("Is it a directory? " + file. isDirectory());
    System.out.println("Is it a file? " + file.isFile());
    System.out.println("Is it absolute? " + file.isAbsolute());
    System.out.println("Is it hidden? " + file.isHidden());
    System.out.println("Absolute path is " + file.getAbsolutePath());
    System.out.println("Last modified on " + new java.util.Date
(file.lastModified()));
  }
}
```

测试结果如下所示：

```
Can it be read? false
Can it be written? false
```

```
Is it a directory? false
Is it a file? false
Is it absolute? false
Is it hidden? false
Absolute path is F:\zw\eclipse-jee-kepler-SR2-win32\ProjectSave\
testj\image\1.jpg
Last modified on Thu Jan 01 08:00:00 CST 2017
```

7.5 文本 I/O

一个 File 对象能够读取到文件的属性和路径，但是并不包含读/写数据的方法。如果想从文件中读/写数据，需要使用 Java 中的 I/O 类。下面介绍如何使用 Scanner 和 PrintWriter 类读/写字符串和数值类型到一个文本文件中。

7.5.1 PrintWriter 类

现实工作中，经常有些文件中的一些内容需要批量替换，或者需要存储批量数据到文件里。用编辑器手动替换，只能针对单个文件，涉及多文件的时候，很费时间。下面学习使用 PrintWriter 类向文本文件中写入数据。

在表 7-4 中可以看到 PrintWriter 类的常用方法，其中有重载的写数据的方法 print()，同样的还有 printf() 和 println() 方法可以调用，在此不再列举。

表 7-4 PrintWriter 类的常用方法

java.io.PrintWriter	说　明
+PrintWriter(filename: String)	为一个文件对象创建一个 PrintWriter 对象
+print(s: String): void	根据参数类型分别写入字符串、字符、数组、数值类型
+print(c: char): void	
+print(cArray: char[]): void	
+print(i: int): void	
+print(l: long): void	
+print(f: float): void	
+print(d: double): void	

【例 7-12】写数据到文本文件。

```
public class WriteData {
  public static void main(String[] args) throws Exception {
    java.io.File file=new java.io.File("Chapter7/Scores.txt");
    if (file.exists()) {
      System.out.println("File already exists");
      System.exit(0);
    }
    // 创建一个文件
```

```
        java.io.PrintWriter output=new java.io.PrintWriter(file);
        // 把内容写到文件中
        output.print("John T Smith ");
        output.println(90);
        output.print("Eric K Jones ");
        output.println(85);
        // 关闭文件
        output.close();
    }
}
```

测试结果如图 7-4 所示。

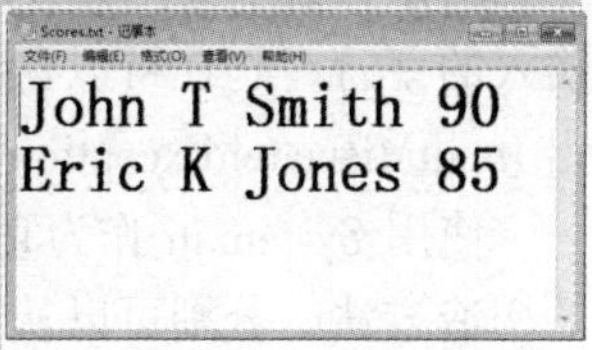

图 7-4 文件写入成功

注意：由于程序员经常会忘记关闭文件，JDK 7 提供了下面的新的 try-with-resources 语法来自动关闭文件。

```
Try(声明和创建资源)
{
    使用资源来处理文件；
}
```

我们可以重写 WriteData 程序清单中创建文件的代码段：

```
// 创建一个文件
Try(
java.io.PrintWriter output = new java.io.PrintWriter(file);
) {
//把内容写入文件中
  output.print("John T Smith ");
  output.println(90);
  output.print("Eric K Jones ");
  output.println(85);
}
```

关键字 try 后声明和创建了一个资源，这个资源必须是 AutoCloseable 的子类型，比如 PrintWriter，具有一个 close()方法。资源的声明和创建必须在同一行语句中，可以在括号中进行多个资源的声明和创建。紧接着资源声明的块中的语句使用资源。块结束后，资源的 close()方法自动调用以关闭资源。使用 try…with…resources 语法不仅可以避免错误，而且可以简化代码。

7.5.2 Scanner 类

从控制台中读取数据是一个比较常用的功能，在 JDK 5.0 以前的版本中实现是比较复杂的，需要手工处理系统的输入流。有意思的是，从 JDK 5.0 版本开始，能从控制台中输入数据的方法每增加一个版本号，就有一种新增的方法，这也增加了选择的种类，可以依据不同的要求进行选择。从 JDK 5.0 开始，基本类库中增加了 java.util.Scanner 类，根据它的 API 文档说明，这个类是采用正则表达式进行基本类型和字符串分析的文本扫描器。使用它的 Scanner(InputStream source)构造方法，可以传入系统的输入流 System.in 而从控制台中读取数据。

下面介绍 Scanner 类的常用方法，并试着对文件中的内容进行读取和替换。

Scanner 不仅可以从控制台中读取字符串，还可以读取除 char 之外的其他 7 种基本类型和两个大数字类型，并不需要显式地进行手工转换。Scanner 不单单只能扫描控制台中输入的字符，它还可以让读入的字符串匹配一定的正则表达式模式，如果不匹配时将抛出 InputMismatchException 异常。

使用 System.in 作为它的构造参数时，它只扫描了系统输入流中的字符。它还有其他的构造方法，分别可以从文件或者是字符串中扫描分析字符串，具体使用方法可以参考 API 文档说明。

表 7-5 中列出了 Scanner 类的常用方法及其说明。

表 7-5 Scanner 类的常用方法及其说明

java.util.Scanner	说 明
+Scanner(source: File)	创建一个 Scanner 对象读取文件
+Scanner(source: String)	创建一个 Scanner 对象读取内容
+close()	关闭对象
+hasNext(): boolean	判断是否还有下一个
+next(): String	按照不同的数据类型读取下一个内容
+nextByte(): byte	
+nextShort(): short	
+nextInt(): int	
+nextLong(): long	
+nextFloat():	
+nextDouble():	
+useDelimiter(pattern: String): Scanner	设置分隔符的模式

之前提到过通过控制台输入，需要构造一个 Scanner 对象，并与标准输入流 System.in 关联，如 Scanner in = new Scanner(System.in)，然后 reader 对象调用 next.Byte()、nextDouble()、nextFloat()、nextInt()、nextLine()、nextLong()、nextShot()方法（函数），读取用户在命令行输入的各种数据类型。

上述方法执行时都会造成堵塞，等待用户在命令行输入数据回车确认。例如，用户在键盘输入 12.34，hasNextFloat()的值是 true，而 hasNextInt()的值是 false。NextLine()等待用户输入一个文本行并且回车，该方法得到一个 String 类型的数据。

【例 7-13】编写程序，从键盘读取用户输入的数据，并计算它们的总和、平均值。

```
import java.util.*;
public class Example{
  public static void main(String args[]){
    System.out.println("请输入若干个数,每输入一个数用回车确认");
    System.out.println("最后输入一个非数字结束输入操作");
    Scanner reader=new Scanner(System.in);
    double sum=0;
```

```
        int m=0;
        while(reader.hasNextDouble()){
          double x=reader.nextDouble();
          m=m+1;
          sum=sum+x;
        }
        System.out.printf("%d 个数的和为%f\n",m,sum);
        System.out.printf("%d 个数的平均值是%f\n",m,sum/m);
    }
}
```

测试结果如下所示：

```
请输入若干个数，每输入一个数
最后输入一个非数字结束输入操
12
24
60
80
90
a
5 个数的和为 266.000000
5 个数的平均值是 53.200000
```

【例 7-14】 把例 7-12 写入 Scores.txt 文本中的数据读取出来。

```
import java.util.Scanner;
public class ReadData {
    public static void main(String[] args) throws Exception {
        // 创建一个文件对象
        java.io.File file = new java.io.File("Scores.txt");
        // 为这个文件创建一个 Scanner 对象
        Scanner input = new Scanner(file);
        // 从文件读数据
        while (input.hasNext()) {
            String firstName = input.next();
            String mi = input.next();
            String lastName = input.next();
            int score = input.nextInt();
            System.out.println(firstName + " " + mi + " " + lastName + " " + score);
        }
        // 关闭文件
        input.close();
    }
}
```

测试结果如下所示：

```
C:\>java ReadData
John T Smith 90
Eric K Jones 85
```

从 JDK 6.0 开始，基本类库中增加了 java.io.Console 类，用于获得与当前 Java 虚拟机关联的基于字符的控制台设备。在纯字符的控制台界面下，可以更加方便地读取数据。Scanner 不适用从可控制台读取密码，java SE6 特别引入了 Console 类实现这个目的。例如：

```
Console con = Console ();
char[] password = con.readPassword("password: ");
```

安全起见，将密码放到字符数组中，而不是字符串；处理后应该马上用填充值覆盖数组元素。不过不如 scanner 方便，每次只能读一行数据，而不是一个数值或单词。

【例 7-15】 编写程序，替换文本中的某段内容。假设文件名和字符串的命令行参数如下：javaReplaceTextsourceFiletargetFileoldStringnewString。

```java
import java.io.*;
import java.util.*;
public class ReplaceText {
    public static void main(String[] args) throws Exception {
        // 检查命令行参数是否符合要求
        if (args.length != 4) {
            System.out.println(
"Usage: java ReplaceText sourceFile targetFile oldStr newStr");
            System.exit(0);
        }
        // 检查源文件是否存在
        File sourceFile = new File(args[0]);
        if (!sourceFile.exists()) {
            System.out.println("Source file " + args[0] + " does not exist");
            System.exit(0);
        }
        //检查目标文件是否存在
        File targetFile = new File(args[1]);
        if (targetFile.exists()) {
            System.out.println("Target file " + args[1] + " already exists");
            System.exit(0);
        }
        // 生出输出文件和输入文件
        Scanner input = new Scanner(sourceFile);
        PrintWriter output = new PrintWriter(targetFile);
        while (input.hasNext()) {
            String s1 = input.nextLine();
            String s2 = s1.replaceAll(args[2], args[3]);
            output.println(s2);
        }
        input.close();
        output.close();
    }
}
```

第7章 异常处理和文本 I/O

编程实训

实训 1

编写一个程序,提示用户读取两个整数,然后显示它们的和。程序应该在输入不正确时提示用户再次读取数字。

参考代码:

```java
import java.util.Scanner;
public class Exercise7_1{
  public static void main(String[] args) {
    Scanner input = new Scanner(System.in);
    boolean done = false;
    int number1 = 0;
    int number2 = 0;
    // 输入两个整数
    System.out.print("Enter two integers: ");
    while (!done) {
      try {
        number1 = input.nextInt();
        number2 = input.nextInt();
        done = true;
      }
      catch (Exception ex) {
        ex.printStackTrace();
        System.out.print("不合法的输入,请再次输入两个整数: ");
        input.nextLine(); // Discard input
      }
    }
    System.out.println("Sum is " + (number1 + number2));
  }
}
```

实训 2

编写一个程序:创建一个由 100 个随机整数组成的数组。提示用户输入数组的下标,然后显示对应的元素值。如果指定的下标越界,就显示消息 OutOfBounds。

参考代码:

```java
import java.util.*;
public class Exercise7_2 {
  public static void main(String[] args) {
    int[] data = new int[100];
    // 初始化数组
    for (int i = 0; i < 100; i++)
      data[i] = (int)(Math.random() * 10000);
    Scanner input = new Scanner(System.in);
    System.out.print("Enter an index: ");
    int index = input.nextInt();
    try {
```

```
      System.out.println("The element is " + data[index]);
    }
    catch (Exception ex) {
      System.out.println("Index out of bound");
    }
  }
}
```

实训 3

定义三角形类 Triangle。在三角形中,三角形类 Triangle 必须遵从这一原则:任意两边之和总大于第三边。创建一个 IllegalTriangleException 类,如果创建的三角形对象不能组成一个三角形,抛出一个 IllegalTriangleException 对象,如下所示:

```
public TriangleWithException(double side1, double side2, double side3)
throws IllegalTriangleException {
  ...
}
```

参考代码:

```
public class Exercise7_3 {
  public static void main(String[] args) {
    try {
      TriangleWithException t1 = new TriangleWithException(1.5, 2, 3);
      System.out.println("Perimeter for t1: " + t1.getPerimeter());
      System.out.println("Area for t1: " + t1.getArea());
      TriangleWithException t2 = new TriangleWithException(1, 2, 3);
      System.out.println("Perimeter for t2: " + t2.getPerimeter());
      System.out.println("Area for t2: " + t2.getArea());
    }
    catch (IllegalTriangleException ex) {
      System.out.println("Illegal triangle");
      System.out.println("Side1: " + ex.getSide1());
      System.out.println("Side2: " + ex.getSide2());
      System.out.println("Side3: " + ex.getSide3());
    }
  }
}
class IllegalTriangleException extends Exception {
  private double side1, side2, side3;
  public IllegalTriangleException(double side1, double side2,
double side3, String s) {
    super(s);
    this.side1 = side1;
    this.side2 = side2;
    this.side3 = side3;
  }
  public double getSide1() {
    return side1;
  }
  public double getSide2() {
```

```
            return side2;
        }
        public double getSide3() {
            return side3;
        }
    }
    class TriangleWithException extends Object {
        double side1, side2, side3;
        /* 构造方法 */
        public TriangleWithException(double side1,double side2,double side3) 
throws IllegalTriangleException {
            this.side1 = side1;
            this.side2 = side2;
            this.side3 = side3;
            if (side1 + side2 <= side3 || side1 + side3 <= side2 || side2 + side3 
<= side1)throw new IllegalTriangleException(side1, side2, side3, 
"The sum of any two sides is greater than the other side");
        }
        /* 实现方法 findArea */
        public double getArea() {
            double s = (side1 + side2 + side3) / 2;
            return Math.sqrt(s * (s - side1) * (s - side2) * (s - side3));
        }
    }
```

实训 4

在一个文本文件中保存了某个学生几门课程的成绩，用空格隔开。编写一个程序，提示用户输入文件，然后从文件中读取成绩，并显示分数的总分和平均分。

参考代码：

```
    importjava.util.*;
    import java.io.*;
    public class Exercise7_4 {
        public static void main(String[] args) throws Exception {
            Scanner consoleInput = new Scanner(System.in);
            System.out.print("Enter file name: ");
            String filename = consoleInput.nextLine();
            try (Scanner input = new Scanner(new File(filename));) {
                double sum = 0;
                int i = 0;
                while (input.hasNext()) {
                    sum += input.nextDouble();
                    i++;
                }
                System.out.println("Total is " + sum);
                System.out.println("Average is " + sum/i);
            }
        }
    }
```

实训 5

编写一个程序，如果名为 Exercise7_5 的文件不存在，则创建该文件。使用文本 I/O 将随机产生的 100 个整数写入文件。文件中的整数由空格隔开。从文件中读出数据并以升序显示。

参考代码：

```java
import java.util.*;
import java.io.*;
public class Exercise7_5 {
  public static void main(String[] args) throws Exception {
    //检查文件是否存在
    File file = new File("Exercise7_5.txt");
    if (!file.exists()) {
      try ( //创建文件
        PrintWriter output = new PrintWriter(file);) {
        for (int i = 1; i <= 100; i++) {
          output.print((int) (Math.random() * 100) + " ");
        }
      }
    }
    try (Scanner input = new Scanner(file);) {
      int[] numbers = new int[100];
      for (int i = 0; i < 100; i++)
        numbers[i] = input.nextInt();
      Arrays.sort(numbers);
      for (int i = 0; i < 100; i++)
        System.out.print(numbers[i] + " ");
    }
  }
}
```

实训 6

编写一个程序，提示用户输入一个文件名，然后显示该文件中每个字母出现的次数。字母是大小写敏感的。

参考代码：

```java
import java.util.*;
import java.io.*;
public class Exercise7_6 {
  public static void main(String[] args) throws Exception {
    Scanner consoleInput = new Scanner(System.in);
    System.out.print("Enter file name: ");
    String filename = consoleInput.nextLine();
    int[] lower = new int[26];
    int[] upper = new int[26];
    Scanner input = new Scanner(new File(filename));
    while (input.hasNext()) {
      String s = input.nextLine();
```

```
        for (int i = 0; i <s.length(); i++) {
          charch = s.charAt(i);
          if (Character.isLetter(ch)) {
            if(65<=ch&&ch<=90) {
              int index = ch -'A';
              upper[index] ++;
            }
            else if (97<=ch&&ch<=122) {
              int index = ch -'a';
              lower[index] ++;
            }
          }
        }
      displayCounts(lower,false);
      displayCounts(upper,true);
  }
  public static void displayCounts(int[] counts,booleanisUpper) {
      for (int i = 0; i <counts.length; i++) {
        if(counts[i]!=0) {
          if(isUpper) {
            System.out.println("字母"+(char)(i+'A')+"出现"+counts[i]+"次");
          }
          else {
            System.out.println("字母"+(char)(i+'a')+"出现"+counts[i]+"次");
          }
        }
      }
  }
}
```

实训7

编写一个猜单词的游戏。程序读取存储在名为 hangman.txt 的文本文件中的单词。这些单词用空格隔开。提示用户一次猜一个字母。单词中的每个字母显示为一个*号。当用户猜测正确后，正确字母显示出来。当用户猜出一个单词后显示猜错的次数，并询问用户是否继续游戏，猜下一个单词。

参考代码：

```
importjava.util.Scanner;
import java.io.*;
public class Exercise7_7 {
  public static void main(String[] args) throws Exception {
    // 确定文件中的单词数
    Scanner fileInput = new Scanner(new File("hangman.txt"));
    int count = 0;
    while (fileInput.hasNext()) {
      fileInput.next();
      count++;
    }
```

```java
      fileInput.close();
      String[] words = new String[count];
      count = 0;
      // 从文件中读单词
      fileInput = new Scanner(new File("hangman.txt"));
      while (fileInput.hasNext()) {
        words[count++] = fileInput.next();
      }
      charanotherGame;
        Scanner input = new Scanner(System.in);
      do {
        int index = (int) (Math.random() * words.length);
        String hiddenWord = words[index];
        StringBuilderguessedWord = new StringBuilder();
        for (int i = 0; i <hiddenWord.length(); i++)
          guessedWord.append('*');
        intnumberOfCorrectLettersGuessed = 0, numberOfMisses = 0;
        while (numberOfCorrectLettersGuessed<hiddenWord.length()) {
          System.out.print("(Guess) Enter a letter in word "+guessedWord+">");
          String s = input.nextLine();
          char letter = s.charAt(0);
          if (guessedWord.indexOf(letter + "") >= 0) {
            System.out.println("\t" + letter + " 已经在单词里面了");
          }
          else if (hiddenWord.indexOf(letter) < 0) {
            System.out.println("\t" + letter + " 不在单词中");
            numberOfMisses++;
          }
          else {
            int k = hiddenWord.indexOf(letter);
            while (k >= 0) {
              guessedWord.setCharAt(k, letter);
              numberOfCorrectLettersGuessed++;
              k = hiddenWord.indexOf(letter, k + 1);
            }
          }
        }
        System.out.println("单词是 " + hiddenWord + ". 你猜错了 " + numberOfMisses + "次");
        System.out.print("继续猜下一个单词么？ Enter y or n> ");
        anotherGame = input.nextLine().charAt(0);
      }
      while (anotherGame == 'y');
    }
  }
```

第 8 章

Java FX 界面开发

知识目标

1. 了解 Java FX、Swing 和 AWT 的区别；
2. 掌握 Java FX 程序的基本结构；
3. 理解舞台、场景和节点之间的关系；
4. 掌握 Java FX 的布局管理；
5. 掌握 Font、Color、Image、ImageView 类的定义和使用；
6. 掌握 Text、Line、Circle、Rectangle、Ellipse、Arc 等类的定义和使用。

能力要求

1. 掌握 Java FX 程序的基本结构；
2. 掌握 Java FX 的布局管理。

Java FX 是一个新的平台图形用户界面（GUI）工具，用于在台式计算机、手持设备和 Web 上开发基于 Java 的富客户端应用程序。Java FX 是一个强大的图形和多媒体处理工具包集合，它允许开发者设计、创建、测试、调试和部署富客户端程序，并且和 Java 一样可以跨平台。Java FX 平台取代了 Swing 和 AWT，更容易学习和使用。它可与市场上其他框架（如 Adobe Flex 和微软的 Silverlight）相媲美。因此，它也被视为基于 Java GUI 开发技术 Swing 的继任者。从 Java 8 开始，JDK 包括了 Java FX 库。因此，要编写、运行 Java FX 应用程序，需要在系统中安装 Java 8 或更高版本。除此之外，集成开发环境 IDE（如 Eclipse 和 NetBeans）也为 Java FX 提供了支持。

8.1 Java FX 与 Swing 以及 AWT 的比较

Java 平台上，常用的开发 GUI 技术有 AWT、Swing 和 Java FX。在实际开发中，开发人员应该如何选择？这 3 种 GUI 技术各有什么优缺点？下面将对这 3 种技术进行比较。

当引入 Java 时，GUI 类使用一个称为抽象窗体工具包（AWT）的库。AWT 开发简单的图形用户界面尚可，但不适合开发综合的 GUI 项目。另外，AWT 容易被特定于平台的错误影响。之后 AWT 用户界面组件被一个更健壮、功能更齐全和更灵活的库所替代，即 Swing 组件。Swing 组件使用 Java 代码在画布上直接绘制。Swing 组件更少依赖目标平台，且使用更少的本地 GUI 资源。Swing 用于开发桌面 GUI 应用。Swing 原则上已经消亡，因为它不会再得到任何的增强。现在，它被一个全新的 GUI 平台 Java FX 所替代。Java FX 平台取代了 Swing 和 AWT，融入了现代 GUI 技术以方便开发富因特网应用（RIA）。富因特网应用是一种 Web 应用，可以表现一般桌面应用具有的特点和功能。Java FX 应用可以无缝地在桌面或者 Web 浏览器中运行。另外，Java FX 为支持触摸设备提供了多点触控支持，如平板电脑和智能手机。Java FX 内置的 2D、3D、动画支持，以及视频和音频的回放功能，可以作为一个应用独立运行或者在浏览器中运行。

8.2 Java FX 程序的基本结构

经过前面的学习，大家对 Java FX 有了一定的了解，下面通过一个简单的应用程序类——HelloFXApp，在窗口内显示一段文本消息，来了解 Java FX 程序的基本结构。

下面利用 Eclipse 工具编写一个简单的 Java FX 应用程序类——HelloFXApp，来演示一个 Java FX 程序的基本结构。在正式编写前，需要在 Eclipse 中安装 Java FX 的开发工具——e(fx)clipse。安装 e(fx)clipse 必须保证 Eclipse 支持 Java 8。

1. 安装开发工具 e(fx)clipse

①打开 Eclipse 工具，选择 Help→Install New Software 命令，弹出 Available Software（可用软件）窗口，如图 8-1 所示。

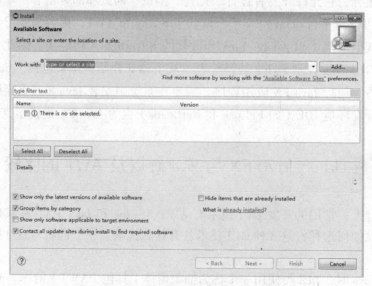

图 8-1　Available Software 可用软件窗口

②单击 Add 按钮。输入插件的名称为 e(fx)clipse。提供 http://download.eclipse.org/efxclipse/updates-released/2.3.0/site/链接。指定插件的名称和位置后，单击 OK（确定）按钮，如图 8-2 所示。

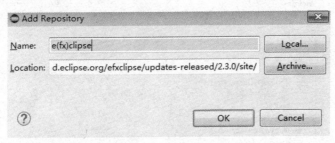

图 8-2　Add Repository 对话框

③添加插件后，发现两个复选框：e(fx)clipse - install 和 e(fx)clipse - single components，选中这两个复选框，如图 8-3 所示，单击 Next 按钮。直到插件安装完成。

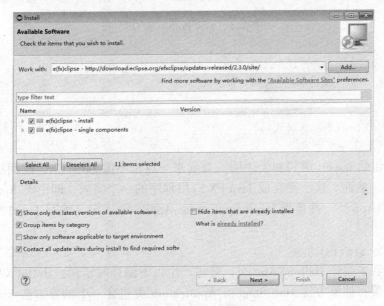

图 8-3　选择安装插件

④安装完成后，打开 Eclipse 工具，选择 File→Project 命令，弹出 New Project 窗口，可以在其中看到 Eclipse 提供的向导列表来创建项目。展开 JavaFX 向导，选择 Java FX Project，如图 8-4 所示，表明 e(fx)clipse 安装成功。

2. 编写简单的应用程序类 HelloFXApp

（1）创建 HelloFXApp 类

Java FX 应用程序的类必须继承 javafx.application.Application 类。将类命名为 HelloFXApp。如下代码显示了初始 HelloFXApp 类。注意：HelloFXApp 类不会进行编译，接下来对其进行修改。

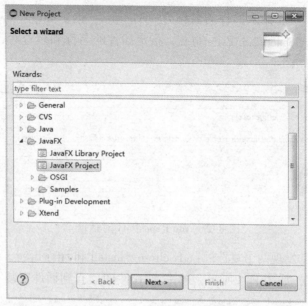

图 8-4 New Project 窗口

```
import javafx.application.Application;
import javafx.stage.Stage;

public class HelloFXApp extends Application {
    // Application 逻辑代码
}
```

该程序包括 import 语句和类声明。看起来一点也不像 Java FX，反而更像任何其他 Java 程序。然而，这已经完成 Java FX 应用程序的一个需求，即由类 Application 派生出 HelloFXApp 类。抽象类 javafx.application.Application 定义编写 Java FX 程序的基本框架。

（2）覆写 start()方法

如果试着去编译 HelloFXApp 类，它将产生以下编译时错误：HelloFXApp 不是抽象的，没有覆写抽象方法 start(Stage)。Application 类包含一个抽象方法 start(Stage)，HelloFXApp 类尚未覆写该方法。作为 Java 开发人员，下一步要将 HelloFXApp 类声明为抽象类或实现 start(Stage)方法。此处，实现 start(Stage)方法。start(Stage)方法在应用程序类中的声明如下：

```
public abstract void start(Stage stage) throws java.lang.Exception
```

增加 start() 方法的实现，代码如下所示：

```
import javafx.application.Application;
import javafx.stage.Stage;

public class HelloFXApp extends Application {
    @Override
```

第8章 JavaFX界面开发

```
    public void start(Stage stage) throws Exception{
        // 自动生成方法
    }
}
```

在修改后的代码中，主要完成了两件事：①引入了舞台类——javafx.stage.Stage；②实现了start()方法。start()方法是JavaFX应用程序的入口，称为JavaFX应用程序的启动器。start()方法传递了类Stage的一个实例作为参数，称为应用程序的初始舞台。在应用程序中可以根据需要创造更多的舞台。然而，初始舞台总是在JavaFX运行时创建的。每个JavaFX应用程序类必须继承Application类，并提供start(Stage)方法的实现。start()方法一般将UI组件放入一个场景Scene，并在舞台中显示该场景。

（3）展示舞台

类似于现实世界的舞台，一个JavaFX舞台用于显示一个场景。像所有基于GUI的应用程序，场景具有可与用户相互交互的文本、图形、图像、控制、动画和效果等。

JavaFX的初始舞台是一个场景容器。应用程序运行的环境不同，舞台的外观是不同的。应用程序启动器创建的初始舞台并不存在一个场景。下一节将在舞台中创建一个场景。程序中必须展示舞台看到的场景包含的视觉效果。使用show()方法来展示舞台。还可以使用setTitle()方法为舞台设置一个标题。HelloFXApp类修改后的代码如下所示：

```
import javafx.application.Application;
import javafx.stage.Stage;

public class HelloFXApp extends Application{
    @Override
    public void start(Stage stage) throws Exception {
        // 为舞台设置标题
        stage.setTitle("Hello JavaFX Application");
        // 展示舞台
        stage.show();
    }
}
```

（4）添加main()方法

通过Java命令启动时，启动器并不需要main()方法来启动JavaFX应用程序。如果想要运行的类继承Application类，Java命令启动JavaFX应用程序时会自动调用Application.launch()方法。然而，某些IDE仍然需要main()方法启动一个JavaFX应用程序。所以本章包含的程序都将包含main()方法。在main()方法内，调用Application.launch()方法运行应用程序。代码如下所示：

```
import javafx.application.Application;
import javafx.stage.Stage;

public class HelloFXApp extends Application{
    @Override
    public void start(Stage stage) throws Exception{
```

```
        // 为舞台设置标题
        stage.setTitle("Hello JavaFX Application");
        // 展示舞台
        stage.show();
    }

    public static void main(String[] args){
        Application.launch(args);
    }
}
```

(5) 添加场景

javafx.scene.Scene 类的一个实例代表一个场景。一个舞台包含一个场景,一个场景包含若干视觉内容。场景的内容分布在一个树状的层次结构中。层次结构的顶部是根节点。根节点包含若干个子节点,这些子节点也可能包含自己的子节点,必须有一个根节点来创建场景。舞台、场景和节点之间的关系如图 8-5 所示。

可以利用一个 VBox 作为根节点。VBox 代表垂直框,其子节点按列垂直排列,下面的语句创建一个 VBox:

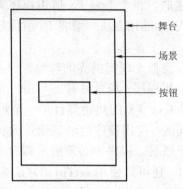

图 8-5　舞台、场景和节点之间的关系

```
// 创建一个 VBox 节点作为根节点
VBox root = new VBox();
```

由 javafx.scene.Parent 类派生出来的任何节点都可以作为场景的根节点来使用,如 VBox、HBox、Pane、FlowPane、GridPane 等节点。这些节点称为布局面板或容器。

有子节点的节点可通过 getChildren()方法获取一个包含其子节点的可观察列表对象 ObservableList。给节点添加一个子节点,只需要将子节点添加到 ObservableList 内即可。下面的代码片段在 VBox 内添加了一个文本节点:

```
// 创建一个 VBox 节点作为根节点
VBox root = new VBox();
// 创建一个 Text 节点
Text msg = new Text("Hello JavaFX");
// 将 Text 节点添加到 VBox 内作为其子节点
root.getChildren().add(msg);
```

Scene 类有几个构造函数,其中之一允许用户指定根节点和场景的尺寸大小。下面的语句创建了一个以 VBox 为根节点的场景,宽 300 px,高 50 px:

```
// 创建一个场景
Scene scene = new Scene(root,300,50);
```

需要调用 Stage 类的 setScene()方法，将场景设置到 Stage 对象内。

```
// 将场景设置到舞台上
stage.setScene(scene);
```

这样，第一个有场景的 Java FX 程序就完成了。

【例 8-1】 第一个有场景的 Java FX 程序。

```
import javafx.application.Application;
import javafx.scene.Scene;
import javafx.scene.layout.VBox;
import javafx.scene.text.Text;
import javafx.stage.Stage;
public class HelloFXApp extends Application{
  public static void main(String[] args){
    Application.launch(args);
  }

  @Override
  public void start(Stage stage){
    Text msg = new Text("Hello JavaFX");
    VBox root = new VBox();
    root.getChildren().add(msg);

    Scene scene = new Scene(root, 300, 50);
    stage.setScene(scene);
    stage.setTitle("Hello JavaFX Application with a Scene");
    stage.show();
  }
}
```

编译运行，程序的结果如图 8-6 所示。

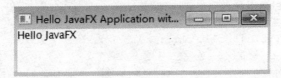

图 8-6　第一个 Java FX 程序

下面再重新看看这段代码的结构：

①Java FX 的主类继承自 javafx.application.Application 类。start()方法为 Java FX 程序的主入口。

②在 Java FX 中，使用 Stage 和 Scene 作为 UI 的容器。其中，Stage 类是 Java FX 中的顶层容器。而 Scene 类则是 Java FX 中所有内容的容器（UI 控件等），这些 UI 控件等内容都是直接添加到 Scene 中的。在例 8-1 中，创建了 Scene 让它以特定的大小

显示出来。

③在例 8-1 中，根节点为 VBox 是一个垂直框节点。这意味着根节点的子节点是垂直排列的。

④这个根节点包含一个子节点——Text 节点。在例 8-1 中，Text 显示了一段文本"Hello JavaFX"。根节点 VBox 的 getChildren()方法返回其所有的子节点列表——ObservableList 可观察列表对象。将节点 Text 添加到 VBox 节点下时，只需要调用 ObservableList 的 add()方法，将子节点添加到 ObservableList 内即可。

【例 8-2】 编写 Java FX 程序，目标在于了解 Java FX 程序的基本结构，程序使用 HBox 作为根节点，在窗口内显示"I am XXX，Welcome to Java FX，Good Luck!"。

```java
import javafx.application.Application;
import javafx.scene.Scene;
import javafx.scene.layout.HBox;
import javafx.scene.text.Text;
import javafx.stage.Stage;

public class HelloJavaFX extends Application{
    public static void main(String[] args){
        Application.launch(args);
    }

    @Override
    public void start(Stage stage){
        // 创建一个消息文本
        Text msg = new Text("I am XXX, Welcome to Java FX, Good Luck!");
        // 创建 HBox 对象作为根节点，将消息文本添加到 HBox 内
        HBox root = new HBox();
        root.getChildren().add(msg);

        // 创建场景对象，将根节点 root 添加到场景内
        Scene scene = new Scene(root, 300, 50);
        // 将场景对象设置到舞台上
        stage.setScene(scene);
        // 设置舞台标题
        stage.setTitle("Hello JavaFX");
        // 展示舞台
        stage.show();
    }
}
```

测试结果如图 8-7 所示。

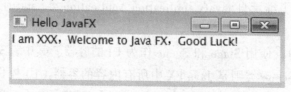

图 8-7 HBox 作为根节点程序运行结果

8.3 Java FX 基础

上一节通过一个简单的程序，学习了 Java FX 相关概念，如舞台、场景、节点、场景图等基础概念，下面学习 Font、Color、Image、ImageView、Text、Line、Circle、Rectangle、Ellipse 等类的使用。

1. 面板、UI 组件和形状

Java FX 应用程序具有至少一个舞台 Stage 和至少一个场景 Scene。至少需要在一个 Stage 中添加一个 Scene 元素。组成场景的各种元素会被添加到一个场景实例中。场景中的单独元素称为节点（Node）。例如，按钮组件就是一个节点。节点也可以由一组节点组成。

在窗口内放置一个节点时，通常会将节点放置到一个称为面板的容器内，从而自动地将节点布局在一个希望的位置和大小。将节点置于一个面板内，然后再将面板置于场景内。节点是可视化组件，比如形状、UI 组件、面板、音频、视频等。形状是指文字、直线、圆、椭圆、折线等，这些都是 Shape 的子类。UI 组件是指标签、按钮、复选框、单选按钮、文本域、文本区域等，这些都是 Control 的子类。Stage、Scene、Node、Control 以及 Pane 之间的关系如图 8-8 所示。

值得注意的是，Scene 可以包含 Control 或者 Pane，但是不能包含 Shape 和 ImageView。Pane 可以包含 Node 的任何子类型。Node 的每个子类都有一个无参的构造方法，创建一个默认的节点。例 8-2 给出了一个示例，将一个按钮放置于一个面板内，如图 8-9 所示。

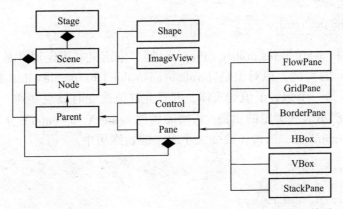

图 8-8 Stage、Scene、Node、Control 以及 Pane 之间的关系

【例 8-3】将一个按钮放置于一个面板内。

```
import javafx.application.Application;
import javafx.scene.Scene;
import javafx.scene.control.Button;
import javafx.scene.layout.StackPane;
import javafx.stage.Stage;

public class ButtonInPane extends Application {
```

```java
@Override
public void start(Stage stage) {
    // 创建一个面板，将按钮放置于面板内
    StackPane pane = new StackPane();
    pane.getChildren().add(new Button("OK"));
    // 将面板放置于场景内
    Scene scene = new Scene(pane, 200, 50);
    // 设置舞台标题
    stage.setTitle("Button in a pane");
    // 将场景设置到舞台上
    stage.setScene(scene);
    // 显示舞台
    stage.show();
}

//main()方法
public static void main(String[] args) {
    launch(args);
}
}
```

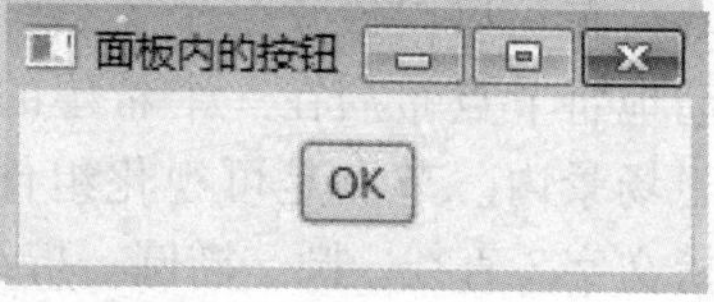

测试结果如图 8-9 所示。

图 8-9 面板内的按钮

2. 属性绑定

Java FX 引入了一个称为属性绑定的概念，可以将一个目标对象和一个源对象绑定。如果源对象中的值改变了，目标对象也将自动改变。目标对象称为绑定对象或者绑定属性，源对象称为可绑定对象或者可绑定属性。目标对象采用 bind()方法和源进行绑定，如下所示：

```
target.bind(source);
```

bind()方法在 javafx.beans.property.Property 接口中定义。绑定属性是 javafx.beans.property.Property 的实例。源对象是 javafx.beans.value.ObservableValue 接口的实例，ObservableValue 是一个包装了值的实体，并且允许值改变时被观察到。

【例 8-4】演示属性绑定的示例。将圆的属性 centerX 和 centerY 分别绑定到面板的 width/2 和 height/2 上，当窗体改变大小时，圆始终居中。

```java
import javafx.application.Application;
import javafx.scene.Scene;
import javafx.scene.layout.Pane;
import javafx.scene.paint.Color;
import javafx.scene.shape.Circle;
import javafx.stage.Stage;
public class ShowCircleCentered extends Application {
    // 覆写 start()方法
    @Override
    public void start(Stage stage) {
        // 创建面板包含圆对象
        Pane pane = new Pane();
        // 创建圆对象，设置其属性
        Circle circle = new Circle();
```

```
        // 属性centerX绑定到面板的width/2
        circle.centerXProperty().bind(pane.widthProperty().divide(2));
        // 属性centerY绑定到面板的height/2
        circle.centerYProperty().bind(pane.heightProperty().divide(2));
        circle.setRadius(50);
        circle.setStroke(Color.BLACK);
        circle.setFill(Color.WHITE);
        // 将圆加入到面板中
        pane.getChildren().add(circle);
        // 将面板放置于场景内
        Scene scene = new Scene(pane, 200, 200);
        // 设置舞台标题
        stage.setTitle("面板内的按钮");
        // 将场景设置到舞台上
        stage.setScene(scene);
        // 显示舞台
        stage.show();
    }
    // main()方法
    public static void main(String[] args) {
        launch(args);
    }
}
```

测试结果如图 8-10 所示。

3. 节点的通用属性和方法

抽象类 Node 定义了许多节点的通用属性和方法。下面仅介绍其中的两个属性：style 和 rotate。

Java FX 的 style 属性类似于在 Web 页面中指定 HTML 元素样式的层叠样式表（CSS），因此，Java FX 的样式属性称为 Java FX CSS。在 Java FX 中，样式属性使用前缀-fx-进行定义。每个节点都有其专用的样式属性。即使不属于 HTML 和 CSS，仍然可以使用 Java FX CSS。

设定样式的语法是 styleName:value。一个节点的多个样式属性可以一起设置，通过分号（;）进行分隔。例如：

图 8-10 绑定圆的 centerX 和 centerY 属性

```
circle.setStyle("-fx-stroke: black; -fx-fill: blue;");
```

设置了一个圆的两个样式属性。等价于：

```
circle.setStroke(Color.BLACK);
circle.setFill(Color.BLUE);
```

rotate 属性可以设定一个以度为单位的角度，让节点围绕其中心旋转该角度。如果角度为正，则顺时针旋转；否则逆时针旋转。如下代码，让一个按钮顺时针旋转 80°。

```
button.setRotate(80);
```

【例 8-5】 style 和 rotate 属性用法。

```java
import javafx.application.Application;
import javafx.scene.Scene;
import javafx.scene.control.Button;
import javafx.stage.Stage;
import javafx.scene.layout.StackPane;
public class NodeStyleRotateDemo extends Application {
    @Override
    public void start(Stage primaryStage) {
        // 创建面板包含按钮对象
        StackPane pane = new StackPane();
        Button btOK = new Button("OK");
        // 设置按钮的 style 属性
        btOK.setStyle("-fx-border-color: blue;");
        pane.getChildren().add(btOK);
        // 顺时针旋转 45°
        pane.setRotate(45);
        // 设置面板的 style 属性
        pane.setStyle("-fx-border-color: red; -fx-background-color: lightgray;");
        Scene scene = new Scene(pane, 200, 250);
        primaryStage.setTitle("Style 和 Rotate 属性");
        primaryStage.setScene(scene);
        primaryStage.show();
    }

    //main 方法
    public static void main(String[] args) {
        launch(args);
    }
}
```

测试结果如图 8-11 所示。

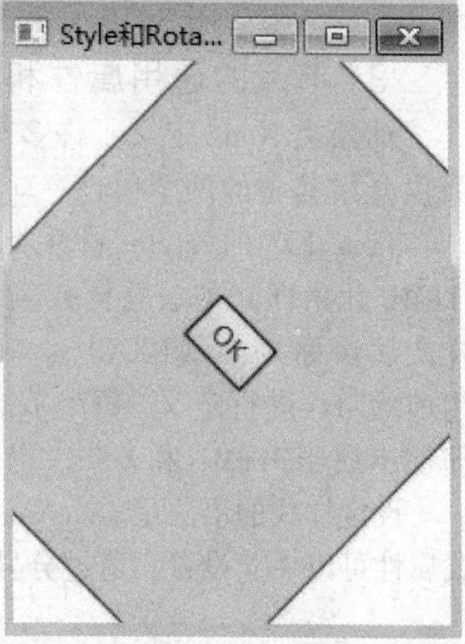

4. Color 和 Font 类

（1）Color 类

Java FX 定义了抽象类 Paint 用于绘制节点。javafx.scene.paint.Color 是 Paint 的具体子类，用于封装颜色信息。表 8-1 列出了 Color 类定义的属性及其描述。

图 8-11 节点的 style 和 rotate 属性

表 8-1 Color 类定义的属性及其描述

属性及其数据类型	描述
-red: double	该 Color 对象的红色值（0.0～1.0 之间）
-green: double	该 Color 对象的绿色值（0.0～1.0 之间）
-blue: double	该 Color 对象的蓝色值（0.0～1.0 之间）
-opacity: double	该 Color 对象的透明度（0.0～1.0 之间）

表 8-2 列出了 Java FX API 提供的 Color 类的构造方法和常用方法及其描述。该表中第 1 行为构造方法，第 4 行～第 7 行为静态方法。

表 8-2　Color 类的构造方法和常用方法及其描述

构造方法和常用方法	描　　述
+Color(double red, double green, double blue, double opacity)	使用给定的红色、绿色、蓝色值和透明度创建一个 Color 对象
+Color brighter()	创建一个比该 Color 对象更亮的 Color 对象
+Color darker()	创建一个比该 Color 对象更暗的 Color 对象
+Color color(double red, double green, double blue)	使用给定的红色、绿色、蓝色值创建一个不透明的 Color 对象
+Color color(double red, double green, double blue, double opacity)	使用给定的红色、绿色、蓝色值和透明度创建一个 Color 对象
+Color rgb(int red, int green, int blue)	使用给定的红色、绿色、蓝色值创建一个 Color 对象，这些值的取值范围为 0～255
+Color rgb(int red, int green, int blue, double opacity)	使用给定范围为 0～255 的红色、绿色、蓝色值，以及一个给定的透明度创建一个 Color 对象

可以通过构造方法使用给定的红色、绿色、蓝色值和透明度创建一个 Color 对象：

```
public Color(double red, double green, double blue, double opacity)
```

Color 类是不可修改的，当一个 Color 对象创建后，其属性是不可修改的。brighter()方法返回一个具有更大红色、绿色、蓝色值的 Color 对象，而 darker()方法返回一个具有更小红色、绿色、蓝色值的 Color 对象，opacity 值与原来的 Color 对象相同。

还可以采用表 8-2 第 4 行～第 7 行所列的静态方法创建 Color 对象。还可以采用 Color 类定义的标准颜色来填充，如下代码所示：

```
circle.setFill(Color.WHITE);
```

（2）Font 类

可以在渲染文字的时候利用类 javafx.scene.text.Font 设置字体，Font 类用于创建字体。表 8-3 列出了 Font 类定义的属性及其描述。

表 8-3　Font 类定义的属性及其描述

属性及其数据类型	描　　述
-size: double	该字体的大小
-name: String	该字体的名字
-family: String	该字体属于的字体集

表 8-4 列出了 Java FX API 提供的 Font 类的构造方法和常用方法及其描述。表中第 1 行和第 2 行为构造方法，第 3 行～第 5 行为静态方法。

表 8-4 Font 类的构造方法和常用方法及其描述

构造方法和常用方法	描 述
+Font(double size)	使用给定的字体大小创建一个 Font 对象
+Font(String name, double size)	使用给定的名称和字体大小创建一个 Font 对象
+font(String name, double size)	使用给定的名称和字体大小创建一个 Font 对象
+font(String name, FontWeight w, double size)	使用给定的字体名称、粗细、大小创建一个 Font 对象
+font(String name, FontWeight w, FontPosture p, double size)	使用给定的字体名称、粗细、字形及大小创建一个 Font 对象
+List<String> getFamilies()	返回一个字体集名字的列表
+List<String> getFontNames()	返回一个字体完整名称的列表,包括字体集和粗细

Font 类也是不可修改的,当一个 Font 对象创建后,其属性是不可修改的。

【例 8-6】 Color 类和 Font 类的使用。

```java
import javafx.application.Application;
import javafx.scene.Scene;
import javafx.scene.layout.Pane;
import javafx.scene.layout.StackPane;
import javafx.scene.paint.Color;
import javafx.scene.text.Font;
import javafx.scene.text.FontPosture;
import javafx.scene.text.FontWeight;
import javafx.scene.text.Text;
import javafx.stage.Stage;
public class FontDemo extends Application {
    @Override
    public void start(Stage stage) {
        // 创建一个面板
        Pane pane = new StackPane();
        // 创建一个文本,设置其属性,并添加到面板里
        Text text = new Text("Java FX字体和颜色类");
        text.setFill(new Color(0.5, 0.5, 0.5, 1.0));
        pane.getChildren().add(text);
        // 设置文本的字体
        text.setFont(Font.font("Times New Roman", FontWeight.BOLD, FontPosture.ITALIC, 20));
        // 将面板放置于场景内
        Scene scene = new Scene(pane, 200, 200);
        // 设置舞台标题
        stage.setTitle("字体和颜色类");
        // 将场景设置到舞台上
        stage.setScene(scene);
```

```
        // 显示舞台
        stage.show();
    }

    public static void main(String[] args) {
        launch(args);
    }
}
```

测试结果如图 8-12 所示。

5. Image 和 ImageView 类

图 8-12　字体和颜色类

类 javafx.scene.image.Image 表示一个图像,从一个特定的文件名或者一个 URL 载入一个图像。例如 new Image("img/us.gif")为位于 Java 类路径的 img 目录下的 us.gif 图像文件创建一个 Image 对象; new Image("http://c. csdnimg.cn/public/favicon.ico")为 Web 上相应 URL 中的图像文件创建一个 Image 对象。表 8-5 列出了 Image 类的属性和构造方法及其描述。

表 8-5　Image 类的属性和构造方法及其描述

属性及构造方法	描述
-error: ReadOnlyBooleanProperty	显示图像是否正确载入
-height: ReadOnlyDoubleProperty	图像的高度
-width: ReadOnlyDoubleProperty	图像的宽度
-progress: ReadOnlyDoubleProperty	已经完成图像载入的大致百分比
+Image(String fileNameOrURL)	创建一个内容来自一个文件或者 URL 的 Image

类 javafx.scene.image.ImageView 是一个用于显示图像的节点。表 8-6 列出了 ImageView 类的属性和构造方法及其描述。

表 8-6　ImageView 类的属性和构造方法及其描述

属性及构造方法	描述
-fitHeight: DoubleProperty	图像改变大小从而适合边界框的高度
-fitWidth: DoubleProperty	图像改变大小从而适合边界框的宽度
-x: DoubleProperty	ImageView 原点的 x 坐标
-y: DoubleProperty	ImageView 原点的 y 坐标
-image: ObjectProperty<Image>	图像视图中显示的图像
+ImageView()	创建一个 ImageView
+ImageView(Image image)	使用给定的图像创建一个 ImageView
+ImageView(String fileNameOrURL)	使用从给定文件和 URL 载入的图像创建一个 ImageView

ImageView 可从一个 Image 对象产生,如从一个图像文件创建一个 ImageView。

```
Image image = new Image("img/us.gif");
ImageView imageView = new ImageView(image);
```

也可以直接从一个文件或者一个 URL 创建 ImageView，如下所示：

```
ImageView imageView = new ImageView("img/us.gif");
```

【例 8-7】 演示 Image 和 ImageView 的用法。程序使用 HBox 布局管理，利用特定的文件名创建了一个 Image 对象。利用该 Image 对象创建 3 个 ImageView 对象，分别添加到 HBox 面板中，其中，设置第 2 个 ImageView 对象的 fitHeight 和 fitWidth 属性分别为 100 和 100，设置第 3 个 ImageView 的 rotate 属性为顺时针旋转 180°。

```java
import javafx.application.Application;
import javafx.scene.Scene;
import javafx.scene.layout.HBox;
import javafx.scene.layout.Pane;
import javafx.geometry.Insets;
import javafx.stage.Stage;
import javafx.scene.image.Image;
import javafx.scene.image.ImageView;
public class ShowImage extends Application {
    @Override
    public void start(Stage stage) {
        // 创建面板容纳 image 对象
        Pane pane = new HBox(10);
        pane.setPadding(new Insets(5, 5, 5, 5));
        // 创建 Image 对象
        Image image = new Image("panda.jpg");
        // 将 ImageView 对象添加到面板中
        pane.getChildren().add(new ImageView(image));
        ImageView imageView2 = new ImageView(image);
        imageView2.setFitHeight(100);
        imageView2.setFitWidth(100);
        pane.getChildren().add(imageView2);
        ImageView imageView3 = new ImageView(image);
        // 顺时针旋转 180°
        imageView3.setRotate(180);
        pane.getChildren().add(imageView3);
        // 将面板放置于场景内
        Scene scene = new Scene(pane);
        // 设置舞台标题
        stage.setTitle("显示图像");
        // 将场景设置到舞台上
        stage.setScene(scene);
        // 显示舞台
        stage.show();
    }

    public static void main(String[] args) {
        launch(args);
    }
}
```

测试结果如图 8-13 所示。

图 8-13　显示图像

6. 布局面板

Java FX 提供了几个布局面板，用于在一个容器中组织节点，自动地将节点布局在场景中想要的位置和大小，这些布局面板继承自 javafx.scene.layout.Region 类。如表 8-7 所示列出了 7 个布局面板及其描述。

表 8-7　Java FX 的布局面板及其描述

布局面板	描　　述
Pane	布局面本的基类，由 getChildren()方法返回面板中的节点列表
StackPane	节点放置在面板中央，并且叠加在其他节点之上
FlowPane	节点以水平方式一行一行放置，或者以垂直方式一列一列放置
GridPane	节点放置在一个二维网格的单元格中
BorderPane	将节点放置在顶部、右边、底部、左边以及中间区域
HBox	节点放在单行中
VBox	节点放在单列中

每个面板包含一个列表用于容纳面板中的节点，这个列表是 ObservableList 的实例。可以通过面板的 getChildren()方法得到。可以使用 add(node)方法将一个元素添加到列表中，也可以使用 addAll(node1,node2,…)方法添加一系列节点到面板中。可以使用 remove(node)方法将一个元素从列表中移除，也可以使用 removeAll(node1,node2,…)方法从面板中移除一系列节点。

表 8-7 中列出了 7 个布局面板，下面仅对其中的 5 个展开详细介绍。

（1）FlowPane

类 javafx.scene.layout.FlowPane 表示一个 FlowPane 布局面板，该布局面板中包含的节点会连续地平铺放置，并且会在边界处自动换行（或者列）。这些节点可以在垂直方向（按列）或水平方向（按行）上平铺。垂直的 FlowPane 会在高度边界处自动换列，水平的 FlowPane 会在宽度边界处自动换行。可以通过 Orientation.HORIZONAL 或 Orientation.VERTICAL 常数确定节点是水平还是垂直排列。设置间隙属性（gap）用于管理行和列之间的距离（单位：像素）。设置内边距属性（padding）用于管理节点元素和 FlowPane 边缘之间的距离（单位：像素）。表 8-8 列出了类 FlowPane 的属性构造方法及其描述。

表 8-8 类 FlowPane 的属性和构造方法及其描述

属性和构造方法	描述
-hgap: DoubleProperty	节点之间的水平距离（默认为 0，单位：像素）
-vgap: DoubleProperty	节点之间的垂直距离（默认为 0，单位：像素）
-orientation: ObjectProperty<Orientation>	面板的方向（默认：Orientation.HORIZONTAL）
-alignment: ObjectProperty<Pos>	面板内容的整体对齐方式（默认：Pos.LEFT）
+FlowPane()	创建一个默认的 FlowPane
+FlowPane(Orientation orientation)	使用给定的水平和垂直距离创建一个 FlowPane
+FlowPane(double hgap, double vgap)	使用给定的方向创建一个 FlowPane
+FlowPane(Orientation orientation, double hgap, double vgap)	使用给定的方向、水平和垂直距离创建一个 FlowPane

类 FlowPane 的属性 hgap、vgap、orientation 和 alignment 都是绑定属性。Java FX 中的每个绑定属性都有一个 get 方法获取其值，一个 set 方法设置其值，以及一个获取属性本身的方法（如 hgapProperty()）。对于一个 ObjectProperty<T>类型的属性，值的获取方法返回一个 T 类型的值，属性获取方法返回一个 ObjectProperty<T>类型的属性值。

【例 8-8】创建一个 FlowPane 面板，在其中添加 6 个节点：Label 对象、TextField 对象、Label 对象、TextField 对象、Label 对象、TextField 对象。这 6 个节点会连续地平铺放置，并且会在边界处自动换行（面板的方向默认为 Orientation.HORIZONTAL）。

```java
import javafx.application.Application;
import javafx.geometry.Insets;
import javafx.scene.Scene;
import javafx.scene.control.Label;
import javafx.scene.control.TextField;
import javafx.scene.layout.FlowPane;
import javafx.stage.Stage;
public class ShowFlowPane extends Application {
  @Override
  public void start(Stage stage) {
    // 创建一个默认的 FlowPane 对象，并设置其属性
    FlowPane pane = new FlowPane();
    pane.setPadding(new Insets(11, 12, 13, 14));
    pane.setHgap(5);
    pane.setVgap(5);
    // 在面板内放置节点
    pane.getChildren().addAll(new Label("名称:"),new TextField(),new Label("电话:"));
    TextField phoneTf = new TextField();
    phoneTf.setPrefColumnCount(1);
    pane.getChildren().addAll(phoneTf,new Label("地址:"),new TextField());
    // 创建一个场景，并将面板 pane 放置到场景中
    Scene scene = new Scene(pane, 250, 100);
    // 设置舞台标题
    stage.setTitle("FlowPane 使用");
```

```
        // 将场景放置到舞台上
        stage.setScene(scene);
        // 显示舞台
        stage.show();
    }

    public static void main(String[] args) {
        launch(args);
    }
}
```

测试结果如图 8-14 所示。

（2）GridPane

类 javafx.scene.layout.GridPane 表示一个 GridPane 布局面板，该面板可以创建灵活的基于行和列的网格来放置节点。节点可以被放置到任意一个单元格中，也可以根据需要设置一个节点跨越多个单元格（行或者列）。GridPane 对于创建表单或者其他以行和列来组织的界面来说是非常有用的。表 8-9 列出了类 GridPane 常用的属性和构造方法及其描述。

图 8-14　面板 FlowPane 的使用

表 8-9　类 GridPane 的属性和构造方法及其描述

属性和构造方法	描述
-hgap: DoubleProperty	节点之间的水平距离（默认值为 0）
-vgap: DoubleProperty	节点之间的垂直距离（默认值为 0）
-gridLinesVisibl: BooleanProperty	网格线是否可见（默认值为 false）
-alignment: ObjectProperty<Pos>	面板内容的整体对齐方式（默认值为 Pos.LEFT）
+GridPane()	创建一个默认的 GridPane
+void add(Node child, int columnIndex, int rowIndex)	添加节点到指定的行和列
+void addRow(int rowIndex, Node... children)	添加多个节点到指定的行
+void addColumn(int columnIndex, Node... children)	添加多个节点到指定的列
+Integer getColumnIndex(Node child)	对于给定的节点，返回其列号
+void setColumnIndex(Node child, Integer value)	将一个节点设置到新的列，重新定位节点
+Integer getRowIndex(Node child)	对于给定的节点，返回其行号
+void setRowIndex(Node child)	将一个节点设置到新的行，重新定位节点
+void setHalignment(Node child, HPos value)	为单元格中的子节点设置水平对齐
+void setValignment(Node child, VPos value)	为单元格中的子节点设置垂直对齐

【例 8-9】　创建一个 GridPane 面板，在其中添加 6 个节点：Label 对象、TextField 对象、Label 对象、TextField 对象、Label 对象、TextField 对象。利用方法 add(Node child, int columnIndex, int rowIndex)将这 6 个节点分别放到第 0 行第 0 列、第 0 行第 1 列、第 1 行第 0 列、第 1 行第 1 列、第 2 行第 0 列、第 2 行第 1 列，最后将一个按钮对象

添加到第 3 行第 0 列。调用静态方法 setHalignment(btAdd, HPos.RIGHT)设置按钮在单元格中右对齐。

```java
import javafx.application.Application;
import javafx.geometry.HPos;
import javafx.geometry.Insets;
import javafx.geometry.Pos;
import javafx.scene.Scene;
import javafx.scene.control.Button;
import javafx.scene.control.Label;
import javafx.scene.control.TextField;
import javafx.scene.layout.GridPane;
import javafx.stage.Stage;
public class ShowGridPane extends Application {
  @Override
  public void start(Stage stage) {
    // 创建一个 GridPane 对象，并设置其属性
    GridPane pane=new GridPane();
    pane.setAlignment(Pos.CENTER);
    pane.setPadding(new Insets(11.5, 12.5, 13.5, 14.5));
    pane.setHgap(5.5);
    pane.setVgap(5.5);
    // 将节点放置到面板内部
    pane.add(new Label("名称:"), 0, 0);
    pane.add(new TextField(), 1, 0);
    pane.add(new Label("电话:"), 0, 1);
    pane.add(new TextField(), 1, 1);
    pane.add(new Label("地址:"), 0, 2);
    pane.add(new TextField(), 1, 2);
    Button btAdd=new Button("添加");
    pane.add(btAdd, 1, 3);
    GridPane.setHalignment(btAdd, HPos.RIGHT);
    // 创建一个场景，并将面板 pane 放置到场景中
    Scene scene=new Scene(pane, 200, 150);
    // 设置舞台标题
    stage.setTitle("GridPane 使用");
    // 将场景放置到舞台上
    stage.setScene(scene);
    // 显示舞台
    stage.show();
  }

  public static void main(String[] args) {
    launch(args);
  }
}
```

测试结果如图 8-15 所示。

图 8-15 面板 GridPane 的使用

（3）BorderPane

类 javafx.scene.layout.BorderPane 表示一个 BorderPane 布局面板，该布局面板被划分为 5 个区域来放置界面元素：顶部、底部、左边、右边、中间，如图 8-16 所示。每个区域的大小没有限制。在使用 BorderPane 时，如果不需要某个区域，只要不为该区域设置内容，该区域则不会被分配显示空间，自然也就不会显示。使用类 BorderPane 的方法 setCenter(Node node)、setTop(Node node)、setRight(Node node)、setBottom(Node node) 和 setLeft(Node node) 将节点设置到对应的区域内。表 8-10 列出了类 BorderPane 的属性和构造方法及其描述。

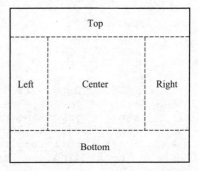

图 8-16 BorderPane 的布局示意图

表 8-10 类 BorderPane 的属性和构造方法及其描述

属性和方法	描述
-top: ObjectProperty<Node>	放置在顶部区域的节点（默认值为 null）
-right: ObjectProperty<Node>	放置在右边区域的节点（默认值为 null）
-bottom: ObjectProperty<Node>	放置在底部区域的节点（默认值为 null）
-left: ObjectProperty<Node>	放置在左边区域的节点（默认值为 null）
-center: ObjectProperty<Node>	放置在中间区域的节点（默认值为 null）
+BorderPane()	创建一个 BorderPane 对象
+void setAlignment(Node child, Pos value)	设置 BorderPane 中的节点对齐

【例 8-10】 创建一个窗口，利用 BorderPane 进行布局管理，在其 5 个区域中添加一个包含按钮的自定义面板对象，按钮的名称分别为 "Top" "Right" "Bottom" "Left" "Center"。

```
import javafx.application.Application;
import javafx.geometry.Insets;
import javafx.scene.Scene;
import javafx.scene.control.Button;
import javafx.scene.layout.BorderPane;
import javafx.scene.layout.StackPane;
import javafx.stage.Stage;
public class ShowBorderPane extends Application {
  @Override
  public void start(Stage stage) {
    // 创建一个默认的 BorderPane 对象
    BorderPane pane = new BorderPane();
    // 在面板内添加节点
    pane.setTop(new CustomPane("Top"));
    pane.setRight(new CustomPane("Right"));
    pane.setBottom(new CustomPane("Bottom"));
    pane.setLeft(new CustomPane("Left"));
    pane.setCenter(new CustomPane("Center"));
    // 创建一个场景，并将面板 pane 放置到场景中
    Scene scene = new Scene(pane);
    // 设置舞台标题
    stage.setTitle("BorderPane 使用");
```

```
        // 将场景放置到舞台上
        stage.setScene(scene);
        // 显示舞台
        stage.show();
    }
    //main 方法
    public static void main(String[] args) {
        launch(args);
    }

// 自定义一个面板,面板包含一个按钮
class CustomPane extends StackPane {
    public CustomPane(String title) {
        getChildren().add(new Button(title));
        setStyle("-fx-border-color: red");
        setPadding(new Insets(11.5, 12.5, 13.5, 14.5));
    }
}
```

测试结果如图 8-17 所示。

（4）HBox 和 VBox

HBox 将其子节点布局在单个水平行中。VBox 将其子节点布局在单个垂直行中。前面介绍了 FlowPane 可以将子节点布局在多行多列中，但是一个 HBox 或 VBox 只能将子节点布局在一行或一列中。表 8-11 和表 8-12 分别列出了类 javafx.scene.layout.HBox 和 javafx.scene.layout.VBox 的常用属性和方法及其描述。

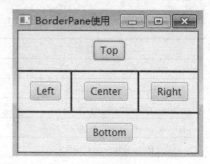

图 8-17　以 BorderPane 布局管理的窗口

表 8-11　HBox 类的常用属性和方法及其描述

属性和方法	描述
-alignment: ObjectProperty<Pos>	方框内子节点的整体对齐方式（默认值为 Pos.TOP_LEFT）
-fillHeight: BooleanProperty	可改变大小的子节点是否自适应方框的高度（默认值为 true）
-spacing: DoubleProperty	两个节点之间的水平距离（默认值为 0）
+HBox()	创建一个默认的 HBox
+HBox(double spacing)	使用节点间指定的水平间隔创建一个 HBox
+void setMargin(Node node, Insets value)	设置面板中节点的外边框

表 8-12　VBox 类的常用属性和方法及其描述

属性和方法	描述
-alignment: ObjectProperty<Pos>	方框内子节点的整体对齐方式（默认值为 Pos.TOP_LEFT）
-fillHeight: BooleanProperty	可改变大小的子节点是否自适应方框的高度（默认值为 true）
-spacing: DoubleProperty	两个节点之间的水平距离（默认值为 0）
+VBox()	创建一个默认的 VBox
+VBox(double spacing)	使用节点间指定的水平间隔创建一个 VBox
+void setMargin(Node node, Insets value)	设置面板中节点的外边框

【例 8-11】 创建一个窗口，整体利用 BorderPane 进行布局管理，其顶部区域以 HBox 布局管理，添加 5 个按钮，其左边区域以 VBox 布局管理，也添加 5 个按钮。

```java
import javafx.application.Application;
import javafx.geometry.Insets;
import javafx.scene.Scene;
import javafx.scene.control.Button;
import javafx.scene.layout.BorderPane;
import javafx.scene.layout.HBox;
import javafx.scene.layout.VBox;
import javafx.stage.Stage;
public class ShowHBoxVBox extends Application {
    @Override
    public void start(Stage stage) {
        // 创建 BorderPane 对象
        BorderPane pane = new BorderPane();
        // 将节点放置到 BorderPane 内
        pane.setTop(getHBox());
        pane.setLeft(getVBox());
        // 创建一个场景，并将面板 pane 放置到场景中
        Scene scene = new Scene(pane);
        // 设置舞台标题
        stage.setTitle("HBox 和 VBox 使用");
        // 将场景放置到舞台上
        stage.setScene(scene);
        // 显示舞台
        stage.show();
    }

    private HBox getHBox() {
        // 创建 HBox 对象
        HBox hBox = new HBox(15);
        // 设置 padding 属性
        hBox.setPadding(new Insets(15, 15, 15, 15));
        // 设置 style 属性
        hBox.setStyle("-fx-background-color: gold");
        // 添加子节点
        hBox.getChildren().add(new Button("Spring"));
        hBox.getChildren().add(new Button("Summer"));
        hBox.getChildren().add(new Button("Autumn"));
        hBox.getChildren().add(new Button("Winter"));
        return hBox;
    }

    private VBox getVBox() {
        // 创建 vBox 对象
        VBox vBox = new VBox(15);
        // 设置 padding 属性
        vBox.setPadding(new Insets(15, 5, 5, 5));
        // 添加子节点
        vBox.getChildren().add(new Button("Spring"));
        vBox.getChildren().add(new Button("Summer"));
        vBox.getChildren().add(new Button("Autumn"));
        vBox.getChildren().add(new Button("Winter"));
        return vBox;
    }
```

```
    public static void main(String[] args) {
        launch(args);
    }
}
```

测试结果如图 8-18 所示。

7. 形状

Java FX 提供了多种形状类，用于绘制文本、直线、圆、矩形、椭圆、弧、多边形及折线。Shape 类是抽象基类，定义了所有形状的共同属性。这些属性包括 fill、stroke、strokeWidth。fill 属性指定一个填充形状内部区域的颜色。stroke 属性指定用于绘制形状边缘的颜色。strokeWidth 属性指定形状边缘的宽度。下面将依次介绍绘制文本和简单形状的 Text、Line、Rectangle、Circle、Ellipse、Arc 类。多边形 Polygon 类和折线 PolyLine 类不介绍了。这些类都是 Shape 的子类，如图 8-19 所示。

图 8-18 以 HBox 和 VBox 为布局管理的窗口

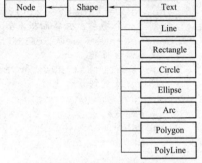

图 8-19 Shape 及其子类的层次关系

（1）Text

类 javafx.scene.text.Text 定义了一个节点，在起始点(x, y)处显示一个字符串。Text 对象通常放置在面板内。面板左上角坐标为(0,0)，右下角坐标为(pane.getWidth()，pane.getHeight())。字符串可以通过字符\n 显示在多行。Text 类的属性和构造方法及其描述如表 8-13 所示。

表 8-13 Text 类的属性和方法及其描述

属性和方法	描述
-text: StringProperty	显示的文本
-x: DoubleProperty	文本的 x 坐标（默认值为 0）
-y: DoubleProperty	文本的 y 坐标（默认值为 0）
-underline: BooleanProperty	文本下面是否有下画线（默认值为 false）
-strikethrough: BooleanProperty	文本中间是否有删除线（默认值为 false）
-font:ObjectProperty<Font>	文本的字体
+Text()	创建一个空的 Text
+Text(String text)	利用给定的文本创建一个 Text
+Text(double x, double y, String text)	利用给定的 x 坐标、y 坐标、文本创建一个 Text

【例 8-12】 在面板内利用给定的 *x* 坐标、*y* 坐标、文本创建 3 个 Text 对象,第 1 个 Text 对象,利用 setFont()方法设置字体为 "Courier"、黑体,字号为 15;第 2 个文本调用 setFill()方法设置文本颜色为红色,调用 setUnderline()方法添加下画线;第 3 个文本调用 setStrikethrough()方法添加删除线。

```java
import javafx.application.Application;
import javafx.scene.Scene;
import javafx.scene.layout.Pane;
import javafx.scene.paint.Color;
import javafx.geometry.Insets;
import javafx.stage.Stage;
import javafx.scene.text.Text;
import javafx.scene.text.Font;
import javafx.scene.text.FontWeight;
import javafx.scene.text.FontPosture;
public class ShowText extends Application {
    @Override
    public void start(Stage stage) {
        // 创建面板放置文本对象
        Pane pane = new Pane();
        pane.setPadding(new Insets(5, 5, 5, 5));
        // 创建 Text 对象
        Text text1 = new Text(20, 20, "Text 类的使用示例");
        // 设置文本的字体
        text1.setFont(Font.font("Courier", FontWeight.BOLD, FontPosture. ITALIC, 15));
        pane.getChildren().add(text1);
        // 创建文本对象
        Text text2 = new Text(60, 60, "Text 类的使用示例");
        // 设置文本颜色
        text2.setFill(Color.RED);
        // 添加下画线
        text2.setUnderline(true);
        pane.getChildren().add(text2);
        // 创建文本对象
        Text text3 = new Text(10, 100, "Text 类的使用示例");
        // 添加下画线
        text3.setStrikethrough(true);
        pane.getChildren().add(text3);
        // 创建一个场景,并将面板 pane 放置到场景中
        Scene scene = new Scene(pane, 200, 150);
        // 设置舞台标题
        stage.setTitle("Text 使用");
        // 将场景放置到舞台上
        stage.setScene(scene);
        // 显示舞台
        stage.show();
    }
    public static void main(String[] args) {
        launch(args);
    }
}
```

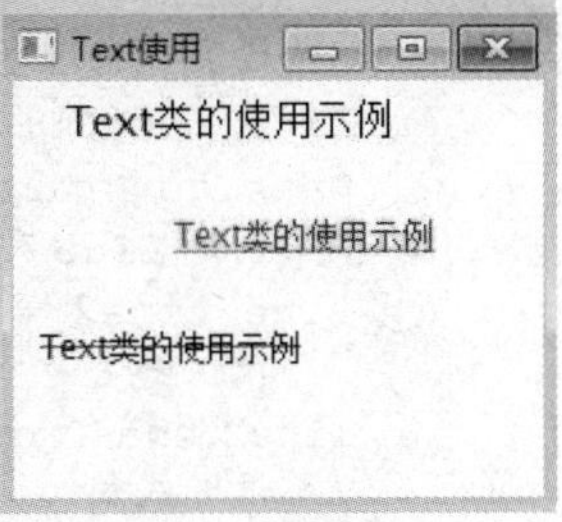

图 8-20 Text 类的使用

测试结果如图 8-20 所示。

（2）Line

两点可以确定一条直线，所以一条直线可以通过 4 个参数（两个点的 x、y 坐标）来确定。类 javafx.scene.shape.Line 表示一条线段，表 8-14 列出了 Line 类的常用属性和方法及其描述。

表 8-14　类 Line 的常用属性和方法及其描述

属性和方法	描述
-startX: DoubleProperty	起点的 x 坐标（默认值为 0）
-startY: DoubleProperty	起点的 y 坐标（默认值为 0）
-endX: DoubleProperty	终点的 x 坐标（默认值为 0）
-endY: DoubleProperty	终点的 y 坐标（默认值为 0）
+Line()	创建一个空的 Line
+Line(double startX, double startY, double endX, double endY)	利用给定的起点和终点创建一个 Line

【例 8-13】　编写程序，在面板内利用给定的起点和终点创建两个 Line 对象，利用 setStrokeWidth() 方法设置其线宽，利用 setStroke() 方法设置线条颜色，将线条 1 的 endY 属性绑定到面板的宽度，将线条 2 的 endX 属性绑定到面板的宽度。当面板大小发生变化时，两个线条的终点随着发生变化。

```java
import javafx.application.Application;
import javafx.scene.Scene;
import javafx.scene.layout.Pane;
import javafx.scene.paint.Color;
import javafx.stage.Stage;
import javafx.scene.shape.Line;
public class LineDemo extends Application {
    @Override
    public void start(Stage stage) {
        // 创建 Pane 面板对象
        Pane pane = new Pane();
        // 创建 Line 对象
        Line line1 = new Line(10, 10, 10, 10);
        // 属性绑定
        line1.endYProperty().bind(pane.widthProperty().subtract(10));
        // 设置线宽
        line1.setStrokeWidth(5);
        // 设置线条颜色
        line1.setStroke(Color.RED);
        pane.getChildren().add(line1);
        // 创建 Line 对象
        Line line2 = new Line(10, 10, 10, 10);
        // 属性绑定
        line2.endXProperty().bind(pane.heightProperty().subtract(10));
        // 设置线宽
        line2.setStrokeWidth(5);
        // 设置线条颜色
```

```
            line2.setStroke(Color.RED);
            pane.getChildren().add(line2);
            // 创建一个场景,并将面板 pane 放置到场景中
            Scene scene = new Scene(pane, 200, 200);
            // 设置舞台标题
            stage.setTitle("Line 示例");
            // 将场景放置到舞台上
            stage.setScene(scene);
            // 显示舞台
            stage.show();
        }

        public static void main(String[] args) {
            launch(args);
        }
    }
```

测试结果如图 8-21 所示。

(3) Rectangle

类 javafx.scene.shape.Rectangle 表示一个矩形。一个矩形可以通过参数 *x*、*y*、width、height、arcWidth 和 arcHeight 来定义。其中,*x* 和 *y* 表示矩形左上角点的坐标,width 和 height 分别表示矩形的宽度和高度,arcWidth 和 arcHeight 分别表示矩形圆角处弧的水平直径和垂直直径,如图 8-22 所示。Rectangle 类的常用属性和构造方法及其描述如表 8-15 所示。

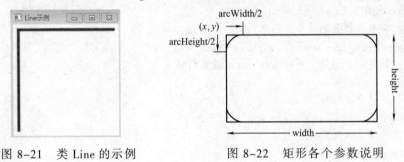

图 8-21 类 Line 的示例　　图 8-22 矩形各个参数说明

表 8-15 Rectangle 类的常用属性和构造方法及其描述

属性和方法	描述
-x: DoubleProperty	矩形左上角的 *x* 坐标(默认值为 0)
-y: DoubleProperty	矩形左上角的 *y* 坐标(默认值为 0)
-width: DoubleProperty	矩形的宽度(默认值为 0)
-height: DoubleProperty	矩形的高度(默认值为 0)
-arcWidth: DoubleProperty	矩形圆角处弧的水平直径(默认值为 0)
-arcHeight: DoubleProperty	矩形圆角处弧的垂直直径(默认值为 0)
+Rectangle()	创建一个空的 Rectangle
+Rectangle(double width, double height)	利用给定的宽度和高度创建一个 Rectangle
+Rectangle(double x, double y, double width, double height)	利用给定左上角坐标、宽度和高度创建一个 Rectangle

【例 8-14】 在面板内创建一个填充黄色的圆角矩形对象,利用 setStrokeWidth()

方法设置其线宽为 1.0，利用 setStroke 方法设置线条颜色为黑色，利用 setFill()方法设置填充颜色为黄色，利用方法 setArcWidth()和 setArcHeight()方法分别设置矩形圆角处弧的水平直径和垂直直径为 15 和 25。

```java
import javafx.application.Application;
import javafx.scene.Scene;
import javafx.scene.layout.Pane;
import javafx.scene.paint.Color;
import javafx.scene.shape.Rectangle;
import javafx.stage.Stage;
public class ShowRectangle extends Application {
  @Override
  public void start(Stage stage) {
    // 创建 Pane 对象
    Pane pane = new Pane();
    // 创建矩形对象
    Rectangle rectangle = new Rectangle(40, 30, 160, 130);
    rectangle.setStroke(Color.BLACK);
    rectangle.setStrokeWidth(1.0);
    rectangle.setFill(Color.YELLOW);
    rectangle.setArcWidth(15);
    rectangle.setArcHeight(25);
    // 将节点放置到其中
    pane.getChildren().addAll(rectangle);
    // 创建一个场景，并将面板 pane 放置到场景中
    Scene scene = new Scene(pane, 250, 200);
    // 设置舞台标题
    stage.setTitle("Rectangle 示例");
    // 将场景放置到舞台上
    stage.setScene(scene);
    // 显示舞台
    stage.show();
  }

  public static void main(String[] args) {
    launch(args);
  }
}
```

测试结果如图 8-23 所示。

图 8-23 填充黄色的圆角矩形

（4）Circle 和 Ellipse

类 javafx.scene.shape.Circle 表示圆，一个圆可以通过其参数 centerX、centerY 和 radius 来定义。Circle 类的属性和构造方法及其描述如表 8-16 所示。

表 8-16 Circle 类的常用属性和构造方法及其描述

属性和方法	描述
-centerX: DoubleProperty	圆心的 x 坐标（默认值为 0）
-centerY: DoubleProperty	圆心的 y 坐标（默认值为 0）
-radius: DoubleProperty	圆的半径（默认值为 0）
+Circle()	创建一个空的 Circle
+Circle(double radius)	利用给定的半径创建一个 Circle
+Circle(double centerX, double centerY, double radius)	利用给定的圆心坐标和半径创建一个 Circle

类 javafx.scene.shape.Ellipse 表示一个椭圆，一个椭圆可以通过其参数 centerX、centerY、radiusX 和 radiusY 来定义，各个参数如图 8-24 所示。Ellipse 类的属性和构造方法及其描述如表 8-17 所示。

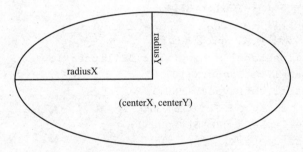

图 8-24 Ellipse 类的参数说明

表 8-17 Ellipse 类的常用属性和构造方法及其描述

属性和方法	描述
-centerX: DoubleProperty	椭圆中心的 x 坐标（默认值为 0）
-centerY: DoubleProperty	椭圆中心的 y 坐标（默认值为 0）
-radiusX: DoubleProperty	椭圆的水平半径（默认值为 0）
-radiusY: DoubleProperty	椭圆的垂直半径（默认值为 0）
+Ellipse()	创建一个空的 Ellipse
+Ellipse(double radiusX, double radiusY)	利用给定的水平半径和垂直半径创建一个 Ellipse
+Ellipse(double centerX, double centerY, double radiusX, double radiusY)	利用给定的椭圆中心坐标、水平半径和垂直半径创建一个 Ellipse

【例 8-15】 在面板内创建一个 Circle 对象和一个 Ellipse 对象，圆心坐标为(100,80)，半径为 50，无填充颜色，线条颜色为红色；椭圆的中心坐标为(120,160)，水平半径和垂直半径分别为 60 和 20，填充颜色为绿色。

```
import javafx.application.Application;
import javafx.scene.Scene;
import javafx.scene.control.Label;
import javafx.scene.layout.Pane;
import javafx.scene.paint.Color;
```

```java
import javafx.scene.shape.Circle;
import javafx.scene.shape.Ellipse;
import javafx.stage.Stage;
public class ShowCircle extends Application{
    @Override
    public void start(Stage stage){
        // 创建一个标签对象,并设置其位置
        Label circleLabel = new Label("Circle:");
        circleLabel.setLayoutX(10);
        circleLabel.setLayoutY(80);
        // 创建一个circle对象并设置其属性
        Circle circle = new Circle();
        circle.setCenterX(100);
        circle.setCenterY(80);
        circle.setRadius(50);
        circle.setStroke(Color.RED);
        circle.setFill(null);
        // 创建一个标签对象,并设置其位置
        Label ellipseLabel = new Label("Ellipse:");
        ellipseLabel.setLayoutX(10);
        ellipseLabel.setLayoutY(160);
        // 创建一个ellipse对象并设置其属性
        Ellipse ellipse = new Ellipse();
        ellipse.setCenterX(120);
        ellipse.setCenterY(160);
        ellipse.setRadiusX(60);
        ellipse.setRadiusY(20);
        ellipse.setFill(Color.GREEN);
        // 创建一个Pane面板作为circle对象和ellipse对象的容器
        Pane pane = new Pane();
        pane.getChildren().addAll(circleLabel, circle, ellipseLabel, ellipse);
        // 创建一个场景,并将面板pane放置到场景中
        Scene scene = new Scene(pane, 200, 200);
        // 设置舞台标题
        stage.setTitle("圆和椭圆");
        // 将场景放置到舞台上
        stage.setScene(scene);
        // 显示舞台
        stage.show();
    }

    // main方法
    public static void main(String[] args) {
        launch(args);
    }
}
```

测试结果如图 8-25 所示。

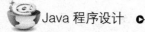

图 8-25　圆和椭圆

(5) Arc

类 javafx.scene.shape.Arc 表示一段弧。弧可以认为是椭圆的一部分，可以通过参数 centerX、centerY、radiusX、radiusY、startAngle、length 以及弧的类型 ArcType 来定义。其中，参数 centerX、centerY、radiusX 和 radiusY 和椭圆相同，startAngle 表示起始角度，length 表示弧的跨度，即弧所覆盖的区域，角度以度为单位，正东为 0°，角度为正表示从正东方向开始顺时针方向旋转角度，如图 8-26 所示。Arc 类的常用属性和构造方法及其描述如表 8-18 所示。

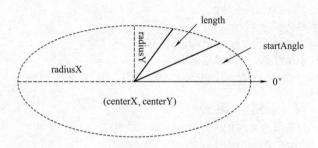

图 8-26　Arc 类的参数说明

表 8-18　Arc 类的常用属性和构造方法及其描述

属性和方法	描述
-centerX: DoubleProperty	椭圆中心的 x 坐标（默认值为 0）
-centerY: DoubleProperty	椭圆中心的 y 坐标（默认值为 0）
-radiusX: DoubleProperty	椭圆的水平半径（默认值为 0）
-radiusY: DoubleProperty	椭圆的垂直半径（默认值为 0）
-startAngle: DoubleProperty	弧的起始角度，以度为单位
-length: DoubleProperty	弧的角度范围，以度为单位
-type: ObjectProperty<ArcType>	弧的闭合类型（ArcType.OPEN、ArcType.CHORD 和 ArcType.ROUND）
+Arc()	创建一个空的 Arc
+Arc(double centerX, double centerY, double radiusX, double radiusY, double startAngle, double length)	利用给定参数创建一个 Arc

【例 8-16】　在面板内创建四个 Arc 对象 arc1、arc2、arc3 和 arc4，弧的中心坐标都为(150,100)，水平半径和垂直半径都为 80，起始角度从 30° 开始依次递增 90°，跨度都为 35°，填充颜色分别为无、白色、白色和绿色，弧的类型分别为 ROUND、OPEN、CHORD 和 CHORD，弧的线条颜色分别为无、黑色、红色和黑色。

```
import javafx.application.Application;
import javafx.scene.Group;
import javafx.scene.Scene;
import javafx.scene.layout.BorderPane;
import javafx.scene.paint.Color;
import javafx.scene.shape.Arc;
```

```java
import javafx.scene.shape.ArcType;
import javafx.scene.text.Text;
import javafx.stage.Stage;
public class ShowArc extends Application {
    @Override
    public void start(Stage stage) {
        // 创建一个弧对象，并设置其属性
        Arc arc1=new Arc(150, 100, 80, 80, 30, 35);
        // 设置填充颜色
        arc1.setFill(Color.RED);
        // 设置弧的类型为 ROUND
        arc1.setType(ArcType.ROUND);
        // 创建一个弧对象，并设置其属性
        Arc arc2=new Arc(150, 100, 80, 80, 30 + 90, 35);
        // 设置填充颜色
        arc2.setFill(Color.WHITE);
        // 设置弧的类型为 OPEN
        arc2.setType(ArcType.OPEN);
        // 设置弧的线条颜色
        arc2.setStroke(Color.BLACK);
        // 创建一个弧对象，并设置其属性
        Arc arc3=new Arc(150, 100, 80, 80, 30 + 180, 35);
        // 设置填充颜色
        arc3.setFill(Color.WHITE);
        // 设置弧的类型为 CHORD
        arc3.setType(ArcType.CHORD);
        // 设置弧的线条颜色
        arc3.setStroke(Color.BLACK);
        // 创建一个弧对象，并设置其属性
        Arc arc4=new Arc(150, 100, 80, 80, 30 + 270, 35);
        // 设置填充颜色
        arc4.setFill(Color.GREEN);
        // 设置弧的类型为 CHORD
        arc4.setType(ArcType.CHORD);
        // 设置弧的线条颜色
        arc4.setStroke(Color.BLACK);
        // 创建 Group 对象，并将节点添加到其中
        Group group=new Group();
        group.getChildren().addAll(new Text(210, 40, "弧 1: round"), arc1,
                        new Text(20, 40, "弧 2: open"), arc2,
                        new Text(20, 170, "弧 3: chord"), arc3,
                        new Text(210, 170, "弧 4: chord"), arc4);
        // 创建一个场景，并将面板 pane 放置到场景中
        Scene scene=new Scene(new BorderPane(group), 300, 200);
        // 设置舞台标题
        stage.setTitle("弧 Arc 示例");
        // 将场景放置到舞台上
        stage.setScene(scene);
```

```
        // 显示舞台
        stage.show();
    }

    public static void main(String[] args) {
        launch(args);
    }
}
```

测试结果如图 8-27 所示。

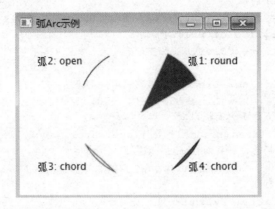

图 8-27　弧 Arc 示例

【例 8-17】 编写程序，在窗口内绘制一个圆柱体，如图 8-28 所示。

提示：使用 arc.getStrokeDashArray().addAll(6.0,8.0)方法画虚线。

思路提示：可以将圆柱体进行分解，上顶是一个椭圆，可以直接使用 Ellipse 对象画出来。中间利用 Line 对象画两条线段。底部也是一个椭圆，但是被隐藏的弧是虚线，无法直接利用 Ellipse 对象画出来，所以将该椭圆分成两段弧来画，显示出来的弧使用实线画，隐藏的弧使用虚线画。

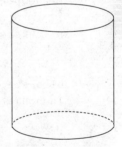

图 8-28　圆柱体

```
import javafx.application.Application;
import javafx.scene.Scene;
import javafx.scene.layout.Pane;
import javafx.scene.paint.Color;
import javafx.scene.shape.Arc;
import javafx.scene.shape.Ellipse;
import javafx.scene.shape.Line;
import javafx.stage.Stage;
public class Cylinder extends Application {
    @Override
    public void start(Stage stage) {
        // 创建面板
        Pane pane = new Pane();
```

```
    // 画顶部的椭圆
    Ellipse ellipse = new Ellipse(100, 40, 50, 20);
    ellipse.setFill(Color.WHITE);
    ellipse.setStroke(Color.BLACK);
    // 画底部隐藏的弧
    Arc arc1 = new Arc(100, 140, 50, 20, 0, 180);
    arc1.setFill(Color.WHITE);
    arc1.setStroke(Color.BLACK);
    // 画虚线
    arc1.getStrokeDashArray().addAll(6.0, 8.0);
    // 画底部显示的弧
    Arc arc2 = new Arc(100, 140, 50, 20, 180, 180);
    arc2.setFill(Color.WHITE);
    arc2.setStroke(Color.BLACK);
    // 中间两条线
    Line line1 = new Line(50, 40, 50, 140);
    Line line2 = new Line(150, 40, 150, 140);
    // 将左右节点添加到面板内
    pane.getChildren().addAll(ellipse, arc1, arc2, line1, line2);
    // 创建一个场景，并将面板 pane 放置到场景中
    Scene scene = new Scene(pane, 200, 200);
    // 设置舞台标题
    stage.setTitle("Cylinder");
    // 将场景放置到舞台上
    stage.setScene(scene);
    // 显示舞台
    stage.show();
}

public static void main(String[] args) {
    launch(args);
}
}
```

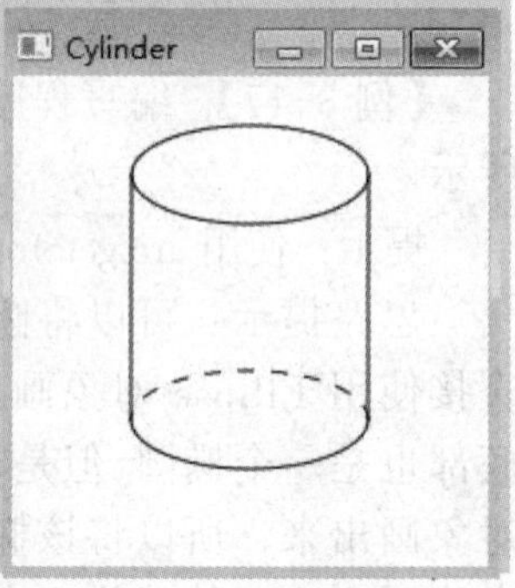

程序测试结果如图 8-29 所示。

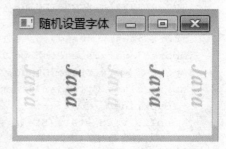

图 8-29 窗口内绘制的圆柱体

编 程 实 训

实训 1

编写一个程序，如图 8-30 所示，垂直显示 5 个文字，对每个文字随机设置一个颜色和透明度，并且将每个文字的字体设置为 Times New Roman、bold 和 italic，大小为 22 像素。

思路提示：在面板内添加 5 个文字，通过 setRotate()方法设置文字垂直显示，通过 setFont()方法给文字设置字体，通过 setFill()方法设置文字

图 8-30 随机设置字体

的颜色和透明度，其中，颜色和透明度随机产生。

参考代码：

```java
import javafx.application.Application;
import javafx.geometry.Pos;
import javafx.scene.Scene;
import javafx.scene.layout.HBox;
import javafx.scene.paint.Color;
import javafx.scene.text.Font;
import javafx.scene.text.FontPosture;
import javafx.scene.text.FontWeight;
import javafx.scene.text.Text;
import javafx.stage.Stage;
public class RamdonFontColor extends Application {
    @Override
    public void start(Stage stage) {
        HBox pane = new HBox();
        pane.setAlignment(Pos.CENTER);
        Font font = Font.font("Times New Roman", FontWeight.BOLD, FontPosture.ITALIC, 22);
        for (int i = 0; i < 5; i++) {
            Text txt = new Text("Java");
            txt.setRotate(90);
            txt.setFont(font);
            txt.setFill(new Color(Math.random(), Math.random(),Math.random(), Math.random()));
            pane.getChildren().add(txt);
        }
        Scene scene = new Scene(pane, 200, 100);
        stage.setTitle("随机设置字体");
        stage.setScene(scene);
        stage.show();
    }

    public static void main(String[] args) {
        launch(args);
    }
}
```

实训 2

在面板内画两条直线，将直线的起点和终点与面板的宽度和高度绑定，直线的颜色设置为红色，如图 8-31 所示。

思路提示：用类 Pane 做面板，在该面板内画两条直线，通过 Line 的 startXProperty()的 bind 方法将直线的起点和终点与面板的宽度和高度绑定，将面板 Pane 对象添加到场景内。

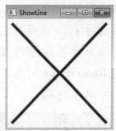

图 8-31 面板内画直线

参考代码：

```java
import javafx.application.Application;
import javafx.scene.Scene;
import javafx.scene.layout.Pane;
```

```
import javafx.scene.paint.Color;
import javafx.stage.Stage;
import javafx.scene.shape.Line;
public class ShowLine extends Application
{
  public static void main(String[] args) {
    Application.launch(args);
  }
  @Override
  public void start(Stage stage) {
    Pane pane = new Pane();
    Line line1 = new Line(10, 10, 10, 10);
    line1.endXProperty().bind(pane.widthProperty().subtract(10));
    line1.endYProperty().bind(pane.heightProperty().subtract(10));
    line1.setStrokeWidth(5);
    line1.setStroke(Color.RED);
    pane.getChildren().add(line1);
    Line line2 = new Line(10, 10, 10, 10);
    line2.startXProperty().bind(pane.widthProperty().subtract(10));
    line2.endYProperty().bind(pane.heightProperty().subtract(10));
    line2.setStrokeWidth(5);
    line2.setStroke(Color.RED);
    pane.getChildren().add(line2);
    Scene scene = new Scene(pane, 200, 200);
    stage.setTitle("ShowLine");
    stage.setScene(scene);
    stage.show();
  }
}
```

实训 3

在面板内创建 3 个矩形,分别为直角矩形、直角矩形和圆角矩形,颜色分别为白色、黑色和黑色,如图 8-32 所示。

思路提示：通过类 Rectangle 的构造方法 Rectangle(double, double, double, double)创建矩形,4 个参数分别为起始点的 x、y 坐标,以及矩形的宽度和高度。通过 setFill() 方法来设置矩形的颜色,将创建的三个矩形添加到 Group 对象内,利用 Group 对象创建 BorderPane 对象,并添加到场景内。

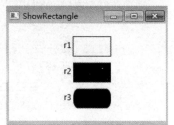

图 8-32 面板内的三个矩形

参考代码：

```
import javafx.application.Application;
import javafx.scene.Group;
import javafx.scene.Scene;
import javafx.scene.layout.BorderPane;
import javafx.scene.paint.Color;
```

```
import javafx.stage.Stage;
import javafx.scene.text.Text;
import javafx.scene.shape.Rectangle;
public class ShowRectangle extends Application {
  @Override
  public void start(Stage primaryStage) {
    Rectangle r1 = new Rectangle(25, 10, 60, 30);
    r1.setStroke(Color.BLACK);
    r1.setFill(Color.WHITE);
    Rectangle r2 = new Rectangle(25, 50, 60, 30);
    Rectangle r3 = new Rectangle(25, 90, 60, 30);
    r3.setArcWidth(15);
    r3.setArcHeight(25);
    Group group = new Group();
    group.getChildren().addAll(new Text(10, 27, "r1"), r1,
                               new Text(10, 67, "r2"), r2,
                               new Text(10, 107, "r3"), r3);
    Scene scene = new Scene(new BorderPane(group), 250, 150);
    primaryStage.setTitle("ShowRectangle");
    primaryStage.setScene(scene);
    primaryStage.show();
  }

  public static void main(String[] args) {
    launch(args);
  }
}
```

实训 4

在面板内创建一个圆形，圆心坐标为(100,100)，半径为50，线的颜色为黑色，圆内部用红色填充，如图 8-33 所示。

思路提示：在面板 Pane 内，利用 Circle 类的默认构造方法创建圆对象，调用 setCenterX()和 setCenterY()方法设置圆心的 x 和 y 坐标，调用 setRadius()方法设置圆的半径，调用 setFill()方法设置圆的填充颜色，调用 setStroke()方法设置圆的画线。

图 8-33 圆

参考代码：

```
import javafx.application.Application;
import javafx.scene.Scene;
import javafx.scene.layout.Pane;
import javafx.scene.paint.Color;
import javafx.scene.shape.Circle;
```

```
import javafx.stage.Stage;
public class ShowCircle extends Application {
  @Override
  public void start(Stage primaryStage) {
    Circle circle = new Circle();
    circle.setCenterX(100);
    circle.setCenterY(100);
    circle.setRadius(50);
    circle.setStroke(Color.BLACK);
    circle.setFill(Color.RED);
    Pane pane = new Pane();
    pane.getChildren().add(circle);
    Scene scene = new Scene(pane, 200, 200);
    primaryStage.setTitle("圆");
    primaryStage.setScene(scene);
    primaryStage.show();
  }

  public static void main(String[] args) {
    launch(args);
  }
}
```

实训 5

在面板内添加 3 个标签、3 个文本域和 1 个按钮。用 GridPane 进行布局，1 个标签和 1 个文本域占 1 行，按钮右对齐占 1 行，如图 8-34 所示。

思路提示：在面板内添加 3 个标签、3 个文本域和 1 个按钮，利用 GridPane 类的 add(Node child, int columnIndex, int rowIndex)方法将节点 child 放置到网格内的第 rowIndex 行第 columnIndex 列。通过类 GridPane 的静态方法 setHalignment(Node child, HPos value)设置节点 child 的位置。

参考代码：

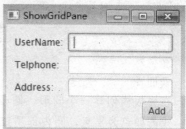

图 8-34　使用 GridPane 布局

```
import javafx.application.Application;
import javafx.geometry.HPos;
import javafx.geometry.Insets;
import javafx.geometry.Pos;
import javafx.scene.Scene;
import javafx.scene.control.Button;
import javafx.scene.control.Label;
import javafx.scene.control.TextField;
import javafx.scene.layout.GridPane;
import javafx.stage.Stage;
public class ShowGridPane extends Application {
```

```java
    @Override
    public void start(Stage primaryStage) {
      GridPane pane = new GridPane();
      pane.setAlignment(Pos.CENTER);
      pane.setPadding(new Insets(11, 11, 11, 11));
      pane.setHgap(5.5);
      pane.setVgap(5.5);
      pane.add(new Label("First Name:"), 0, 0);
      pane.add(new TextField(), 1, 0);
      pane.add(new Label("MI:"), 0, 1);
      pane.add(new TextField(), 1, 1);
      pane.add(new Label("Last Name:"), 0, 2);
      pane.add(new TextField(), 1, 2);
      Button btAdd = new Button("Add Name");
      pane.add(btAdd, 1, 3);
      GridPane.setHalignment(btAdd, HPos.RIGHT);
      Scene scene = new Scene(pane);
      primaryStage.setTitle("ShowGridPane");
      primaryStage.setScene(scene);
      primaryStage.show();
    }
    public static void main(String[] args) {
      launch(args);
    }
}
```

实训 6

将面板分成两部分：顶部添加 2 个按钮，顶部利用 HBox 布局；底部添加 5 个标签，利用 VBox 布局，如图 8-35 所示。

思路提示：通过 Pane 创建整个面板，面板的上部利用 HBox 布局，getChildren()方法返回 ObservableList 列表，使用 add(node)方法将一个元素添加到列表中，从而将节点添加到 HBox 内；面板的下部利用 HBox 布局，getChildren()方法返回 ObservableList 列表，也使用 add(node)方法将一个元素添加到列表中，从而将节点添加到 VBox 内。

图 8-35 使用 Pane、HBox 和 VBox 布局

参考代码：

```java
import javafx.application.Application;
import javafx.geometry.Insets;
import javafx.scene.Scene;
import javafx.scene.control.Button;
import javafx.scene.control.Label;
import javafx.scene.layout.BorderPane;
import javafx.scene.layout.HBox;
import javafx.scene.layout.VBox;
```

```java
import javafx.stage.Stage;
public class UseHBoxAndVBox extends Application {
  @Override
  public void start(Stage stage) {
    BorderPane pane = new BorderPane();
    pane.setTop(createHBox());
    pane.setLeft(createVBox());
    Scene scene = new Scene(pane, 250, 220);
    stage.setTitle("HBox和VBox布局");
    stage.setScene(scene);
    stage.show();
  }

  private HBox createHBox() {
    HBox hBox = new HBox(15);
    hBox.setPadding(new Insets(15, 15, 15, 15));
    hBox.setStyle("-fx-background-color: red");
    hBox.getChildren().add(new Button("计算机"));
    hBox.getChildren().add(new Button("物理"));
    return hBox;
  }
  private VBox createVBox() {
    VBox vBox = new VBox(15);
    vBox.setPadding(new Insets(15, 5, 5, 5));
    vBox.getChildren().add(new Label("课程"));
    Label[] courses = { new Label("语文"),
                        new Label("数学"),
                        new Label("历史"),
                        new Label("地理") };
    for (Label course : courses) {
      VBox.setMargin(course, new Insets(0, 0, 0, 15));
      vBox.getChildren().add(course);
    }
    return vBox;
  }

  public static void main(String[] args) {
    launch(args);
  }
}
```

第 9 章
事件驱动编程

知识目标

1. 理解 Java FX 的事件、事件源和事件处理模型；
2. 掌握 Java FX 事件处理器的使用；
3. 掌握内部类；
4. 掌握匿名内部类处理器；
5. 掌握鼠标和键盘事件。

能力要求

1. 理解 Java FX 的事件、事件源和事件处理模型；
2. 掌握 Java FX 事件处理器的使用；
3. 掌握内部类。

在 Java FX 图形用户界面 GUI 应用程序中，必须要解决的一个问题是用户的输入并不是顺序的。一个非 GUI 程序执行到某个输入语句时，一般会出现一个提示，等待用户输入。而一个 GUI 程序可包含按钮、菜单、文本输入区等，用户可以在任何时间选择任何一种输入形式，如单击一个按钮、按下一个键、移动鼠标或者执行其他操作等，这类事情发生表明事件产生了。由于不知道用户会选择哪种动作，所以程序必须针对每种事件采取相应的响应方法。

9.1 事件和事件源

假设你想写一个 GUI 程序，用户可以输入贷款数额、年利率以及年数，然后单击"计算"按钮，来计算每月的还款额以及总还款额。应该如何完成这个任务呢？这时，就需要使用事件驱动编程来编写代码，以对按钮单击事件进行响应。

在直接进入到事件驱动编程前，我们需要理解 Java FX 应用中的事件、事件源等概念，了解 Java FX 事件的层次关系。在理解了这些概念后，才能更好地理解和掌握事件驱动编程思想。

1. 事件

当运行一个 Java GUI 程序时，程序和用户进行交互，并且事件驱动程序执行，这就是事件驱动编程。事件（Event）表示程序所感兴趣的事情的发生，在 GUI 应用中，事件是用户与应用程序发生的交互，如鼠标的点击、移动或者按下键盘某个按键。在 Java FX 中，事件是 javafx.event.Event 类或其任何子类的实例。Java FX 提供了多种事件，包括 DragEvent、KeyEvent、MouseEvent、ScrollEvent 等，也可以扩展 Event 类来自定义事件。

Java FX 的每个事件中都包含了表 9-1 中描述的信息。

表 9-1 事件特性

特 性	描 述
事件类型（Event Type）	发生事件的类型
事件源（Event Source）	事件源对象，产生一个事件并且触发它的组件
事件目标（Target）	能响应事件的 UI 组件

Java FX 表示事件的类是分层的，图 9-1 展示了 Event 类的不同类型的子类。有时，Event 的子类表示某一类事件，例如，InputEvent 表示用户输入事件的通用类，而 KeyEvent 和 MouseEvent 分别表示用户通过键盘和鼠标输入的特定输入事件。WindowEvent 类表示一个窗口事件，如显示和隐藏窗口。ActionEvent 类用来表示某种类型动作的事件，例如任务情景中的例子，当单击"确定"按钮和"取消"按钮后，触发的事件就是 ActionEvent 事件。

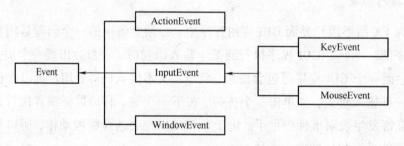

图 9-1 Event 类的不同类型的子类

Event 类定义了所有事件通用的属性和方法。Event 类的 getSource() 方法来确定一个事件的源对象。getTarget() 方法用来确定表示事件目标的 EventTarget 接口对象。getEventType() 方法用来确定表示事件类型的 EventType 类对象。

特殊的事件还会定义其他的事件属性，例如，MouseEvent 类的 getX() 和 getY() 方法返回鼠标光标相对于事件源的 X 和 Y 坐标。详细的在后面章节介绍。

2. 事件源

产生一个事件并且触发它的组件称为事件源（event source），或源对象、源组件。表 9-2 前三列给出了一些外部用户动作、源对象以及触发的事件类型。

表 9-2 用户动作、源对象、事件类型

用户动作	源对象	触发的事件类型	事件注册方法
单击一个按钮	Button	ActionEvent	setOnAction(EventHandler<ActionEvent>)
在文本域中回车	TextField	ActionEvent	setOnAction(EventHandler<ActionEvent>)
勾选或取消勾选	RadioButton	ActionEvent	setOnAction(EventHandler<ActionEvent>)
勾选或取消勾选	CheckBox	ActionEvent	setOnAction(EventHandler<ActionEvent>)
选择一个新的项	ComboBox	ActionEvent	setOnAction(EventHandler<ActionEvent>)
按下鼠标	Node、Scene	MouseEvent	setOnMousePressed(EventHandler<MouseEvent>)
释放鼠标			setOnMouseReleased(EventHandler<MouseEvent>)
单击鼠标			setOnMouseClicked(EventHandler<MouseEvent>)
鼠标进入			setOnMouseEntered(EventHandler<MouseEvent>)
鼠标退出			setOnMouseExited(EventHandler<MouseEvent>)
鼠标移动			setOnMouseMoved(EventHandler<MouseEvent>)
鼠标拖动			setOnMouseDragged(EventHandler<MouseEvent>)
按下键	Node、Scene	KeyEvent	setOnKeyPressed(EventHandler<KeyEvent>)
释放键			setOnKeyReleased(EventHandler<KeyEvent>)
敲击键			setOnKeyTyped(EventHandler<KeyEvent>)

例如，当单击一个按钮时，按钮创建并触发一个 ActionEvent 事件。这里，按钮就是一个事件源对象，即动作起源的地方，ActionEvent 是一个由源对象触发的事件对象，如图 9-2 所示。

图 9-2 一个事件处理器处理从源对象上触发的事件

如果一个组件可以触发一个事件，那么这个组件的任何子类都可以触发同样类型的事件。比如，形状、布局面板和组件是 Node 的子类，因此每个 Java FX 形状、布局面板和组件都可以触发 MouseEvent 和 KeyEvent 事件。

当应用程序中事件发生时，通常需要通过执行一段代码来完成某个动作。对应每个事件执行的代码段称为事件处理器（event handler）。当需要处理一个 UI 组件的事件时，必须将该事件的处理器添加到这个 UI 组件，例如窗口、场景或者节点。当 UI 组件检测到事件发生，就会执行事件处理器。

【例 9-1】在一个面板中创建两个按钮——"确定"按钮和"取消"按钮，当单击按钮后，在控制台显示一条消息。

分析：对于"确定"按钮和"取消"按钮，分别定义了 OKHandlerClass 和 CancelHandlerClass 类，用来处理单击按钮后触发的 ActionEvent 事件。当单击"确定"和"取消"按钮后，就会调用 OKHandlerClass 和 CancelHandlerClass 类实现的方法

handle(ActionEvent)。

```java
import javafx.application.Application;
import javafx.geometry.Pos;
import javafx.scene.Scene;
import javafx.scene.control.Button;
import javafx.scene.layout.HBox;
import javafx.stage.Stage;
import javafx.event.ActionEvent;
import javafx.event.EventHandler;
public class HandleEvent extends Application {
    // 覆写 Application 类的 start()方法
    @Override
    public void start(Stage primaryStage) {
        // 创建面板并设置其属性
        HBox pane = new HBox(10);
        pane.setAlignment(Pos.CENTER);
        Button btOK = new Button("确定");
        Button btCancel = new Button("取消");
        OKHandlerClass handler1 = new OKHandlerClass();
        btOK.setOnAction(handler1);
        CancelHandlerClass handler2 = new CancelHandlerClass();
        btCancel.setOnAction(handler2);
        pane.getChildren().addAll(btOK, btCancel);
        // 创建场景，将场景放入舞台内
        Scene scene = new Scene(pane);
        primaryStage.setTitle("HandleEvent");       // 设置标题
        primaryStage.setScene(scene);               // 将场景放入舞台内
        primaryStage.show();                        // 显示舞台
    }

    /**
     * main 方法
     */
    public static void main(String[] args) {
        launch(args);
    }
}

class OKHandlerClass implements EventHandler<ActionEvent> {
    @Override
    public void handle(ActionEvent e) {
        System.out.println("确定按钮被点击");
    }
}

class CancelHandlerClass implements EventHandler<ActionEvent> {
    @Override
    public void handle(ActionEvent e) {
        System.out.println("取消按钮被点击");
    }
}
```

测试结果如图 9-3 所示。

图 9-3　面板包含两个按钮，单击按钮，控制台显示一条消息

9.2　注册处理器和处理事件

前面提到通过借款计算器的例子来学习事件驱动编程。当单击"计算"按钮后，该事件源产生一个动作事件 ActionEvent，编写代码创建一个事件处理器，来响应和处理该动作事件。下面介绍 Java FX 应用中事件处理器相关内容，学习怎样创建、注册、注销事件处理器。

应用程序中的事件发生时，就会执行相应的事件处理程序来处理该事件，完成相应的动作。Java 采用一个基于委派的模型来处理事件：源对象触发一个事件，然后由事件处理器对象处理它。事件处理程序由事件源来调用，如图 9-4 所示。

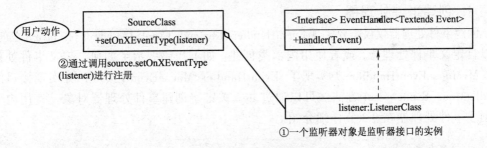

图 9-4　事件处理模型

一个对象要成为事件处理器对象，那么需要满足两个条件：

①处理器对象必须是一个对应事件处理接口的实例，从而保证该处理器具有处理事件的正确方法。Java FX 定义了一个对于事件 T 的统一的处理器接口 EventHandler<T extends Event>。该处理器接口包含 handle（T event）方法，用于处理事件。此处的 T 表示形式泛型类型。Java 泛型程序设计（generic programming）意味着编写的代码可以被很多不同类型的对象所重用。这样的话，不需要对每种事件对象分别设计不同的事件处理类。Java 类的泛型就是将类型由原来的具体类型参数化，也就是当类被使用时，会使用具体的实际类型参数（actual type argument）代替，用一个实际具体类型来替换它。接口定义如下：

```
public interface EventHandler<T extends Event> extends EventListener
    void handle(T event);
}
```

EventHandler<T extends Event>接口位于 javafx.event 包内,继承了 java.util.EventListener 接口,handle(T event) 方法接受一个事件对象的引用。以 ActionEvent 事件为例,处理器接口是 EventHandler<ActionEvent>,ActionEvent 事件的每个处理器应该实现方法 handle(ActionEvent event)来处理 ActionEvent 事件,此时就是用实际类型 ActionEvent 替换形式泛型类型 T,如图 9-5 所示。

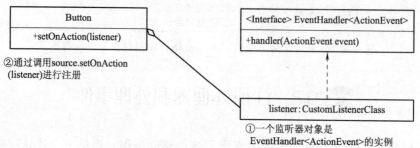

图 9-5　按钮源对象和 ActionEvent 事件

②处理器对象必须通过源对象进行注册。注册方法依赖于事件类型。如果需要一个节点来处理某种类型的事件,那么需要为节点注册这类事件的处理器,当事件发生时,就会通知应用程序,调用注册的事件处理器。如果节点对某类型的事件不感兴趣了,那就需要为节点注销该事件的处理器。

下面介绍怎样创建、注册、移除事件处理器。

1. 创建事件处理器

创建事件处理器仅仅需要实现EventHandler<T extends Event>接口即可。在 Java 8 之前,可以自定义事件处理器,或者使用内部类创建。如下代码展示了如何自定义事件处理器,MyMouseEventHandler 类实现了 EventHandler<MouseEvent>接口,并实现接口的 handle(MouseEvent event)方法。可以通过 new 关键字创建事件处理器对象。使用内部类创建事件处理器在 9.3 节详细介绍。

```
// 自定义事件处理器
// MyMouseEventHandler.java
import javafx.event.EventHandler;
import javafx.scene.input.MouseEvent;
public class MyMouseEventHandler implements EventHandler<MouseEvent> {
  @Override
  public void handle(MouseEvent event) {
    /* 事件处理代码 */
  }
}

// Main.java
//创建自定义事件处理器对象
MyMouseEventHandler eHandler = new MyMouseEventHandler();
```

2. 注册事件处理器

如果需要一个节点来处理某种类型的事件,那么需要为节点注册这些事件的处理器。事件处理器对象必须通过源事件对象进行注册，注册方法依赖于事件类型。事件处理器就是 EventHandler 接口的实现。在接口的 handle()方法内提供相关代码，以便注册处理器的节点接收到事件时执行。

Java FX 用以下两种方式为节点注册事件处理器：

（1）调用 addEventHandler()方法注册

该方法接收事件类型 EventType 和事件处理器 EventHandler 对象实例作为参数，该方法的签名如下所示。

```
<T extends Event> void addEventHandler(EventType<T> eventType, EventHandler<? super T> eventHandler)
```

一个节点对象可以有多个事件处理器来处理一个事件，单个事件处理器能用于多个节点和多个事件类型。在如下的代码中，第 1 个事件处理器对象 eHandler 被添加到了一个节点之上，并指定处理一种特定的事件类型 DragEvent.DRAG_ENTERED。第 2 个事件处理器对象 handler 被定义为处理输入事件的处理器，并被注册到了两个不同的节点之上。同一个事件处理器也可以被注册监听两种不同类型的事件。

```
// 自定义事件处理器类 MyDragEventHandler
public class MyDragEventHandler implements EventHandler<DragEvent> {
  @Override
  public void handle(DragEvent event) {
    System.out.println("Handling event " + event.getEventType());
  }
}
// 创建自定义事件处理器 MyMouseEventHandler 的对象 eHandler
MyMouseEventHandler eHandler = new MyMouseEventHandler();
// 为一个 node 和指定的事件类型注册一个事件处理器对象 eHandler
node.addEventHandler(DragEvent.DRAG_ENTERED, eHandler);
// 自定义事件处理器类 MyInputEventHandler
public class MyInputEventHandler implements EventHandler< InputEvent > {
  public void handle(InputEvent event) {
    System.out.println("Handling event " + event.getEventType());
  }
}
// 创建自定义事件处理器 MyInputEventHandler 的对象 handler
MyInputEventHandler handler = new MyInputEventHandler ();
// 将同一个事件处理器对象 handler 注册到两个不同的节点上
myNode1.addEventHandler(DragEvent.DRAG_EXITED, handler);
myNode2.addEventHandler(DragEvent.DRAG_EXITED, handler);
// 将事件处理器对象 handler 注册给不同的事件类型
myNode1.addEventHandler(MouseEvent.MOUSE_DRAGGED, handler);
```

（2）调用 setOnXXX()方法

对于 ActionEvent 而言，方法是 setOnAction()；对于鼠标按下事件来说，方法是 setOnMousePressed()；对于一个按键事件来说，方法是 setOnKeyPressed()。表 9-2 的第

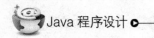

4列显示了用户动作对应的事件注册方法。如下代码展示了如何利用setOnXXX()方法注册事件处理器对象。

```
//自定义事件处理器类MyActionEventHandler
public class MyActionEventHandlerimplements EventHandler<ActionEvent> {
  public void handle(ActionEvent event) {
    System.out.println("Handling event " + event.getEventType());
  }
}

// 创建自定义事件处理器MyInputEventHandler的对象handler
MyInputEventHandler handler = new MyInputEventHandler();
// 将事件处理器对象handler注册到一个节点上
Node.setOnAction(handler);
```

3. 注销事件处理器

如果你希望某事件处理器不再为某节点处理事件或不再处理某种类型的事件，可以注销某事件处理器对象。和注册类似，事件处理器对象也必须通过源事件对象进行注销，注销方法也依赖于事件类型。JavaFX存在以下两种方法来注销事件处理器对象。

（1）调用removeEventHandler()方法注销

与方法addEventHandler类似，该方法接收事件类型EventType和事件处理器EventHandler实例对象作为参数，该方法的签名如下所示：

```
<T extends Event> void removeEventHandler(EventType<T> eventType,
EventHandler<? super T> eventHandler)
```

如下代码为myNode1节点注销了DragEvent.DRAG_EXITED事件类型的事件处理器，但该事件处理器仍然会通过MouseEvent.MOUSE_DRAGGED事件被myNode1和myNode2执行。

```
// 移除一个事件处理器
myNode1.removeEventHandler(DragEvent.DRAG_EXITED, handler);
```

（2）调用setOnXxx()方法注销

此时，只需要传null给setOnXxx()方法即可，如node1.setOnMouseDragged(null)。表9-2的第4列显示了用户动作对应的事件注册方法。

【例9-2】编程实现贷款计算器。用户输入贷款数额、年利率以及年数，然后单击"计算"按钮，计算每月的还款额以及总还款额。

分析：创建一个GridPane，添加标签、文本域和按钮到面板中，利用自定义事件处理器方式给按钮创建点击动作事件处理器，并通过setOnAction()方法进行注册。获取用户输入的贷款数额、年利率以及年数，然后单击"计算"按钮计算每月的还款额以及总还款额。

```
import javafx.application.Application;
```

```java
import javafx.event.ActionEvent;
import javafx.event.EventHandler;
import javafx.geometry.Pos;
import javafx.geometry.HPos;
import javafx.scene.Scene;
import javafx.scene.control.Button;
import javafx.scene.control.Label;
import javafx.scene.control.TextField;
import javafx.scene.layout.GridPane;
import javafx.stage.Stage;
public class LoanCalculator extends Application{
    private TextField interestRateTf = new TextField();
    private TextField numOfYearsTf = new TextField();
    private TextField loanAmountTf = new TextField();
    private TextField monthlyPaymentTf = new TextField();
    private TextField totalPaymentTf = new TextField();
    private Button calculateBtn = new Button("计算");
    // 覆写Application类的start()方法
    @Override
    public void start(Stage primaryStage) {
        // 创建UI组件
        GridPane gridPane = new GridPane();
        gridPane.setHgap(5);
        gridPane.setVgap(5);
        gridPane.add(new Label("年利率:"), 0, 0);
        gridPane.add(interestRateTf, 1, 0);
        gridPane.add(new Label("贷款年限:"), 0, 1);
        gridPane.add(numOfYearsTf, 1, 1);
        gridPane.add(new Label("贷款总额:"), 0, 2);
        gridPane.add(loanAmountTf, 1, 2);
        gridPane.add(new Label("月还款额:"), 0, 3);
        gridPane.add(monthlyPaymentTf, 1, 3);
        gridPane.add(new Label("总还款额:"), 0, 4);
        gridPane.add(totalPaymentTf, 1, 4);
        gridPane.add(calculateBtn, 1, 5);
        // 设置UI组件的属性
        gridPane.setAlignment(Pos.CENTER);
        interestRateTf.setAlignment(Pos.BOTTOM_RIGHT);
        numOfYearsTf.setAlignment(Pos.BOTTOM_RIGHT);
        loanAmountTf.setAlignment(Pos.BOTTOM_RIGHT);
        monthlyPaymentTf.setAlignment(Pos.BOTTOM_RIGHT);
        totalPaymentTf.setAlignment(Pos.BOTTOM_RIGHT);
        monthlyPaymentTf.setEditable(false);
        totalPaymentTf.setEditable(false);
        GridPane.setHalignment(calculateBtn, HPos.RIGHT);
        // 创建自定义事件处理器对象
        ActionEventHandler handler = new ActionEventHandler();
        // 处理事件
```

```java
        calculateBtn.setOnAction(handler);
        // 创建场景，将场景放入舞台内
        Scene scene = new Scene(gridPane, 400, 250);
        primaryStage.setTitle("贷款计算器");      // 设置标题
        primaryStage.setScene(scene);             // 将场景放入舞台内
        primaryStage.show();                      // 显示舞台
    }

    // 计算还款额度
    private void calculateLoanPayment() {
        // 从文本域内获取数据
        double interest = Double.parseDouble(interestRateTf.getText());
        int year = Integer.parseInt(numOfYearsTf.getText());
        double loanAmount = Double.parseDouble(loanAmountTf.getText());
        double monthlyPayment = calculateMonthlyPayment(interest,loanAmount, year);
        double totalPayment=calculateTotalPayment(monthlyPayment, year);
        // 显示月还款额和总还款额
        monthlyPaymentTf.setText(String.format("¥%.2f", monthlyPayment));
        totalPaymentTf.setText(String.format("¥%.2f", totalPayment));
    }

    //计算月还款额
    public double calculateMonthlyPayment(double interest, double loanAmount, int years) {
        double monthlyInterestRate = interest / 1200;
        double monthlyPayment = loanAmount * monthlyInterestRate/
(1 - (Math.pow(1 / (1 + monthlyInterestRate), years * 12)));
        return monthlyPayment;
    }

    // 计算总还款额
    public double calculateTotalPayment(double monthlyPayment, int years) {
        return monthlyPayment * years * 12;
    }

    // 自定义事件处理器类
    class ActionEventHandler implements EventHandler<ActionEvent>{
        @Override
        public void handle(ActionEvent e) {
            calculateLoanPayment();
        }
    }

    public static void main(String[] args) {
        launch(args);
    }
}
```

测试结果如图 9-6 所示。

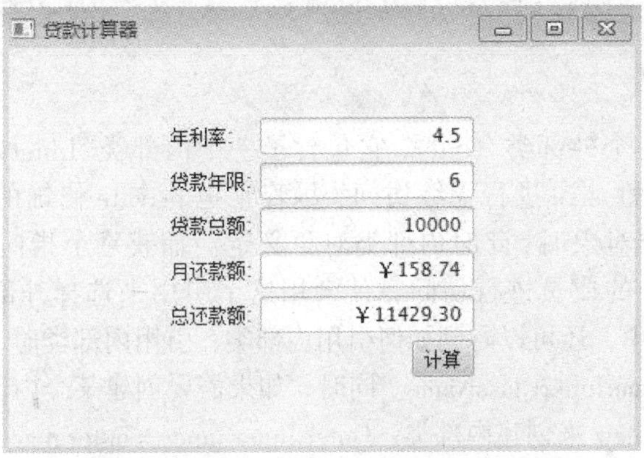

图 9-6 自定义事件处理器贷款计算器

9.3 内　部　类

至此，前面讨论的所有类基本都是定义在文件范围内——类在文件中定义，但并不包含在文件中的其他类。在 Java 开发过程中，经常遇到这样的场景，即一个类定义在另一个类内部。Java 提供了一种称为"内部类"的机制，使类可以在其他类中定义。下面介绍有关内部类的详细情况。

1. 内部类基础

在 Java 中，允许在一个类（或方法、语句块）的内部定义另一个类，称为内部类（Inner Class），有时又称嵌套类（Nested Class）。

内部类和外层封装它的类之间存在逻辑上的所属关系，一般只用在定义它的类或语句块之内，实现一些没有通用意义的功能逻辑，在外部引用它时必须给出完整的名称。

类内部会定义属性和方法，比如成员变量、成员方法、局部变量、静态方法等。根据 B 类在 A 类中的不同位置，Java 内部类可以分为成员内部类、局部内部类、静态内部类和匿名内部类 4 种，下面一一介绍这 4 种内部类的用法及区别。

【例 9-3】 第一个内部类。

```
public class Outer {
  private int size;
  public class Inner {
    private int counter = 10;
    public void doStuff() {
      size++;
    }
  }
  public static void main(String args[]) {
    Outer outer = new Outer();
    Outer.Inner inner = outer.new Inner();
    inner.doStuff();
```

```
        System.out.println(outer.size);
        System.out.println(inner.counter);
    }
}
```

例 9-3 定义了一个外部类 Outer，它包含了一个内部类 Inner。内部类 Inner 可以对外部类 Outer 的属性 size 进行无缝访问，尽管它是 private 修饰的。这是因为在创建某个外部类的内部类对象时，此时内部类对象必定会捕获一个指向那个外部类对象的引用，只要对外部类的成员进行访问，就会用这个引用来选择外部类的成员。

其实在这段代码中，还可以看到如何引用内部类：引用内部类时，需要指明这个对象的类型：OuterClasName.InnerClassName。同时，如果需要创建某个内部类对象，必须要利用外部类的对象通过.new 来创建内部类：Outer.Inner inner = outer.new Inner ();。

如果需要生成对外部类对象的引用，可以使用 OuterClassName.this，这样就能够产生一个正确引用外部类的引用了。当然，这点是在编译期就已经知晓，没有任何运行时成本。

代码经编译后会生成两个.class 文件：Outer.class 和 Outer$Inner.class。也就是说，内部类会被编译成独立的字节码文件。

内部类是一种编译器现象，与虚拟机无关。编译器会把内部类翻译成用$符号分隔外部类名与内部类名的常规类文件，而虚拟机则对此一无所知。

使用内部类的主要原因有：
①内部类可以访问外部类中的数据，包括私有数据。
②内部类可以对同一个包中的其他类隐藏起来。
③当想要定义一个回调函数且不想编写大量代码时，使用匿名（anonymous）内部类比较便捷。
④减少类的命名冲突。

注意：必须先有外部类的对象才能生成内部类的对象，因为内部类需要访问外部类中的成员变量，成员变量必须实例化才有意义。

2. 成员内部类

成员内部类也是最普通的内部类，它是外部类的一个成员，所以可以无限制地访问外部类的所有成员属性和方法，尽管是 private 的，但是外部类要访问内部类的成员属性和方法则需要通过内部类实例来访问。

在成员内部类中要注意两点：①成员内部类中不能存在任何 static 的变量和方法；②成员内部类是依附于外部类的，所以只有先创建了外部类才能够创建内部类。例 9-4 演示了成员内部类。

【例 9-4】 成员内部类。

```
public class OuterClass {
    private String str;
    public void outerDisplay() {
        System.out.println("outerClass...");
    }
```

```java
public class InnerClass {
  public void innerDisplay() {
    // 使用外部类的属性
    str = "innnerClass test...";
    System.out.println(str);
    // 使用外部类的方法
    outerDisplay();
  }
}

/* 推荐使用 getXXX()方法获取成员内部类，尤其是该内部类的构造函数无参数时 */
public InnerClass getInnerClass() {
  return new InnerClass();
}

public static void main(String[] args){
  OuterClass outer = new OuterClass();
  OuterClass.InnerClass inner = outer.getInnerClass();
  inner.innerDisplay();
}
}
```

在例 9-4 中，InnerClass 就是一个成员内部类。在其方法 innerDisplay 内部，可以无限制地访问 OuterClass 类的私有属性 str 和公有方法 outerDisplay()。在 OuterClass 类内部的 main 方法中，访问 InnerClass 的方法 innerDisplay()时，需要通过内部类实例 inner 来访问。

推荐使用 getXxx()方法来获取成员内部类，尤其是该内部类的构造函数无参数时。

3. 局部内部类

有这样一种内部类，它是定义在方法或者代码块内，并作用于方法（见例 9-5）和代码块（见例 9-6）内。对于这个类的使用主要是应用于解决比较复杂的问题。想要创建一个类来辅助解决问题，但又不希望这个类是公共的，所以就产生了局部内部类。

局部内部类和成员内部类一样被编译，只是它的作用域发生了改变，它只能在该方法和代码块范围内被使用，超出了该方法和代码块的范围就会失效。像局部变量一样，不能被 public、protected、private 和 static 修饰，只能访问方法或者代码块中定义的 final 类型的局部变量。

【例 9-5】 内部类定义在方法内部。

```java
public class Parcel5 {
  public Destionation destionation(String str){
    class PDestionation implements Destionation{
      private String label;
      private PDestionation(String whereTo){
        label = whereTo;
```

```
        }
        public String readLabel(){
           return label;
        }
     }
     return new PDestionation(str);
  }

  public static void main(String[] args) {
     Parcel5 parcel5 = new Parcel5();
     Destionation d = parcel5.destionation("test");
  }
}
```

【例 9-6】 内部类定义在作用域内。

```
public class Parcel6 {
   private void internalTracking(boolean b){
      if(b){
         class TrackingSlip{
            private String id;
            TrackingSlip(String s) {
               id = s;
            }
            String getSlip(){
               return id;
            }
         }
         TrackingSlip ts = new TrackingSlip("chenssy");
         String string = ts.getSlip();
      }
   }

   public void track(){
      internalTracking(true);
   }

   public static void main(String[] args) {
      Parcel6 parcel6 = new Parcel6();
      parcel6.track();
   }
}
```

4. 匿名内部类

顾名思义，匿名内部类是没有名字的内部类。由于没有名字，所以其创建方式有点儿奇怪：

```
new 父类构造方法(参数列表)|实现接口() {
   //匿名内部类的类体部分
}
```

使用匿名内部类必须要继承一个父类或者实现一个接口,当然仅能继承一个父类或者实现一个接口。同时它也没有 class 关键字,这是因为匿名内部类直接使用 new 关键字生成一个对象的引用。当然这个引用是隐式的。

【例 9-7】 匿名内部类。

```java
// Bird.java
public abstract class Bird {
  private String name;
  public String getName() {
    return name;
  }
  public void setName(String name) {
    this.name = name;
  }
  public abstract int fly();
}

// Test.java
public class Test {
  public void test(Bird bird) {
    System.out.println(bird.getName() + "能够飞 " + bird.fly() + "米");
  }
  public static void main(String[] args) {
    Test test = new Test();
    test.test(new Bird() {
      public int fly() {
        return 10000;
      }
      public String getName(){
        return "大雁";
      }
    });
  }
}
```

在 Test 类中,test()方法接收一个 Bird 类型的参数,同时抽象类 Bird 是没有办法直接实例化的,所以必须要先有实现类,才能生成 Bird 的实现类实例。所以在 main() 方法中直接使用匿名内部类创建一个 Bird 实例。

由于匿名内部类不能是抽象类,所以必须要实现它的抽象父类或者接口里面所有的抽象方法。匿名内部类的使用存在一个缺陷,就是它仅能被使用一次,创建匿名内部类时它会立即创建一个该类的实例,该类的定义会立即消失,所以匿名内部类不能够被重复使用。Java FX、Swing 编程经常使用这种方式绑定事件,9.4 节将详细介绍。

在使用匿名内部类的过程中,需要注意以下几点:

①使用匿名内部类时,必须继承一个类或者实现一个接口,但是两者不可兼得,同时也只能继承一个类或者实现一个接口。

②匿名内部类中是不能定义构造函数的。

③匿名内部类中不能存在任何的静态成员变量和静态方法。
④匿名内部类为局部内部类，所以局部内部类的所有限制同样对匿名内部类生效。
⑤匿名内部类不能是抽象的，它必须要实现继承的类或者实现接口的所有抽象方法。

5. 静态内部类

Java 的关键字 static 可以修饰成员变量、方法、代码块，其实还可以修饰内部类。使用 static 修饰的内部类称为静态内部类，又称嵌套类。静态内部类与非静态内部类之间存在一个最大的区别，由上文可知，非静态内部类在编译完成之后会隐含地保存着一个引用，该引用是指向创建它的外部类，但是静态内部类却没有。没有这个引用就意味着：①静态内部类的创建是不需要依赖于外部类的；②静态内部类不能使用任何外部类的非 static 成员变量和方法。

静态内部类如例 9-8 所示，充分展现了静态内部类和非静态内部类的区别。

【例 9-8】 静态内部类。

```java
public class OuterClass {
  private String sex;
  public static String name = "green";
  /**
  *静态内部类
  */
  static class InnerClass1{
     /* 在静态内部类中可以存在静态成员 */
     public static String name1 = "green_static";
     public void display(){
     /*
     * 静态内部类只能访问外部类的静态成员变量和方法
     * 不能访问外部类的非静态成员变量和方法
     */
     System.out.println("OutClass name :" + name);
     }
  }

  /**
  * 非静态内部类
  */
  class InnerClass2{
     /* 非静态内部类中不能存在静态成员 */
     public String name2 = "green_inner";
     /* 非静态内部类中可以调用外部类的任何成员，不管是静态的还是非静态的 */
     public void display(){
       System.out.println("OuterClass name: " + name);
     }
  }

  public void display(){
     /* 外部类访问静态内部类: 内部类. */
```

```
        System.out.println(InnerClass1.name1);
        /* 静态内部类可以直接创建实例,不需要依赖于外部类 */
        new InnerClass1().display();
        /*创建非静态内部类需要依赖于外部类 */
        OuterClass.InnerClass2 inner2 = new OuterClass().new InnerClass2();
        /* 访问非静态内部类的成员需要使用非静态内部类的实例 */
        System.out.println(inner2.name2);
        inner2.display();
    }

    public static void main(String[] args) {
        OuterClass outer = new OuterClass();
        outer.display();
    }
}
```

从例 9-8 可知:静态内部类只能访问外部类的静态成员变量和方法,不能访问外部类的非静态成员变量和方法;而非静态内部类不能定义静态成员变量的方法,可以调用外部类的任何(不管是静态的还是非静态的)成员。静态内部类可以直接创建实例,不需要依赖于外部类,创建非静态内部类需要依赖于外部类。

【例 9-9】创建一个飞行接口 Fly,包含一个方法 fly()。在测试类中创建一个匿名内部类来调用该接口的方法。

分析:创建接口 Fly,并添加方法 fly()。测试类 Main 含有一个 test()方法,该方法的参数是一个 Fly 对象。在 main()方法中,创建测试类 Main 的对象调用 test()方法,通过匿名内部类创建 Fly 对象,实现 Fly 接口的方法 fly()。

```
// Fly.java
public interface Fly {
    void fly();
}
// Main 测试类
public class Main{
    public void test(Fly fly){
        fly.fly();
    }

    public static void main(String[] args){
        Main main = new Main();
        // 创建匿名内部类,实现 Fly 接口的方法 fly()
        main.test(new Fly(){
            @Override
            public void fly(){
                System.out.println("Bird can fly..");
            }
        });
    }
}
```

测试结果如图 9-7 所示。

```
<terminated> Main (3) [Java Application] D:\java-1.8\jre-1.8\bi
Bird can fly..
```

图 9-7　匿名内部类测试结果

9.4　匿名内部类处理器

　　利用 Java FX 进行应用开发时，处理事件意味着需要注册一个事件处理器。事件处理器都实现了 EventHandler 接口。9-2 节介绍了实现 EventHandler 接口的两种方法——自定义事件处理器和使用内部类。前者需要创建一个新的类必须添加额外的代码。根据 9.3 节内部类内容，利用匿名内部类来处理事件处理器，不需要添加额外的代码，只需要实现接口中的方法即可。下面介绍如何使用匿名内部类实现事件处理器。

　　利用 Java FX 进行应用开发时，处理事件意味着需要注册一个事件处理器。注册事件处理器时，需要调用 addEventHandler()方法或者 setOnXxx 方法，这两个方法的参数是一个事件处理器接口 EventHandler 对象。9.2 节介绍了通过自定义事件处理器实现 EventHandler 接口，创建了自定义事件处理器类 MyMouseEventHandler，该类实现了 EventHandler 接口。这种方法需要创建一个新的类，会增加新的代码。有时，开发人员并不想定义这样的对象。此时可以通过匿名内部类实现。

　　9.3 节介绍了匿名内部类的创建方式：

```
new 父类构造方法(参数列表)|实现接口() {
    //匿名内部类的类体部分
}
```

　　使用匿名内部类必须要继承一个父类或者实现一个接口，当然仅能继承一个父类或者实现一个接口。利用匿名内部类实现 9.2 节中的注册事件处理器。代码如下：

```
myNode1.addEventHandler(DragEvent.DRAG_EXITED,
new EventHandler<InputEvent>() {
    public void handle(InputEvent event) {
        System.out.println("Handling event " + event.getEventType());
    }
});
myNode2.addEventHandler(DragEvent.DRAG_EXITED,
new EventHandler<InputEvent>() {
    public void handle(InputEvent event) {
        System.out.println("Handling event " + event.getEventType());
    }
});
```

　　在上述代码中，addEventHandler()方法需要接收一个 EventHandler 类型的参数，同时接口 EventHandler 没有办法直接实例化，必须先有实现类，才能生成 EventHandler 的实现类实例。所以在代码中可直接使用匿名内部类创建一个 EventHandler 实例。

　　匿名内部类的使用存在一个缺陷，就是它仅能被使用一次，创建匿名内部类时它会立即创建一个该类的实例,该类的定义会立即消失,所以匿名内部类不能够被重复使用。上述代码中,myNode1 和 myNode2 需要给同类型的事件注册同样的事件处理器。由于匿名类无法重复使用,因此,不得不创建两个匿名类。

【例 9-10】 利用匿名内部类重新实现 9.2 节任务实施环节程序的事件处理器。由于其他部分代码不变,此处仅仅列出修改的部分——将原来自定义的事件处理器修改为匿名内部类实现,如下所示:

```
……
// 处理事件
calculateBtn.setOnAction(new EventHandler<ActionEvent>() {
  @Override
  public void handle(ActionEvent event) {
    calculateLoanPayment();
  }
});
……
```

9.5 鼠标事件

鼠标是计算机重要的输入设备之一,假设在 GUI 应用程序中,一个面板内显示了一行消息文本,用鼠标来移动消息,当鼠标拖动时,消息同时移动,并且总是显示在鼠标指针处。这样,就需要知道鼠标指针的位置和鼠标按钮的状态,比如鼠标按钮按下、鼠标释放、单击、拖动等动作。下面介绍鼠标事件,包括如何获取鼠标事件的状态以及如何处理鼠标事件。

当一个鼠标按键在一个节点或者一个场景中被按下、释放、单击、移动或者拖动时,一个 MouseEvent 事件就被触发了。javafx.scene.input.MouseEvent 对象捕捉鼠标事件,含有事件发生时鼠标按钮的状态。例如,和它相关的单击数、鼠标位置(x 和 y 坐标),或者哪个鼠标按键被按下。MouseEvent 类定义了很多方法来获取鼠标按键的状态。表 9-3 展示了这些方法及其描述。

表 9-3 MouseEvent 类中与鼠标按键状态有关的方法

方法	方法描述
MouseButton getButton()	返回鼠标事件发生时的鼠标按键
int getClickCount()	返回鼠标点击的次数
double getX()	返回事件源节点中鼠标点的 x 坐标
double getY()	返回事件源节点中鼠标点的 y 坐标
double getSceneX()	返回场景中鼠标点的 x 坐标
double getSceneY()	返回场景中鼠标点的 y 坐标
double getScreenX()	返回屏幕中鼠标点的 x 坐标

续表

方　法	方法描述
double getScreenY()	返回屏幕中鼠标点的 y 坐标
boolean isAltDown()	该事件中 Alt 键被按下返回 true，否则返回 false
boolean isControlDown()	该事件中 Control 键被按下返回 true，否则返回 false
boolean isMetaDown()	该事件中鼠标的 Meta 键被按下返回 true，否则返回 false
boolean isShiftDown()	该事件中 Shift 键被按下返回 true，否则返回 false

javafx.scene.input.MouseButton 枚举定义了一些常量来描述鼠标按键。表 9-4 展示了定义在 MouseButton 枚举中的常量及其描述。可以利用 getButton()方法判断哪个按键被按下。例如，getButton() == MouseButton.SECONDARY 表示鼠标右键被按下。

表 9-4　MouseButton 枚举常量及其描述

枚 举 常 量	描　　述
NONE	没有键
PRIMARY	主键，通常指鼠标左键
MIDDLE	鼠标的中间键
SECONDARY	辅助键，通常指鼠标右键

鼠标事件列举在表 9-2 中。利用任务情景中的示例来演示使用鼠标事件，见任务实施部分。

【例 9-11】　编写程序，一个面板内显示了一行消息文本，用鼠标移动消息，当鼠标拖动时，消息同时移动，并且总是显示在鼠标指针处。

分析：任何节点和场景都可以触发鼠标事件。创建一个文本消息，为其注册一个事件处理器，来处理鼠标拖动事件。当鼠标被拖动时，将鼠标的坐标位置设置为文本的 x 和 y 坐标。

```
import javafx.application.Application;
import javafx.event.EventHandler;
import javafx.scene.Scene;
import javafx.scene.input.MouseEvent;
import javafx.scene.layout.Pane;
import javafx.scene.text.Text;
import javafx.stage.Stage;
public class MouseEventDemo extends Application {
    // 覆写 Application 类的 start 方法
    @Override
    public void start(Stage primaryStage) {
        // 创建面板并设置其属性
        Pane pane = new Pane();
        Text text = new Text(20, 20, "Mouse Event Demo");
        pane.getChildren().addAll(text);
        //注册鼠标拖动事件处理器
        text.setOnMouseDragged(new EventHandler<MouseEvent>() {
            // 实现 handle 方法
```

```
      @Override
      public void handle(MouseEvent e) {
        text.setX(e.getX());
        text.setY(e.getY());
      }
    });

    // 创建场景，将场景放入舞台内
    Scene scene = new Scene(pane, 300, 100);
    primaryStage.setTitle("MouseEventDemo");     // 设置标题
    primaryStage.setScene(scene);                // 将场景放入舞台内
    primaryStage.show();                         // 显示舞台
  }

  public static void main(String[] args) {
      launch(args);
  }
}
```

测试结果如图 9-8 所示。

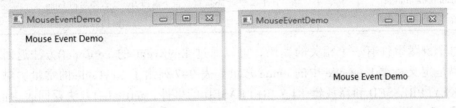

图 9-8　拖动鼠标移动文本消息

9.6 键 盘 事 件

除了鼠标，键盘也是计算机重要的输入设备。在 GUI 程序中，用户需要通过键盘控制和执行某个动作，或者输入字符，与应用程序进行交互。应用程序应该能够处理键盘触发的事件。下面介绍与键盘事件有关的内容。

键盘事件是一个输入事件类型，表示按键的发生。事件将被提交到聚焦的节点。一个键盘事件是 javafx.scene.KeyEvent 类的一个实例，代表一个键盘事件。KeyEvent 使得可以采用键盘来控制和执行动作，或者输入字符。KeyEvent 类中表示键盘事件类型的常量及其描述如表 9-5 所示。

表 9-5　KeyEvent 类中表示键盘事件类型的常量及其描述

常量	描述
ANY	它是其他键盘事件类型的超类型
KEY_PRESSED	表示键盘上的键被按下
KEY_RELEASED	表示键盘上的键被释放
KEY_TYPED	表示一个 Unicode 字符被输入

KEY_PRESSED、KEY_RELEASED 和 KEY_TYPED 是键盘事件的 3 种类型。相对于 KEY_TYPED 事件，KEY_PRESSED 和 KEY_RELEASED 事件是低级事件，分别发生在键盘上的键被按下和被释放的时候，且依赖于平台和键盘布局。而 KEY_TYPED 事件是一个高级事件，一般来说，它不依赖平台和键盘布局。

KeyEvent 对象描述了事件的性质（即，一个按键被按下、释放或者敲击）以及键值。表 9-6 列出了 KeyEvent 类封装的关于键盘事件的常用方法。

表 9-6 KeyEvent 类封装的关于键盘事件的方法及其描述

方 法	描 述
KeyCode getCode()	返回该事件中与该键相关的键的编码
String getText()	返回一个描述键的编码的字符串
String getCharacter()	以字符串的形式返回与该键相关的字符
boolean isAltDown()	该事件中 alt 键被按下返回 true，否则返回 false
boolean isControlDown()	该事件中 Control 键被按下返回 true，否则返回 false
boolean isMetaDown()	该事件中鼠标的 Meta 键被按下返回 true，否则返回 false
boolean isShiftDown()	该事件中 Shift 键被按下返回 true，否则返回 false

每个键盘事件有一个相关的编码，可以通过 KeyEvent 的 getCode()方法返回。键的编码是定义在类 KeyCode 中的 enum 常量。表 9-7 列出了 KeyCode 的常量。对于按下键 KEY_PRESSED 和释放键 KEY_RELEASED 的事件，getCode()方法返回表中的值、getText()方法返回一个描述键的代码的字符串、getCharacter()方法返回一个空字符串。对于敲击键 KEY_TYPED 的事件，getCode()方法返回 UNDEFINED、getCharacter()方法返回相应的 Unicode 字符或者与敲击键事件相关的一个字符序列。

表 9-7 KeyCode 常量

常量	描述	常量	描述
HOME	Home 键	DOWN	向下箭头键
END	End 键	LEFT	向左箭头键
PAGE_UP	Page Up 键	RIGHT	向右箭头键
PAGE_DOWN	Page Down 键	ESCAPE	Esc 键
UP	向上箭头键	TAB	Tab 键
CONTROL	Ctrl 键	ENTER	Enter 键
SHIFT	Shift 键	UNDEFINED	未定义
BACK_SPACE	空格键	F1~F12	F1~F12 功能键
CAPS	Caps 键	0~9	0~9 数字键
NUM_LOCK	Num Lock 键	A~Z	A~Z 字母键

【例 9-12】 编写程序，一个面板内显示了用户输入的一个字符，字符可以通过键盘上的上、下、左、右箭头按键移动。

分析：使用内部类的方式来创建键盘事件 KeyEvent 的事件处理器，当按键被按下时，处理器被调用。利用 getCode()方法获取按键的编码，使用 getText()方法获取该键的字符，当一个非方向键被按下，该字符被显示。当一个方向键被按下，字符按照方向键所表示的方向移动。只有一个被聚焦的节点可以接收 KeyEvent 事件，在一个 text 上调用 requestFocus()方法使得 text 可以接收键盘输入，该方法必须在舞台被显示后调用。

```java
import javafx.application.Application;
import javafx.event.EventHandler;
import javafx.scene.Scene;
import javafx.scene.input.KeyEvent;
import javafx.scene.layout.Pane;
import javafx.scene.text.Text;
import javafx.stage.Stage;
public class KeyEventDemo extends Application{
    // 覆写 Application 类的 start 方法
    @Override
    public void start(Stage primaryStage) {
        // 创建面板并设置其属性
        Pane pane = new Pane();
        Text text = new Text(20, 20, "A");
        pane.getChildren().add(text);
        // 创建场景，将场景放入舞台内
        Scene scene = new Scene(pane);
        primaryStage.setTitle("KeyEventDemo");// 设置标题
        primaryStage.setScene(scene);          // 将场景放入舞台内
        primaryStage.show();                   // 显示舞台
        text.setOnKeyPressed(new EventHandler<KeyEvent>() {
            @Override
            public void handle(KeyEvent e) {
                switch (e.getCode()) {
                    case DOWN:
                        text.setY(text.getY() + 10);
                        break;
                    case UP:
                        text.setY(text.getY() - 10);
                        break;
                    case LEFT:
                        text.setX(text.getX() - 10);
                        break;
                    case RIGHT:
                        text.setX(text.getX() + 10);
                        break;
                    default:
                        if (e.getText().length() > 0)
                            text.setText(e.getText());
                }
            }
        });
```

```
        // 聚焦到 Text 文本消息，接收键盘输入
        text.requestFocus();
    }

    public static void main(String[] args) {
        launch(args);
    }
}
```

测试结果如图 9-9 所示。

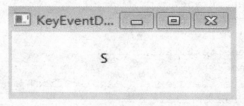

图 9-9　通过键盘移动字符

编 程 实 训

实训 1

编写程序创建一个简单的计算器，完成加法、减法、乘法、除法操作，如图 9-10 所示。

思路提示：在一个窗口内添加 3 个文本域 Number 1、Number 2 和 Result，文本域 Result 设置为不可编辑。分别给 4 个按钮注册动作事件处理器，获取 Number 1 和 Number 2 的值，当单击"加"按钮时，计算两个值之和；当单击"减"按钮时，计算两个值之差；当单击"乘"按钮时，计算两个值之积；当单击"除"按钮时，计算两个值之商。

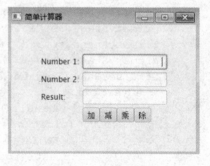

图 9-10　简单计算器

参考代码：

```
import javafx.application.Application;
import javafx.event.ActionEvent;
import javafx.event.EventHandler;
import javafx.geometry.HPos;
import javafx.geometry.Pos;
import javafx.scene.Scene;
import javafx.scene.control.Button;
import javafx.scene.control.Label;
import javafx.scene.control.TextField;
import javafx.scene.layout.GridPane;
import javafx.scene.layout.HBox;
import javafx.stage.Stage;

public class Calculator extends Application {
```

```java
    private String num1Str;
    private String num2Str;
    @Override
    public void start(Stage stage) throws Exception {
      Label num1Label = new Label("Number 1:");
      TextField num1Tf = new TextField();
      Label num2Label = new Label("Number 2:");
      TextField num2Tf = new TextField();
      Label resultLabel = new Label("Result:");
      TextField resultTf = new TextField();
      Button addBtn = new Button("加");
      Button minusBtn = new Button("减");
      Button mulBtn = new Button("乘");
      Button divBtn = new Button("除");

      // 给"加"按钮注册事件处理器
      addBtn.setOnAction(new EventHandler<ActionEvent>() {
        @Override
        public void handle(ActionEvent event) {
          num1Str = num1Tf.getText();
          num2Str = num2Tf.getText();
          double num1 = Double.parseDouble(num1Str);
          double num2 = Double.parseDouble(num2Str);
          double result = num1 + num2;
          resultTf.setText(String.format("%.2f", result));
        }
      });
      // 参考给"加"按钮注册事件处理器，给"减""乘""除"按钮注册事件处理器
      HBox group = new HBox();
      group.getChildren().addAll(addBtn, minusBtn, mulBtn, divBtn);
      GridPane gridPane = new GridPane();
      gridPane.setHgap(5);
      gridPane.setVgap(5);
      gridPane.add(num1Label, 0, 0);
      gridPane.add(num1Tf, 1, 0);
      gridPane.add(num2Label, 0, 1);
      gridPane.add(num2Tf, 1, 1);
      gridPane.add(resultLabel, 0, 2);
      gridPane.add(resultTf, 1, 2);
      gridPane.add(group, 1, 3);
      // 设置UI组件的属性
      gridPane.setAlignment(Pos.CENTER);
      num1Tf.setAlignment(Pos.BOTTOM_RIGHT);
      num2Tf.setAlignment(Pos.BOTTOM_RIGHT);
      resultTf.setAlignment(Pos.BOTTOM_RIGHT);
      resultTf.setEditable(false);
      GridPane.setHalignment(addBtn, HPos.RIGHT);
      // 创建场景，将场景放入舞台内
      Scene scene = new Scene(gridPane, 300, 200);
      stage.setTitle("简单计算器");   // 设置标题
```

```
        stage.setScene(scene);         // 将场景放入舞台内
        stage.show();                  // 显示舞台
    }

    public static void main(String[] args) {
        Application.launch(args);
    }
}
```

实训 2

编写程序创建一个投资值计算器，计算投资值在给定利率以及给定投资年数下的未来值，计算公式如下所示：

$$未来值 = 投资值 \times (1 + 月利率)^{年数 \times 12}$$

使用文本域显示利率、投资值和年数。当用户单击"计算"按钮时在文本域显示未来值，如图 9-11 所示。

思路提示：在一个窗口内添加 4 个文本域允许用户输入投资值、年限、年利率，给"计算"按钮注册动作事件处理器：获取输入的投资值、年限、年利率的值，根据提示公式，计算未来值。提示：可以通过 java.lang.Math 类的 power(double x, double y)方法计算幂值 x^y。

图 9-11 投资值计算器

参考代码：

```
import javafx.application.Application;
import javafx.event.ActionEvent;
import javafx.event.EventHandler;
import javafx.geometry.HPos;
import javafx.geometry.Pos;
import javafx.scene.Scene;
import javafx.scene.control.Button;
import javafx.scene.control.Label;
import javafx.scene.control.TextField;
import javafx.scene.layout.GridPane;
import javafx.stage.Stage;
public class InvestCalculator extends Application{
    private TextField interestRateTf = new TextField();
    private TextField numOfYearsTf = new TextField();
    private TextField investAmountTf = new TextField();
    private TextField futurePaymentTf = new TextField();
    private Button calculateBtn = new Button("计算");

    @Override
    public void start(Stage stage) {
        // 创建 UI 组件
```

```java
        GridPane gridPane = new GridPane();
        gridPane.setHgap(5);
        gridPane.setVgap(5);
        gridPane.add(new Label("投资值:"), 0, 0);
        gridPane.add(investAmountTf, 1, 0);
        gridPane.add(new Label("年限:"), 0, 1);
        gridPane.add(numOfYearsTf, 1, 1);
        gridPane.add(new Label("年利率:"), 0, 2);
        gridPane.add(interestRateTf, 1, 2);
        gridPane.add(new Label("未来值:"), 0, 3);
        gridPane.add(futurePaymentTf, 1, 3);
        gridPane.add(calculateBtn, 1, 4);
        // 设置UI组件的属性
        gridPane.setAlignment(Pos.CENTER);
        interestRateTf.setAlignment(Pos.BOTTOM_RIGHT);
        numOfYearsTf.setAlignment(Pos.BOTTOM_RIGHT);
        investAmountTf.setAlignment(Pos.BOTTOM_RIGHT);
        futurePaymentTf.setAlignment(Pos.BOTTOM_RIGHT);
        futurePaymentTf.setEditable(false);
        GridPane.setHalignment(calculateBtn, HPos.RIGHT);
        // 处理事件
        calculateBtn.setOnAction(new EventHandler<ActionEvent>() {

          @Override
          public void handle(ActionEvent event) {
            // 从文本域内获取数据
            double interestRate = Double.parseDouble(interestRateTf.getText());
            int year = Integer.parseInt(numOfYearsTf.getText());
            double investAmount = Double.parseDouble(investAmountTf.getText());
            // 计算月利率
            double interestMonthly = interestRate / 12;
            // 计算未来值
            double futurePayment=investAmount*Math.pow(1+interest Monthly, year * 12);

            futurePaymentTf.setText(String.format("¥%.2f", futurePayment));
          }
        });

        // 创建场景,将场景放入舞台内
        Scene scene = new Scene(gridPane, 300, 200);
        stage.setTitle("投资计算器");// 设置标题
        stage.setScene(scene);      // 将场景放入舞台内
        stage.show();               // 显示舞台
    }

    public static void main(String[] args) {
        launch(args);
    }
}
```

实训 3

编写一个程序，当单击鼠标时，面板上交替出现两个文本"java is fun"和"java is powerful"。

思路提示：在一个窗口内添加文本消息 Text，给窗口注册鼠标单击事件处理器：当单击鼠标时，在文本消息内交替显示文本消息"java is fun"和"java is powerful"。

参考代码：

```java
import javafx.application.Application;
import javafx.event.EventHandler;
import javafx.scene.Scene;
import javafx.scene.input.MouseEvent;
import javafx.scene.layout.Pane;
import javafx.scene.text.Text;
import javafx.stage.Stage;
public class DisplayText extends Application {
    private String text1 = "java is fun";
    private String text2 = "java is powerful";
    @Override
    public void start(Stage stage) {
        // 创建面板并设置其属性
        Pane pane = new Pane();
        Text text = new Text(20, 20, text1);
        pane.getChildren().addAll(text);
        pane.setOnMouseClicked(new EventHandler<MouseEvent>() {
            // 实现 handle 方法
            @Override
            public void handle(MouseEvent e) {
                String msg = text.getText();
                if(msg.equals(text1)) {
                    text.setText(text2);
                }

                if(msg.equals(text2)) {
                    text.setText(text1);
                }
            }
        });

        // 创建场景，将场景放入舞台内
        Scene scene = new Scene(pane, 200, 50);
        stage.setTitle("文本消息");// 设置标题
        stage.setScene(scene);      // 将场景放入舞台内
        stage.show();               // 显示舞台
    }

    public static void main(String[] args) {
        launch(args);
    }
}
```

实训4

编写一个程序,显示一个圆的颜色,当按下鼠标时颜色为红色,释放鼠标时颜色为黄色。

思路提示:在一个窗口内添加一个圆 Circle,圆心坐标为(100,50),半径为 30,圆的初始颜色为黑色,给窗口注册鼠标单击和鼠标释放事件处理器:当按下鼠标时,将圆的颜色修改为红色;当释放鼠标时,将圆的颜色修改为黄色。

参考代码:

```java
import javafx.application.Application;
import javafx.event.EventHandler;
import javafx.scene.Scene;
import javafx.scene.input.MouseEvent;
import javafx.scene.layout.Pane;
import javafx.scene.paint.Color;
import javafx.scene.shape.Circle;
import javafx.stage.Stage;
public class CircleColor extends Application
{

    public static void main(String[] args) {
        launch(args);
    }
    @Override
    public void start(Stage stage) throws Exception {
        // 创建面板并设置其属性
        Pane pane = new Pane();
        Circle circle = new Circle(100, 50, 30);
        pane.getChildren().addAll(circle);

        // 注册的鼠标按下事件
        pane.setOnMousePressed(new EventHandler<MouseEvent>() {
            // 实现handle方法
            @Override
            public void handle(MouseEvent e) {
                circle.setFill(Color.RED);
            }
        });

        // 注册的鼠标释放事件
        pane.addEventHandler(MouseEvent.MOUSE_RELEASED,
new EventHandler<MouseEvent>() {
            // 实现handle()方法
            @Override
            public void handle(MouseEvent e) {
                circle.setFill(Color.YELLOW);
            }
        });

        // 创建场景,将场景放入舞台内
        Scene scene = new Scene(pane, 200, 100);
```

```
            stage.setTitle("改变圆的颜色");   // 设置标题
            stage.setScene(scene);           // 将场景放入舞台内
            stage.show();                    // 显示舞台
        }
    }
```

实训 5

编写一个程序，当单击鼠标时显示鼠标的位置，如图 9-12 所示。

思路提示：在一个窗口内添加文本消息 Text，给窗口注册鼠标单击事件处理器：当单击鼠标时，在文本消息内显示鼠标的位置。

图 9-12 显示鼠标位置

参考代码：

```java
import javafx.application.Application;
import javafx.event.EventHandler;
import javafx.scene.Scene;
import javafx.scene.input.MouseEvent;
import javafx.scene.layout.Pane;
import javafx.scene.text.Text;
import javafx.stage.Stage;
public class MouseEventDemo extends Application {
    @Override
    public void start(Stage stage) {
        // 创建面板并设置其属性
        Pane pane = new Pane();
        Text text = new Text(20, 20, "");
        pane.getChildren().addAll(text);
        pane.setOnMouseClicked(new EventHandler<MouseEvent>() {
            // 实现 handle 方法
            @Override
            public void handle(MouseEvent e) {
                text.setText("(" + e.getX() + ", " + e.getY() + ")");
            }
        });
        // 创建场景，将场景放入舞台内
        Scene scene = new Scene(pane, 200, 50);
        stage.setTitle("显示鼠标位置");   // 设置标题
        stage.setScene(scene);           // 将场景放入舞台内
        stage.show();                    // 显示舞台
    }

    public static void main(String[] args) {
        launch(args);
    }
}
```

实训 6

编写一个程序，从键盘接收一个字符串并把它显示在面板上。回车键表明字符串结束。任何时候输入一个新字符串时都会将它显示在面板上。

第9章 事件驱动编程

思路提示：在一个窗口内添加文本消息 Text，给文本消息注册键盘释放事件处理器：当键盘按键释放时，获取按键的编码，如果编码为 ENTER（此时按键为回车键），不再接收键盘的输入；如果编码不为 ENTER，并且按键编码的字符串长度大于 0，那么将按键编码的字符串追加到文本消息后面。

参考代码：

```java
import javafx.application.Application;
import javafx.event.EventHandler;
import javafx.scene.Scene;
import javafx.scene.input.KeyCode;
import javafx.scene.input.KeyEvent;
import javafx.scene.layout.Pane;
import javafx.scene.text.Text;
import javafx.stage.Stage;
public class DisplayStringDemo extends Application{
    private boolean isInput = true;
    @Override
    public void start(Stage stage) {
        // 创建面板并设置其属性
        Pane pane = new Pane();
        Text text = new Text(20, 20, "");
        pane.getChildren().add(text);
        // 创建场景，将场景放入舞台内
        Scene scene = new Scene(pane, 300, 100);
        stage.setTitle("显示字符串");// 设置标题
        stage.setScene(scene);       // 将场景放入舞台内
        stage.show();                // 显示舞台
        text.setOnKeyReleased(new EventHandler<KeyEvent>() {
            @Override
            public void handle(KeyEvent e) {
                if (e.getCode() != KeyCode.ENTER && isInput) {
                    if (e.getText().length() > 0) {
                        text.setText(text.getText() + e.getText());
                    }
                }
                else {
                    isInput = false;
                }
            }
        });
        // 聚焦到 Text 文本消息，接收键盘输入
        text.requestFocus();
    }

    public static void main(String[] args) {
        launch(args);
    }
}
```

实训 7

编写一个程序，使用键盘箭头方向键向上、向下、向左、向右移动一个面板里面的圆。

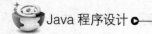

思路提示：在一个面板内添加圆 Circle，圆心坐标为(100,50)，半径为 30。给该圆注册键盘按键释放事件处理器：当按下键盘上的箭头方向键向上、向下、向左、向右，分别将该圆向上、向下、向左、向右移动 10 像素。

参考代码：

```java
import javafx.application.Application;
import javafx.event.EventHandler;
import javafx.scene.Scene;
import javafx.scene.input.KeyEvent;
import javafx.scene.layout.Pane;
import javafx.scene.shape.Circle;
import javafx.stage.Stage;

public class MoveCircleDemo extends Application{
    // 覆写 Application 类的 start()方法
    @Override
    public void start(Stage primaryStage) {
        // 创建面板并设置其属性
        Pane pane = new Pane();
        Circle circle = new Circle(100, 50, 30);
        pane.getChildren().addAll(circle);
        // 创建场景,将场景放入舞台内
        Scene scene = new Scene(pane, 300, 200);
        primaryStage.setTitle("移动圆");// 设置标题
        primaryStage.setScene(scene); // 将场景放入舞台内
        primaryStage.show();           // 显示舞台
        circle.setOnKeyPressed(new EventHandler<KeyEvent>() {
            @Override
            public void handle(KeyEvent e) {
                switch (e.getCode()) {
                    case DOWN:
                        circle.setCenterY(circle.getCenterY() + 10);break;
                    case UP:
                        circle.setCenterY(circle.getCenterY() - 10);break;
                    case LEFT:
                        circle.setCenterX(circle.getCenterX() - 10);break;
                    case RIGHT:
                        circle.setCenterX(circle.getCenterX() + 10);break;
                    default:
                        break;
                }
            }
        });
        // 聚焦到 Text 文本消息,接收键盘输入
        circle.requestFocus();
    }

    public static void main(String[] args) {
        launch(args);
    }
}
```

第 10 章

Java FX UI 组件

知识目标

1. 使用各种 UI 组件创建图形用户界面；
2. 使用 Label 类创建具有文本和图形的按钮；
3. 使用 Button 类创建具有文本和图形的按钮，通过 setOnAction()方法设置处理器；
4. 使用 CheckBox 类创建一个复选框；
5. 使用 RadioButton 类创建一个单选按钮，并使用 ToggleGroup 将单选按钮分组；
6. 使用 TextField 类输入数据，以及使用 PasswordField 类输入密码；
7. 使用 TextArea 类输入多行数据；
8. 使用 ComboBox 类选择单个条目；
9. 使用 ListView 类选择单个或者多个条目；
10. 使用 ScrollBar 类选择一个范围内的值；
11. 使用 Slider 类选择一个范围内的值。

能力要求

1. 掌握 Label、Button、CheckBox、RadioButton、TextField、Password、TextArea、ComboBox、ListView、ScrollBar 和 Slider 类的使用；
2. 掌握利用 setOnAction()方法给按钮设置一个事件处理器。

图形用户界面（GUI）可以让系统对用户更友好而且更易于使用。创建一个 GUI 需要创造力以及有关 GUI 组件如何工作的知识，Java FX 提供了许多 UI 组件，用于开发全面的用户界面。由于 Java FX 的 UI 组件灵活，功能全面，用户可以为富因特网应用创建类别广泛的实用用户界面。

Oracle 公司提供了可视化设计和开发 GUI 的工具，但是在开始使用可视化工具之前，必须理解 Java FX GUI 程序设计的一些基本概念。前面章节中已经使用了一些 GUI 组件，例如 Button、Label 和 TextField。本章将详细介绍常用的 UI 组件，如图 10-1 所示。

在场景图中，可以利用 Java FX API 通过使用节点构建 Java FX 的 UI 组件。这些组件能完全利用 Java FX 平台丰富可视化特性，能完善跨越不同平台，而且允许使用层叠样式表（CSS）实现 UI 组件的不同主题和外观。

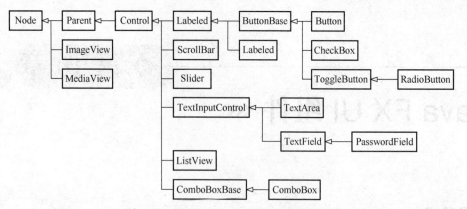

图 10-1　创建用户界面时用到的 UI 组件

Java FX 构建 UI 的类存在于 API 的 javafx.scene.control 包中，因为 javafx.scene.control 包中的组件都继承自 Node 类，它们都可以使用场景渲染、动画、变换和动画过渡来综合展示。UI 组件类相比典型的用户交互类提供了额外的变量和方法来直观地实现用户交互，可以通过 CSS 定制内置的 UI 组件的外观，在 Java FX 中使用 CSS 与在 HTML 中基本相同，因为都使用相同的 CSS 规范。对一些不常用的任务，还可能需要通过继承组件类创建自定义的 UI 组件或通过皮肤接口为组件定义新的外观。

10.1　Label

在利用 Java FX 进行 GUI 程序开发时，通常需要说明或者描述一个 UI 组件，提示用户该组件的用途。比如说，在一个文本域内输入一串字符串作为用户的名称，这时，需要在该文本域左边、右边或者顶部利用文本对其进行说明描述，提示该文本域内输入字符串是作为用户的名称。Label 组件就能够完成该功能。

在 Java FX 中，类 javafx.scene.control.Label 表示一个 Label 组件，是一个显示小段文本、一个节点或同时显示两者的区域，Label 组件经常用来给其他组件（通常为文本域）做标签。通常情况下，Label 组件位于所描述组件的左边、右边、顶部或者底部。标签和按钮共享许多共同的属性。这些共同属性定义在 javafx.scene.control.Labeled 类中，类 Label 继承自类 Labeled。如表 10-1 所示，这些属性都可以通过对应的 get 和 set 方法获取和设置其值。

表 10-1　Labeled 类定义的属性及其描述

属性及其数据类型	描　　述
-alignment:ObjectProperty<Pos>	指定 Labeled 中文本和节点的对齐方式
-contentDisplay:ObjectProperty<ContentDisplay>	使用 ContentDisplay 中定义的常量 TOP、BOTTOM、LEFT、RIGHT 指定节点相对于文本的位置
-graphic:ObjectProperty<Node>	用于 Labeled 的图形
-graphicTextGap:DoubleProperty	图形和文本之间的间隔
-textFill:ObjectProperty<Paint>	用于填充文本的图画

续表

属性及其数据类型	描 述
-text:StringProperty	用于标签的文本
-underline:BooleanProperty	文本是否需要添加下画线
-wrapText:BooleanProperty	如果文本超过了宽度，是否换至下一行
-font:ObjectProperty<Font>	用于指定标签文本的字体

表 10-1 中的 graphic 属性可以是任何一个节点，比如一个形状、一个图形或者一个组件。类 Label 除了具有表 10-1 所示的属性外，还具有特定的属性 labelFor，该属性的数据类型是 ObjectProperty<Node>，该属性用于指定该标签组件说明描述的场景图中另一个组件对象。

Java FX API 提供了 3 种标签类的构造方法来创建标签 Label 对象，如表 10-2 所示。

表 10-2　创建 Label 对象的构造方法及其描述

构造方法	描 述
+Label()	创建一个空 Label
+Label(String text)	创建一个带特定文本的标签 Label
+Label(String text, Node graphic)	创建一个带特定文本和图形的标签 Label

创建标签组件的代码如下所示：

```
//创建空标签
Label label1 = new Label();
//创建纯文本的标签
Label label2 = new Label("Search");
//创建带文本和图形的标签
Image image = new Image(getClass().getResourceAsStream("labels.jpg"));
Label label3 = new Label("Search", new ImageView(image));
```

一旦在代码中创建了标签，就可以通过标签 Label 类的 set()方法向标签对象增加文本或图形内容。

如果没有为标签指定任何字体，则使用默认的字体大小来绘制。如果要为标签提供一个字体文字大小以替换默认大小，可以使用 Labeled 类中的 setFont()方法。如下代码段显示如何给标签文本设置字体。

```
//使用字体类的构造方法
label1.setFont(new Font("Arial", 30));
//使用字体类的静态方法
label2.setFont(Font.font("Cambria", 32));
```

或者，还可以通过层叠样式表（CSS）为标签组件设定字体，通过 setStyle()方法给组件对象设置 CSS 样式。如下代码段所示，其与通过 Labeled 类中的 setFont()方法有相同的效果。

```
        label1.setStyle("-fx-font: 30 arial");
        label2.setStyle("-fx-font: 32 cambria");
```

【例 10-1】 编写程序，窗口中有两个文本域，通过 Label 组件说明这两个文本域用来接收输入的用户名和密码。

分析：先创建一个 GridPane，然后将一个文本域、一个密码域、两个标签添加到 GridPane 中，利用 Label 类的 labelFor 属性分别设置文本域和密码域的标签为 "用户名" 和 "密码"。

```java
import javafx.application.Application;
import javafx.scene.Scene;
import javafx.scene.control.Label;
import javafx.scene.control.PasswordField;
import javafx.scene.control.TextField;
import javafx.scene.layout.GridPane;
import javafx.stage.Stage;

public class LabelDemo extends Application{
    // main()方法
    public static void main(String[] args){
        Application.launch(args);
    }

    @Override
    public void start(Stage stage){
        // 创建文本域 TextField 对象
        TextField nameFld = new TextField();
        // 利用默认构造方法创建空 Lable
        Label nameLbl = new Label();
        // 调用 setText()方法设置标签文本
        nameLbl.setText("用户名: ");
        // 调用 setLabelFor()方法指定标签 nameLbl 对场景图中 nameFld 进行说明描述
        nameLbl.setLabelFor(nameFld);
        // 创建密码域 PasswordField 对象
        PasswordField passwordFld = new PasswordField();
        // 创建一个带有特定文本的 Lable 对象
        Label passwordLbl = new Label("密    码: ");
        //调用 setLabelFor()方法指定标签 passwordLbl 对场景图中 passwordFld 进行说明描述
        passwordLbl.setLabelFor(passwordFld);
        GridPane root = new GridPane();
        root.addRow(0, nameLbl, nameFld);
        root.addRow(1, passwordLbl, passwordFld);
        root.setStyle("-fx-padding:10;"+"-fx-border-style:solid inside;"+
                "-fx-border-width: 2;"+
                "-fx-border-insets: 5;"+
                "-fx-border-radius: 5;"+
                "-fx-border-color: blue;");
        Scene scene = new Scene(root);
```

```
        stage.setScene(scene);
        stage.setTitle("标签示例");
        stage.show();
    }
}
```

测试结果如图 10-2 所示。

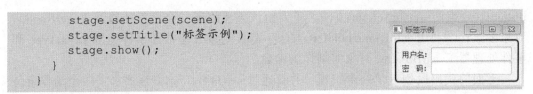

图 10-2 拥有两个文本域的窗口

10.2 按 钮

在 JavaFX GUI 应用开发中,按钮是单击触发动作事件的组件。当按钮被鼠标单击时,某个动作事件会被触发,从而执行相应的动作。如图 10-2 所示,一个窗口有最小化、最大化、关闭按钮,这些按钮都有自己特有的功能,分别起着最小化、最大化和关闭窗口的作用。下面学习如何创建按钮、设置按钮的动作触发事件。

按钮(button)是单击触发动作事件的组件。Java FX 提供了常规按钮、开关按钮、复选框按钮和单选按钮。这些按钮的公共特性在 ButtonBase 和 Labeled 类中定义。Labeled类定义了标签和按钮的共同属性,如表 10-1 所示。类 javafx.scene.control.Button 代表一个按钮,按钮和标签非常相似,它可以显示文本、图形或者两者相结合。除此之外,按钮还具有定义在 ButtonBase 类中的 onAction 属性,该属性设置一个用于处理按钮动作事件 ActionEvent 的事件处理器。

Java FX API 提供了 3 种构造方法创建按钮组件:默认构造方法、带一个字符串参数的构造方法、带一个字符串参数和一个 ImageView 对象参数的构造方法,如表 10-3 所示。

表 10-3 Button 类的构造方法及其描述

构造方法	描述
+Button()	创建一个空按钮
+Button(String text)	创建一个带特定文本的按钮
+Button(String text, Node graphic)	创建一个带特定文本和图形的按钮

创建按钮组件的代码如下所示:

```
//空按钮
Button button1 = new Button();
//使用特定本文为标题的按钮
Button button2 = new Button("Accept");
//使用标题和图标的按钮
Image imageOk = newImage(getClass().getResourceAsStream("ok.png"));
Button button3 = new Button("Accept", new ImageView(imageOk));
```

Java FX 中,由于 Button 类继承自 Labeled 类,可以通过 set()方法为未指定图标或文本的按钮指定按钮的内容。

按钮的主要功能是在鼠标单击时产生一个动作。可以通过 9.2 节介绍的方法注册事件处理器,定义当用户单击按钮时将要完成的动作事件 ActionEvent。①利用

ButtonBase 类的 setOnAction()方法，需要给该方法传递一个事件处理器 EventHandler 对象参数；②利用 addEventHandler()方法，需要给该方法传递事件类型 EventType 和事件处理器 EventHandler 对象实例作为参数。

下面的代码段创建了一个按钮，并且通过 setOnAction()方法添加了一个动作事件 ActionEvent 处理器。当按钮动作事件被触发后，就会执行 handle()方法代码。

```
// 正常按钮
Button newBtn = new Button("New");
newBtn.setOnAction(new EventHandler<ActionEvent>() {
  @Override
  public void handle(ActionEvent e) {
    // 事件动作处理逻辑代码
  }
});
```

Java FX 的 API 显示，Button 类可以使用 javafx.scene.effect 包中的任何特效来增强按钮的可视化效果。如下代码中，当 button3 触发了 onMouseEntered 事件时，该按钮使用了 DropShadow 阴影效果；当触发 onMouseExited()方法时，去除特效。图 10-3 所示为当鼠标进入和离开按钮时的状态。

图 10-3　有阴影特效的按钮

```
DropShadow shadow = new DropShadow();
//当鼠标位于按钮上时，增加阴影特效
button3.addEventHandler(MouseEvent.MOUSE_ENTERED,
new EventHandler<MouseEvent>() {
    @Override
    public void handle(MouseEvent e) {
        button3.setEffect(shadow);
    }
});
//鼠标离开时，去除特效
button3.addEventHandler(MouseEvent.MOUSE_EXITED,
new EventHandler<MouseEvent>() {
    @Override
    public void handle(MouseEvent e) {
        button3.setEffect(null);
    }
});
```

改善按钮可视化效果可以通过 Skin 类定义的 CSS 样式。可以将样式定义在独立的 CSS 文件中，然后在应用程序中通过 setStyle()方法开启，此方法继承自 Node 类，对所有的 UI 组件都起作用。另外，还可以通过 setStyle()方法直接为一个组件定义样式。下面的代码段演示了这种方法。

```
button1.setStyle("-fx-font: 22 arial; -fx-base: #b6e7c9");
```

-fx-font-size 属性为 button1 设定字体尺寸属性,
-fx-base 属性覆盖了按钮的默认颜色。结果是,button1
的颜色是淡绿色的,并且字体稍大,效果如图 10-4
所示。

图 10-4 使用 CSS 样式的按钮

【例 10-2】 编写程序,使用按钮控制文本的移动,窗口内有一条文本消息,在窗口底部有两个按钮"<="和"=>",按钮"<="使文本消息向左移动,按钮"=>"使文本消息向右移动。

```java
import javafx.application.Application;
import javafx.event.ActionEvent;
import javafx.event.EventHandler;
import javafx.geometry.Pos;
import javafx.scene.Scene;
import javafx.scene.control.Button;
import javafx.scene.layout.BorderPane;
import javafx.scene.layout.HBox;
import javafx.scene.layout.Pane;
import javafx.scene.text.Text;
import javafx.stage.Stage;
public class ButtonDemo extends Application {
  private Text text = new Text(50, 50, "移动消息文本");
  @Override
  public void start(Stage primaryStage) {
    // 两个按钮以 HBox 布局
    HBox paneForButtons = new HBox(20);
    // 创建两个按钮
    Button btLeft = new Button("<=");
    Button btRight = new Button("=>");
    // 将两个按钮添加到 HBox 内
    paneForButtons.getChildren().addAll(btLeft, btRight);
    // 设置对齐方式
    paneForButtons.setAlignment(Pos.CENTER);
    paneForButtons.setStyle("-fx-border-color: black");
    // 窗口的布局方式
    BorderPane pane = new BorderPane();
    // 将按钮放到窗口的底部
    pane.setBottom(paneForButtons);
    // 创建面板来放置消息文本
    Pane paneForText = new Pane();
    paneForText.getChildren().add(text);
    pane.setCenter(paneForText);
    // 给按钮注册动作事件处理器
    btLeft.setOnAction(new EventHandler<ActionEvent>() {
      @Override
      public void handle(ActionEvent event) {
        text.setX(text.getX() - 10);
      }
    });
    btRight.setOnAction(new EventHandler<ActionEvent>() {
      @Override
```

```
                public void handle(ActionEvent event) {
                    text.setX(text.getX() + 10);
                }
            });
            Scene scene = new Scene(pane, 300, 150);
            primaryStage.setTitle("移动消息");
            primaryStage.setScene(scene);
            primaryStage.show();
        }

        public static void main(String[] args) {
            launch(args);
        }
    }
```

程序测试结果如图 10-5 所示。

图 10-5　按钮移动消息文本

10.3　复选框

在学生注册时，通常需要提交用户的兴趣爱好，用户的兴趣爱好可以有多种，用户不仅仅只选择一种爱好，而会选择多种。这就需要 UI 组件能够支持多个选项同时被选中的功能。复选框（CheckBox）组件就能够实现这样的功能，复选框允许用户进行多项选择。

复选框用于提供给用户进行多项选择。如同 Button，类 javafx.scene.control.CheckBox 继承了来自 ButtonBase 和 Labeled 的所有属性，比如 onAction、text、graphic、alignment、graphicTextGap、textFill、contentDisplay，如表 10-1 所示。另外，它还提供了 selected、indeterminate 和 allowIndeterminate 属性，如表 10-4 所示。

表 10-4　CheckBox 类自定义的属性及其描述

属性名	描述
-selected:BooleanProperty	用于表明一个复选框是否被选中
-indeterminate:BooleanProperty	决定复选框是否处于 indeterminate 状态
-allowIndeterminate:BooleanProperty	决定 undefined 状态在选择时是否可用，默认值为 false

复选框有 3 种状态：checked、unchecked 和 undefined。undefined 状态又称 indeterminate 状态。复选框支持 3 个选项 true/false/unknown 或者 yes/no/unknown。通常情况下，复选框的标签是文本类型的（非图片类型的）。鼠标单击后，复选框将会在 3 种状态中循环地从一个状态转移到另一个状态。复选框前通常存在一个方框。unchecked 状态时，方框是空的；checked 状态时，方框内存在一个对勾；undefined 状态时，方框内存在一条横线。图 10-6 所示为复选框的 3 种状态。

图 10-6　复选框的 3 种状态

Java FX API 提供了两种构造方法来创建复选框组件：默认构造方法、带一个字符串参数的构造方法，如表 10-5 所示。

表 10-5　CheckBox 类的构造方法及其描述

构 造 方 法	描　　述
+CheckBox ()	创建一个空的复选框
+CheckBox (String text)	创建一个带有特定文本的复选框

创建复选框组件的代码如下所示：

```
// 创建一个仅仅支持checked和unchecked状态的复选框
CheckBox hungryCbx = new CheckBox("Hungry");
// 创建一个支持3种状态的复选框
CheckBox agreeCbx = new CheckBox();
agreeCbx.setText("Hungry");
agreeCbx.setAllowIndeterminate(true);
```

CheckBox 类利用 selected 和 indeterminate 属性来标记 3 种状态。如果 indeterminate 属性为 true，那么复选框处于 undefined 状态。如果属性 indeterminate 值为 false，属性 selected 的值决定着复选框处于 checked 还是 unchecked 状态，属性 selected 的值为 true 时，复选框处于 checked 状体；属性 selected 的值为 false 时，复选框处于 unchecked 状体。表 10-6 总结了复选框状态的规则。

表 10-6　基于 indeterminate 和 selected 属性复选框状态表

indeterminate 属性	selected 属性	状　　态
False	true	checked
False	false	unchecked
True	true/false	undefined

当一个复选框被单击（选中或者取消选中），都会触发一个 ActionEvent，可以通过 setOnAction() 方法给复选框注册一个事件处理器。要判断复选框是否被选中，可以通过调用 isSelected() 方法实现。

复选框默认的 CSS 样式类名称为 check-box。复选框还支持 3 个 CSS 伪类：selected、determinate 和 indeterminate。当 selected 属性值为 true 时，selected 伪类将被使用；当

indeterminate 属性值为 false 时，determinate 伪类将被使用；当 indeterminate 属性值为 true 时，indeterminate 伪类将被使用。复选框还支持两个 substructures：box 和 mark。定制其样式可以改变显示效果，改变方框的背景颜色和边线，改变对勾的颜色和形状。box 和 mark 都是 StackPane 的实例。对勾是由 StackPane 的形状来显示的。可以修改 CSS 样式改变标记的形状、背景色和颜色。下面的 CSS 样式将显示黄褐色的方框和红色的对勾：

```css
.check-box .box {
  -fx-background-color: tan;
}
.check-box:selected .mark {
  -fx-background-color: red;
}
```

【例10-3】 编写程序，使用复选框设置文本的字体是黑体还是斜体。窗口内有一条文本消息，在窗口底部有两个复选框"黑体"和"斜体"。选中某个复选框时，将文本消息字体设置为对应的字体。

```java
import javafx.application.Application;
import javafx.event.ActionEvent;
import javafx.event.EventHandler;
import javafx.geometry.Pos;
import javafx.scene.Scene;
import javafx.scene.control.CheckBox;
import javafx.scene.layout.BorderPane;
import javafx.scene.layout.HBox;
import javafx.scene.layout.Pane;
import javafx.scene.text.Font;
import javafx.scene.text.FontPosture;
import javafx.scene.text.FontWeight;
import javafx.scene.text.Text;
import javafx.stage.Stage;

public class CheckBoxDemo extends Application {
    private Text text = new Text(50, 50, "change message font.");
    @Override
    public void start(Stage stage) throws Exception {
        BorderPane pane = new BorderPane();
        // 创建四种字体
        Font fontBoldItalic=Font.font("Times New Roman", FontWeight.BOLD, FontPosture.ITALIC, 20);
            Font fontBold = Font.font("Times New Roman", FontWeight.BOLD, FontPosture.REGULAR, 20);
            Font fontItalic = Font.font("Times New Roman", FontWeight.NORMAL, FontPosture.ITALIC, 20);
            Font fontNormal = Font.font("Times New Roman", FontWeight.NORMAL, FontPosture.REGULAR, 20);
```

```java
      text.setFont(fontNormal);
      // 创建面板来放置消息文本
      Pane paneForText = new Pane();
      paneForText.getChildren().add(text);
      pane.setCenter(paneForText);
      HBox paneForCheckBoxes = new HBox();
      paneForCheckBoxes.setStyle("-fx-border-color: green");
      CheckBox chkBold = new CheckBox("黑体");
      CheckBox chkItalic = new CheckBox("斜体");
      paneForCheckBoxes.getChildren().addAll(chkBold, chkItalic);
      paneForCheckBoxes.setAlignment(Pos.CENTER);
      pane.setBottom(paneForCheckBoxes);
      // 创建事件处理器
      EventHandler<ActionEvent> handler = new EventHandler<ActionEvent>() {
        @Override
        public void handle(ActionEvent event) {
          if (chkBold.isSelected() && chkItalic.isSelected()) {
            text.setFont(fontBoldItalic);  //两个复选框都被选中
          }
          else if (chkBold.isSelected()) {
            text.setFont(fontBold);        //黑体复选框被选中
          }
          else if (chkItalic.isSelected()) {
            text.setFont(fontItalic);      //斜体复选框被选中
          }
          else {
            text.setFont(fontNormal);      //两个复选框都未被选中
          }
        }
      };
      chkBold.setOnAction(handler);
      chkItalic.setOnAction(handler);

      Scene scene = new Scene(pane, 300, 150);
      stage.setTitle("改变消息字体");
      stage.setScene(scene);
      stage.show();
    }

    public static void main(String[] args)
    {
      Application.launch(args);
    }
}
```

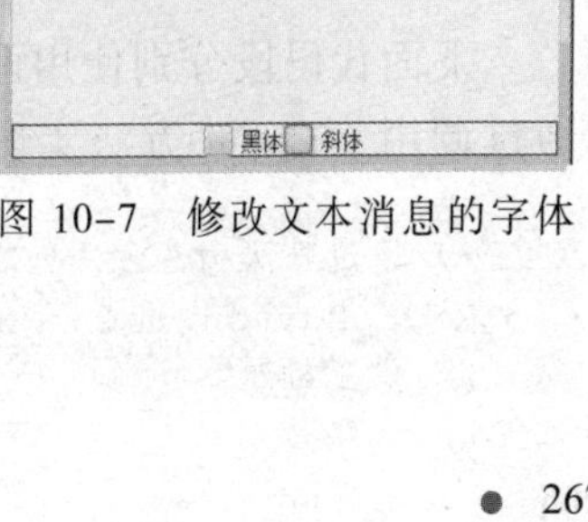

测试结果如图 10-7 所示。

图 10-7　修改文本消息的字体

10.4 单选按钮

GUI 应用程序开发中,用户进行注册时,需要选择用户的"性别",该字段仅仅有两个选项:"男"和"女"。两个选项每次只能选择其中之一,不允许选择多个选项。其中一个选项被选中后,其他选项自动处于未选中状态。单选按钮(radio button)组件就可以实现该功能。单选按钮组件用于一组相互排斥的值,也就是用户只能从选项列表中选择一项。

单选按钮又称选项按钮(option button),它可以让用户从一组选项中选择一个单一的条目。从外观上看,单选按钮类似于复选框。复选框是方形的,可以选中或者不选中;而单选按钮显示一个圆,或是填充的(选中时),或是空白的(未选中时)。

类 javafx.scene.control.RadioButton 表示单选按钮,它继承自类开关按钮 ToggleButton。因此,它具有 ToggleButton 的所有特征。单选按钮和开关按钮的不同之处是,单选按钮显示一个圆,而开关按钮渲染成类似于按钮。类 ToggleButton 的属性、构造方法及其描述分别如表 10-7 和表 10-8 所示。

表 10-7 类 javafx.scene.control.ToggleButton 的属性及其描述

属性名	描述
-selected: BooleanProperty	表明按钮是否被选中
-toogleGroup: ObjectProperty<ToogleGroup>	指定按钮所属的按钮组

表 10-8 类 javafx.scene.control.ToggleButton 的构造方法及其描述

构造方法	说明描述
+ToggleButton()	创建一个空的开关按钮
+ToggleButton(String text)	创建一个带有特定文本的开关按钮
+ToggleButton(String text, Node graphic)	创建一个带有特定文本和图形的开关按钮

在 Java FX API 的 javafx.scene.control 包中,RadioButton 类提供了两种创建单选按钮的构造方法:无参数的默认构造方法、有一个字符串参数的构造方法,如表 10-9 所示。

表 10-9 类 javafx.scene.control.RadioButton 的构造方法及其描述

构造方法	描述
+RadioButton()	创建一个空的单选按钮
+RadioButton(String text)	创建一个带有特定文本的单选按钮

下面代码段分别使用两种构造方法创建了单选按钮 rb1 和 rb2。rb1 的文本标题是通过调用 setTitle()方法实现的,rb2 的文本标题是通过相应的构造方法定义的。

```
// 通过默认构造方法创建单选按钮
RadioButton rb1 = new RadioButton();
// 设置标题
```

```
rb1.setTitle("Home");
// 使用带参数的构造方法创建单选按钮
RadioButton rb2 = new RadioButton("Calendar");
```

像 ToggleButton 一样，单选按钮也有两种状态：selected 和 unselected。selected 属性表示当前的状态。当单选按钮被选中或者取消选中时，将会触发一个动作事件 ActionEvent，可以通过 setOnAction()方法注册动作事件的事件处理器。图 10-8 所示，文本标签为 Summer 的单选按钮处于选中和未选中状态。

图 10-8 单选按钮的两种状态

一般来说，单选按钮使用时需要捆绑成一组，一次只能选择一个。单选按钮的使用与开关按钮的使用有明显不同。组内不需要必须存在一个选中的开关按钮；但组内必须要求存在一个被选中的单选按钮。单击组合内选中状态的单选按钮，并不会取消其选中状态使其处于未选中状态。默认情况下，通常需要通过编程方式选中组合内的某个单选按钮。

还可以明确地调用类 RadioButton 的 setSelected()方法，将单选按钮设定为选中状态，设置 selected 属性的值为 true。如果需要检测单选按钮是否处于选中状态，可以使用类 RadioButton 的 isSelected()方法。

通常情况下，单选按钮使用于组合内，代表几个相互独立的选项。类 ToggleGroup 将所有单选按钮联系在一起，以便在某个时刻只能选择其中之一。下面的代码段创建了一个 ToggleGroup 类的对象，然后创建了 4 个单选按钮，再把这些单选按钮添加到组中，最后确定当程序启动后哪个按钮被选中。

```
ToggleGroup group = new ToggleGroup();
RadioButton springBtn = new RadioButton("Spring");
springBtn.setSelected(true);
springBtn.setToggleGroup(group);
RadioButton summerBtn = new RadioButton("Summer");
summerBtn.setToggleGroup(group);
RadioButton fallBtn = new RadioButton("Fall");
fallBtn.setToggleGroup(group);
RadioButton winterBtn = new RadioButton("Winter");
winterBtn.setToggleGroup(group);
```

当这些按钮通过布局容器放置，并添加到程序中，输出如图 10-9 所示结果。

图 10-9 类 ToggleGroup 对象内包含 4 个单选按钮

【例 10-4】 编写程序，使用单选按钮改变文本的颜色。窗口内有一条文本消息，在窗口底部有 3 个单选按钮"红色""黄色""蓝色"。选中某个单选按钮时，将文本消息颜色设置为对应的颜色。

```java
import javafx.application.Application;
import javafx.event.ActionEvent;
import javafx.event.EventHandler;
import javafx.geometry.Pos;
import javafx.scene.Scene;
import javafx.scene.control.RadioButton;
import javafx.scene.control.ToggleGroup;
import javafx.scene.layout.BorderPane;
import javafx.scene.layout.HBox;
import javafx.scene.layout.Pane;

import javafx.scene.paint.Color;
import javafx.scene.text.Text;
import javafx.stage.Stage;
public class RadioButtonDemo extends Application {
    private Text text = new Text(50, 50, "改变消息颜色");
    @Override
    public void start(Stage stage) throws Exception {
        BorderPane pane = new BorderPane();
        // 创建面板放置消息文本
        Pane paneForText = new Pane();
        paneForText.getChildren().add(text);
        pane.setCenter(paneForText);
        HBox paneForCheckBoxes = new HBox();
        paneForCheckBoxes.setStyle("-fx-border-color: green");
        RadioButton redBtn = new RadioButton("红色");
        RadioButton yelloBtn = new RadioButton("黄色");
        RadioButton blueBtn = new RadioButton("蓝色");
        RadioButton blackBtn = new RadioButton("黑色");
        ToggleGroup group = new ToggleGroup();
        redBtn.setToggleGroup(group);
        yelloBtn.setToggleGroup(group);
        blueBtn.setToggleGroup(group);
        blackBtn.setToggleGroup(group);
        paneForCheckBoxes.getChildren().addAll(redBtn, yelloBtn, blueBtn, blackBtn);
        paneForCheckBoxes.setAlignment(Pos.CENTER);
        pane.setBottom(paneForCheckBoxes);
        redBtn.setOnAction(new EventHandler<ActionEvent>() {
            @Override
            public void handle(ActionEvent event) {
                text.setFill(Color.RED);
            }
        });
        yelloBtn.setOnAction(new EventHandler<ActionEvent>() {
            @Override
            public void handle(ActionEvent event) {
                text.setFill(Color.YELLOW);
            }
        });
        blueBtn.setOnAction(new EventHandler<ActionEvent>() {
            @Override
            public void handle(ActionEvent event) {
```

```
          text.setFill(Color.BLUE);
        }
      });
      blackBtn.setOnAction(new EventHandler<ActionEvent>() {
        @Override
        public void handle(ActionEvent event) {
          text.setFill(Color.BLACK);
        }
      });
      Scene scene = new Scene(pane, 300, 150);
      stage.setTitle("改变消息颜色");
      stage.setScene(scene);
      stage.show();
    }

    public static void main(String[] args) {
      Application.launch(args);
    }
}
```

测试结果如图 10-10 所示。

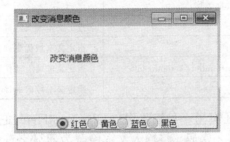

图 10-10　单选按钮改变文本消息的颜色

10.5 文 本 域

在 GUI 应用开发过程中，经常需要接受用户输入的单行文本信息，且文本信息中不允许存在换行和 tab 字符。Java FX 通过文本域（text field）组件实现该功能。

文本域可用于输入或显示一个字符串。javafx.scene.control.TextField 类表示文本域 UI 组件，它提供了接收用户输入单行文本的功能，继承自 TextInputControl 类。如图 10-2 所示的"用户名"输入框。

TextField 类有两个构造方法：默认无参构造方法和带字符串参数的自定义构造方法，分别创建一个空文本的文本域和指定初始文本的文本域，如表 10-10 所示。

表 10-10　类 javafx.scene.control.TextField 的构造方法及其描述

构 造 方 法	描　　述
+TextField()	创建一个空的文本域
+TextField(String text)	创建一个带有特定文本的文本域

如下代码段所示：

```
// 用空的初始文本创建文本域对象 nameFld1
TextField nameFld1 = new TextField();
// 以"Layne Estes"作为初始文本创建文本域对象 nameFld2
TextField nameFld2 = new TextField("Layne Estes");
```

TextField 类继承自 TextInputControl，表 10-11 列举了 TextInputControl 类常用的两个属性及其描述，用户输入到文本域中的数据可以通过 TextInputControl 类中 text 属性的 getter() 方法获取。而表 10-12 列举了类 TextField 的常用属性及其描述。

表 10-11　TextInputControl 类的常用属性及其描述

属性名称及其数据类型	描　　述
-text:StringProperty	获取该组件中的文本内容
-editable:BooleanProperty	表明文本是否可被用户编辑

表 10-12　TextField 类的常用属性

属性名称及其数据类型	描　　述
-alignment：ObjectProperty<Pos>	指定文本在文本域中的对齐方式
-prefColumnCount：IntegerProperty	指定文本域优先列数
-onAction：ObjectProperty<EventHandler<ActionEvent>>	指定文本域上动作事件的处理器
-promptText：StringProperty	指定文本域内的提示信息

与 TextField 对应的还有另一种输入组件：PasswordField，它是一种特殊的文本域，继承自 TextField，用于输入密码，将输入文本隐藏为回显字符******。如图 10-12 所示的"密码"输入框。

密码框的构造方法只有一个默认的构造方法。以下代码段通过默认构造方法创建一个初级密码框。

```
PasswordField passwordField = new PasswordField();
passwordField.setColumns(12);
passwordField.setPromptText("Your password");
```

setPromptText() 方法为密码框指定一个伴随的提示语。和 TextField 类一样，PasswordField 提供了 setText(String text) 方法来在组件中绘制文本。然而，用 setText(String text) 方法设定的字串在密码框中会被回显字符掩盖。

和 TextField 类一样，在密码框中输入的值可以通过 getText() 方法获得，可以在程序中处理这个值来设定适当的验证逻辑。

文本域的默认 CSS 样式类名为 text-field。样式属性-fx-alignment 可以控制内容区域文本的对齐方式。PasswordField 的默认 CSS 样式类名为 password-field。它拥有 TextField 类的所有样式属性，它并没有添加任何样式属性。

【例 10-5】　编写程序，在窗口内创建两个文本域分别用来输入"用户名"和"密

第10章 Java FX UI 组件

码",在窗口底部创建"提交"按钮。给"提交"按钮添加动作事件处理器来验证密码:如果输入的值和预定义的密码匹配,则输出消息"密码正确";否则,输出消息"密码错误"。

分析:通过 Button 类的 setOnAction()方法注册事件处理器,在事件处理器的 handle()方法内部,利用 getText()方法获取用户输入的密码,然后与预定义的密码匹配。如果匹配,则用绿色文本显示消息"密码正确";否则,用红色文本输出消息"密码错误"。

```java
import javafx.application.Application;
import javafx.event.ActionEvent;
import javafx.event.EventHandler;
import javafx.geometry.Insets;
import javafx.geometry.Pos;
import javafx.scene.Scene;
import javafx.scene.control.Button;
import javafx.scene.control.Label;
import javafx.scene.control.PasswordField;
import javafx.scene.control.TextField;
import javafx.scene.layout.BorderPane;
import javafx.scene.layout.GridPane;
import javafx.scene.layout.VBox;
import javafx.scene.paint.Color;
import javafx.stage.Stage;
public class PasswordMatch extends Application{
    // main()方法
    public static void main(String[] args){
        Application.launch(args);
    }
    @Override
    public void start(Stage stage){
        BorderPane root = new BorderPane();
        // 创建文本域TextField对象
        TextField nameFld = new TextField();
        // 利用默认构造方法创建空Lable
        Label nameLbl = new Label();
        // 调用setText()方法设置标签文本
        nameLbl.setText("用户名: ");
        //调用setLabelFor()方法指定标签nameLbl对场景图中nameFld进行说明描述
        nameLbl.setLabelFor(nameFld);
        // 创建密码域PasswordField对象
        PasswordField passwordFld = new PasswordField();
        // 创建一个带有特定文本的Lable对象
        Label passwordLbl = new Label("密    码: ");
        // 调用setLabelFor()方法指定标签passwordLbl对场景图中passwordFld进行说明描述
        passwordLbl.setLabelFor(passwordFld);
        GridPane pane = new GridPane();
        pane.setVgap(10);
        pane.setPadding(new Insets(10, 10, 10, 10));
        pane.addRow(0, nameLbl, nameFld);
```

```java
      pane.addRow(1, passwordLbl, passwordFld);
      root.setCenter(pane);
      VBox msgBox = new VBox();
      Label message = new Label("");
      // 创建空按钮
      Button loginBtn = new Button();
      // 设置按钮文本
      loginBtn.setText("提交");
      msgBox.getChildren().addAll(loginBtn, message);
      msgBox.setAlignment(Pos.CENTER);
      root.setBottom(msgBox);
      // 添加事件处理器
      loginBtn.setOnAction(new EventHandler<ActionEvent>() {
        @Override
        public void handle(ActionEvent e) {
          if(!passwordFld.getText().equals("AAAAAA")){
            message.setText("密码错误");
            message.setTextFill(Color.rgb(210, 39, 30));
          } else {
            message.setText("密码正确");
            message.setTextFill(Color.rgb(21, 117, 84));
          }
          passwordFld.clear();
          
        }
      });
      Scene scene = new Scene(root);
      Stage.setScene(scene);
      Stage.setTitle("密码匹配");
      Stage.show();
    }
}
```

测试结果如图 10-11 所示。

图 10-11　密码验证代码测试结果

10.6　文本区域

在开发 GUI 程序时，虽然文本域允许接收用户输入的文本信息，但是也仅仅接收单行文本，而且不允许输入一些特殊字符，比如换行符和水平制表符等。如果用户想输入多行文本，或者想输入特殊字符，那么文本域组件显然无法满足需求。文本区域 TextArea 可以完成上述功能。

文本区域 TextArea 也是一个文本输入框，与只允许输入单行文本的 TextField 不同的是，它允许用户输入多行文本信息，还允许输入换行符和水平制表符 tab。在文本区域 TextArea 中，换行符新起一个段落。javafx.scene.control.TextArea 类由 TextInputControl 派生而来，因此，也继承了表 10-11 所列的 TextInputControl 类的常用属性。

TextArea 类有两个构造方法：默认构造方法和带一个字符串参数的构造方法，如表 10-13 所示。

表 10-13　javafx.scene.control.TextArea 类的构造方法及其描述

构 造 方 法	描　　述
+TextArea()	创建一个空的文本区域
+TextArea(String text)	创建一个带有特定文本的文本区域

如下代码段所示：

```
// 创建一个空的文本区域
TextArea textArea1 = new TextArea();
// 创建一个带有特定文本的文本区域
TextArea textArea2 = new TextArea("Years of Experience: 19");
```

TextArea 类除了继承 TextInputControl 类的属性外，还拥有自己的属性，如表 10-14 所示。

表 10-14　TextArea 类的常用属性和方法及其描述

属性和方法	描　　述
-prefColumnCount:IntegerProperty	指定文本域优先列数
-prefRowCount:IntegerProperty	指定文本域优先行数
-wrapText:BooleanProperty	指定文本是否要折到下一行
-promptText:StringProperty	指定文本域内的提示信息
+getParagraphs()	返回文本区域中所有段落的列表
+appendText(String text)	追加参数 text 所指的非空文本到文本区域的末尾

TextArea 类的 getParagraphs() 方法将返回其文本中所有段落的列表，且该列表是不可修改的。列表中每个元素是一个称为段落的 CharSequence 对象。返回的段落并不包含换行符。例如，下面的代码段将输出 TextArea 对象 resume 中详细的段落数量、字符数。

```
// 使用默认构造方法创建 TextArea 对象
TextArea resume = new TextArea();
ObservableList<CharSequence> list = resume.getParagraphs();
int size = list.size();
System.out.println("Paragraph Count:" + size);
for(int i = 0; i < size; i++) {
```

```
        CharSequence cs = list.get(i);
        System.out.println("Paragraph #" + (i + 1) + ", Characters=" + cs.length());
        System.out.println(cs);
}
```

【例 10-6】 编写程序，在一个窗口左边创建一个带图片和文本的标签，图片显示国宝大熊猫，文本显示其名称；窗口右边利用 TextArea 显示其简介。

分析：利用 BorderPane 进行布局，左边创建一个 Label 组件，右边利用 TextArea 的默认构造方法创建 TextArea 对象，调用 setText(String Text) 方法设置 TextArea 组件的文本内容。

```
import javafx.application.Application;
import javafx.geometry.Insets;
import javafx.scene.Scene;
import javafx.scene.control.ContentDisplay;
import javafx.scene.control.Label;
import javafx.scene.control.ScrollPane;
import javafx.scene.control.TextArea;
import javafx.scene.image.ImageView;
import javafx.scene.layout.BorderPane;
import javafx.scene.text.Font;
import javafx.stage.Stage;
public class TextAreaTest extends Application {
    // 创建标签对象
    private Label lblImageTitle = new Label();
    // 创建 TextArea 对象
    private TextArea taDescription = new TextArea();
    @Override
    public void start(Stage stage) {
        BorderPane root = new BorderPane();
        // 设置标签对象的属性
        lblImageTitle.setContentDisplay(ContentDisplay.TOP);
        lblImageTitle.setPrefSize(200, 100);
        // 设置标签和文本区域内文本的字体
        lblImageTitle.setFont(new Font("SansSerif", 16));
        taDescription.setFont(new Font("Serif", 14));
        // 创建 ScrollPane 对象，并将 TextArea 对象放置其中
        ScrollPane pane = new ScrollPane(taDescription);
        // 将标签对象和 ScrollPane 对象放置到 BorderPane 面板内
        root.setLeft(lblImageTitle);
        root.setCenter(pane);
        root.setPadding(new Insets(5, 5, 5, 5));
        lblImageTitle.setText("熊猫");
        String description = "大熊猫（panda），属于哺乳纲、食肉目、熊科，\n"
                + "是大熊猫亚科和大熊猫属唯一哺乳动物，体色为\n" + "黑白两色，它有着圆形脸颊，两个大黑眼圈，壮硕的\n" + "身体，标志性的内八字行走方式，也有解剖刀般锋利的\n" + "爪子，被誉为"活化石"和"中国国宝"。";
        ImageView imageView = new ImageView("panda.jpg");
```

```
        imageView.setFitHeight(100);
        imageView.setFitWidth(150);
        lblImageTitle.setGraphic(imageView);
        taDescription.setText(description);
        Scene scene = new Scene(root, 450, 200);
        stage.setTitle("TextArea 示例");
        stage.setScene(scene);
        stage.show();
    }

    public static void main(String[] args) {
        launch(args);
    }
}
```

测试结果如图 10-12 所示。

图 10-12　TextArea 类示例

10.7　组　合　框

在 GUI 程序开发中，经常遇到用户界面允许用户从一个条目列表的多个选项中选择其中一项，而且仅仅选择一项，这样可以限定用户的选择范围。组合框（combo box）可以实现这个功能。

组合框 ComboBox 又称选择列表（choice list）或下拉式列表（drop-down list），它包含一个条目列表，允许用户从列表的多个选项中选择一项，是选择框 ChoiceBox 的高级展现形式。使用组合框可以限制用户的选择范围，并避免对输入数据有效性进行烦琐的检查。

可以通过 ComboBox 类在 Java FX 应用程序中创建一个组合框。类 ComboBox 派生自类 ComboBoxBase。如果需要自定义一个允许用户从弹出列表中选择选项，那么需要继承类 ComboBoxBase。表 10-15 列出了 ComboBoxBase 类一些常用的属性。ComboBox 定义为一个泛型类。泛型 T 为保存在一个组合框中的元素指定元素类型。表 10-16 列出了 ComboBox 类的常用属性和构造方法。ComboBox 可以触发一个 ActionEvent 事件。

当一个条目被选中时,一个 ActionEvent 事件被触发。

表 10-15　javafx.scene.control.ComboBoxBase 类的常用属性及其描述

属性名及其数据类型	描　　述
-value:ObjectProperty<T>	在一个组合框中选择的值
-editable:BooleanProperty	指定组合框是否允许用户输入
-onAction:ObjectProperty<EventHandler<ActionEvent>>	指定处理动作事件的处理器

表 10-16　ComboBox 类常用属性和构造方法及其描述

属性及方法	描　　述
-items:ObjectProperty<ObservableList<T>>	组合框弹出的部分条目
-visibleRowCount:IntegerProperty	组合框弹出部分最多可以显示的条目行数
-promptText:StringProperty	指定文本域内的提示信息
+ComboBox()	创建一个空的组合框
+ComboBox(ObservableList<T> items)	创建一个具有指定条目的组合框

ComboBox 类是一个泛型化的类,参数类型就是列表中选项的类型,因此,组合框 ComboBox 的选项可能由任何类型对象组成。欲在组合框列表中存储多种类型的选项,需要使用其原始类型。如下代码所示:

```
// 创建包含任何类型选项的组合框
ComboBox seasons = new ComboBox();
// 创建包含字符串类型选项的组合框
ComboBox<String> comboBox = new ComboBox<String>();
```

在创建组合框 ComboBox 时,需要定义一个 ObservableList 接口为其指定列表选项。ObservableList 是 java.util.List 的子接口,因此用户可以将定义在 List 中的所有方法应用于 ObservableList。为了使用方便,Java FX 提供了一个静态方法 FXCollections.ObservableArrayList(arrayOfElements)来从一个元素数组中创建一个 ObservableList 接口,如下代码段所示:

```
ObservableList<String> seasonList = FXCollections.<String>observableArrayList("Spring", "Summer", "Fall", "Winter");
ComboBox<String> comboBoxSeasons = new ComboBox< String >(seasonList);
```

当创建了组合框 ComboBox 对象后,可以利用其 items 属性在其选项列表中添加选项。ComboBox 的 items 属性是一个 ObjectProperty<ObservableList<T>>类型,其中 T 是组合框的参数类型,如下代码段所示:

```
ComboBox<String> seasons = new ComboBox<>();
seasons.getItems().addAll("Spring", "Summer", "Fall", "Winter");
```

创建 ComboBox 的另外一种可选方法是通过默认构造方法来创建 ComboBox,然后调用其 setItems(ObservableList value)方法,为其设置选项列表。如下代码段所示:

第10章 Java FX UI 组件

```
ComboBox<String> seasons = new ComboBox<String>();
ObservableList<String> items = FXCollections.<String>observableArrayList("Spring", "Summer", "Fall", "Winter");
seasons.setItems(items);
```

【例10-7】 编写程序，在窗口中添加 1 个标签和 1 个组合框组件，组合框的条目列表可供用户选择 5 个选项（北京大学、清华大学、复旦大学、南开大学、同济大学），当选择某所学校后，标签的文本被修改为该选项。

分析：创建一个 Label 标签对象，再创建一个 ComboBox 对象，设置为不可编辑状态，添加 5 个选项（北京大学、清华大学、复旦大学、南开大学、同济大学）。当 ComboBox 选项改变后，更新标签的文本信息。

```java
import javafx.application.Application;
import javafx.collections.FXCollections;
import javafx.collections.ObservableList;
import javafx.event.ActionEvent;
import javafx.event.EventHandler;
import javafx.geometry.Pos;
import javafx.scene.Scene;
import javafx.scene.control.ComboBox;
import javafx.scene.control.Label;
import javafx.scene.control.SingleSelectionModel;
import javafx.scene.layout.VBox;
import javafx.stage.Stage;
public class ComboBoxDemo extends Application{
    @Override
    public void start(Stage stage) throws Exception {
        VBox root = new VBox();
        // 创建一个空的标签
        Label schoolLbl = new Label();
        // 创建一个空的 ComboBox 对象
        ComboBox<String> comboBox = new ComboBox<String>();
        // 设置 comboBox 对象的 items 属性
        ObservableList<String> items = FXCollections.observableArrayList("北京大学","清华大学","复旦大学","南开大学","同济大学");
        comboBox.setItems(items);
        comboBox.setOnAction(new EventHandler<ActionEvent>() {
            @Override
            public void handle(ActionEvent event) {
                SingleSelectionModel<String> selectionModel =
                    comboBox.getSelectionModel();
                String selectedItem = selectionModel.getSelectedItem();
                schoolLbl.setText(selectedItem);
            }
        });

        root.getChildren().addAll(comboBox, schoolLbl);
```

```
            root.setAlignment(Pos.CENTER);
            Scene scene = new Scene(root, 200, 100);
            stage.setScene(scene);
            stage.setTitle("ComboBoxDemo");
            stage.show();
        }

        public static void main(String[] args) {
            Application.launch(args);
        }
    }
```

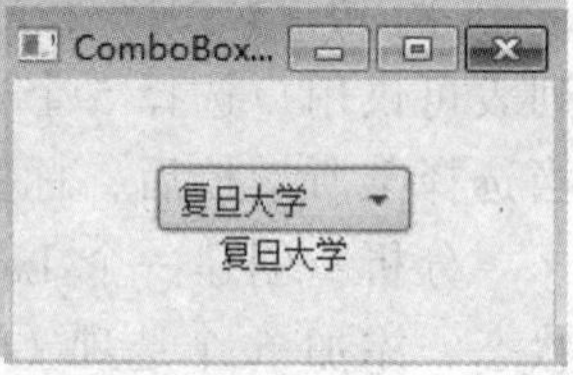

测试结果如图 10-13 所示。

图 10-13　显示被选中的复合框选项

10.8　列 表 视 图

10.7 节所介绍的组合框只允许用户从一个条目列表的多个选项中选择其中一项。然而，在 GUI 程序开发中，经常需要用户能够从一个条目列表中选择一个或者多个选项。列表视图（list view）可以完成这样的功能。

列表视图是一个组件，其功能与组合框基本相同，但它允许用户选择一个或者多个值。可以通过类 javafx.scene.control.ListView 创建一个列表视图。ListView 是一个泛型类，泛型 T 为存储在一个列表视图中的元素指定了元素类型。表 10-17 列出了类 ListView 常用的一些属性和构造方法及其描述。

表 10-17　ListView 类常用的属性和构造方法及其描述

属性和构造方法	描　　述
-items：ObjectProperty<ObservableList<T>>	列表视图中的条目
-orientation：BooleanProperty	指明条目在列表视图中是水平还是垂直显示
-selectionModel：ObjectProperty<MultipleSelectionModel<T>>	指定条目是如何被选定的，SelectionModel 还用于获取选择的条目
+ListView()	创建一个空的列表视图
+ListView(ObservableList<T> items)	创建一个具有指定条目的列表视图
+scrollTo(int index)	指定列表视图滚动到列表中的某个索引的位置
+scrollTo(T item)	指定列表视图滚动到列表中的某个选项的位置
+selectAll()	选择所有选项
+selectFirst()	选择第一个选项
+selectLast()	选择最后一个选项
+selectIndices(int index, int... indices)	选择指定标记的选项，标记必须是合法有效的
+selectRange(int start, int end)	选择从起始标记（包含）开始到结束标志（不包含）之间的所有选项
+clearSelection()	清除所有选项
+clearSelection(int index)	清除指定标记选项

ListView 是一个泛型类，参数类型就是列表中元素的类型。ListView 列表中的元素可能包含任何对象类型。欲在组合框列表中存储多种类型的选项，需要使用其原始类型。如下代码所示：

```
// 创建包含任何类型选项的 ListView
ListView seasons = new ListView ();
// 创建包含字符串类型选项的 ListView
ListView<String> seasons = new ListView<String>();
```

在创建 ListView 时，需要定义一个可观察列表 ObservableList 对象为其指定列表选项。如下代码段所示：

```
ObservableList<String> seasonList = FXCollections.<String>observableArrayList("Spring", "Summer", "Fall", "Winter");
ListView<String> seasons = new ListView<String >(seasonList);
```

当创建了 ListView 对象后，可以利用 items 属性在其选项列表中添加选项。ListView 的 items 属性是一个 ObjectProperty<ObservableList<T>>类型，其中 T 是组合框的参数类型，如下代码段所示：

```
ListView <String> seasons = new ListView <String >();
seasons.getItems().addAll("Spring", "Summer", "Fall", "Winter");
```

创建 ListView 的另外一种可选方法是通过默认构造方法来创建 ListView，然后调用 setItems(ObservableList items)方法为其设置选项列表。如下代码段所示：

```
ListView<String> seasons = new ListView<String>();
ObservableList<String> items = FXCollections.<String>observableArrayList("Spring", "Summer", "Fall", "Winter");
seasons.setItems(items);
```

ListView 的 getSelectionMode()方法返回一个 SelectionModel 实例，该实例包含了设置选择模式以及获得被选中的索引值和条目的方法。选择模式可以被配置为两种模式：

①单选模式，只能有一个选项可以被选中，一旦某选项被选中，那么上一个被选项将被取消。ListView 默认支持单选模式。用户可以用鼠标单击或者键盘进行选择。用键盘选择时需要将焦点聚焦到 ListView 组件上，可以通过向上（左）\向下（右）键来选择纵向（横向）排列的选项。

②多选模式，一次可以选择多个选项。鼠标一次仅能选择一个选项。Shift 键可以选择连续多个选项，Ctrl 键可以取消已选择的选项，或者选择已取消选择的选项。通过上下左右键和 Ctrl 或者 Shift 组合键来选择多个选项。通过 selectionMode 属性可配置 ListView 的工作模式。如下代码所示：

```
// 配置多选模式
seasons.getSelectionModel().setSelectionMode(SelectionMode.MULTIPLE);
// 配置单选模式，ListView 的默认模式
seasons.getSelectionModel().setSelectionMode(SelectionMode.SINGLE);
```

类 MultipleSelectionModel 由类 SelectionModel 派生而来，保存着 selectedIndex 和 selectedItem 属性。如果没有选择任何选项，属性 selectedIndex 的值为−1。单选模式下，其值就是当前被选项的索引值；多选模式下，其值是最后一个被选项的索引值。多选模式下，getSelectedIndices()方法返回一个只读 ObservableList<Integer>列表对象，列表中保存着所有被选项的标记。

如果没有选择任何选项，属性 selectedItem 的值为 null。单选模式下，其值就是当前被选项；多选模式下，其值是最后一个被选项。多选模式下，getSelectedItems () 方法返回一个只读 ObservableList<T>列表对象，列表中保存着所有被选项。

可以通过 SelectionModel 类随时跟踪 ListView 对象中被选择的选项，可以通过使用下面的方法取得各个列表项的当前状态：

①getSelectionModel().getSelectedIndex()：返回当前被选中的列表项索引号。
②getSelectionModel().getSelectedItem()：返回当前被选中的列表项。
③getSelectionModel().getSelectedIndices()：返回当前被选中的所有的列表项索引号。
④getSelectionModel().getSelectedItems()：返回当前被选中的所有的列表项。

列表视图的选择模式具有 selectedIndexProperty 属性，该属性是一个 Observable 的实例。可以在这个属性上添加一个监听器用以处理属性的变化。如下代码所示：

```
listView.getSelectionModel().selectedIndexProperty().addListener(
new InvalidationListener() {
   @Override
   public void invalidated(Observable ov) {
      System.out.println("Selected indices:" +
listView.getSelectionModel().getSelectedIndices());
      System.out.println("Selected items:" +
listView.getSelectionModel().getSelectedItems());
   }
});
```

【例10-8】 编写程序，在窗口中创建一个列表视图和一个标签，用户在列表视图中选择擅长的编程语言，条目列表可供用户选择 5 个选项（C、C++、Java、C#、PHP），当用户选择了擅长的编程语言后，将所选择的值填充到标签内。

分析：创建一个包含 5 个选项（C、C++、Java、C#、PHP）的 ListView 对象和一个 Label 标签对象。列表视图的默认选择模式是单选，可以将其选择模式设置为多选，允许用户在列表视图中选择多项。给列表视图选择模式的 selectedIntemProperty 属性添加一个监听器，用以处理属性的变化。

```
import javafx.application.Application;
import javafx.beans.InvalidationListener;
import javafx.beans.Observable;
import javafx.collections.FXCollections;
import javafx.collections.ObservableList;
import javafx.scene.Scene;
import javafx.scene.control.Label;
```

```java
import javafx.scene.control.ListView;
import javafx.scene.control.SelectionMode;
import javafx.scene.layout.GridPane;
import javafx.stage.Stage;
public class ListViewDemo extends Application {
    private String text = "擅长的编程语言为:";
    // main方法
    public static void main(String[] args) {
        Application.launch(args);
    }
    @Override
    public void start(Stage stage)
    {
        Label message = new Label(text);

        // 创建一个空的ListView对象
        ListView<String> listView = new ListView<String>();
        // 设置listView对象的items属性
        ObservableList<String> listViewItems = FXCollections.observableArrayList("C","C++", "Java", "C#", "PHP");
        listView.setItems(listViewItems);
        listView.setPrefSize(200, 100);
        listView.getSelectionModel().setSelectionMode(SelectionMode.MULTIPLE);
        listView.getSelectionModel().selectedItemProperty().addListener(
new InvalidationListener(){
            @Override
            public void invalidated(Observable observable) {
                ObservableList<String> items = listView.getSelectionModel().getSelectedItems();
                String msg = "";
                if (!items.isEmpty()) {
                    for (String item : items) {
                        msg += item + ",";
                    }
                    msg = text + msg.substring(0, msg.length() - 1);
                }
                message.setText(msg);
            }
        });
        GridPane root = new GridPane();
        root.setVgap(10);
        root.addRow(0, listView);
        root.addRow(1, message);
        Scene scene = new Scene(root, 220, 100);
        stage.setScene(scene);
        stage.setTitle("视图列表示例");
        stage.show();
    }
}
```

程序测试结果如图 10-14 所示。

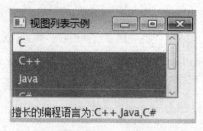

图 10-14　在列表视图中选择擅长的编程语言

10.9　滚 动 条

在 GUI 应用开发中，有时候由于数据很多，而空间有限，无法将所有的数据全部展示，不得不展示一部分，而允许用户拖动滑块来显示剩下未展示的部分。这个功能可由滚动条（scroll bar）来实现。

滚动条是允许用户从一个范围内的值中进行选择的组件。Java FX 的 ScrollBar 为其他组件提供滚动特性。一般情况下，该组件不单独使用，而是和其他组件配合使用。ScrollBar 是一个基础组件，其本身并不提供滚动特性。它是一个水平或者垂直的条，允许用户从一系列值中进行选择。

ScrollBar 类可以在应用程序中创建可滚动的面板和视图。图 10-15 显示了一个滚动条：滑块（Thumb）、左右（或上下）按钮和轨道（Track）。通常，用户通过鼠标操作改变滚动条的值。例如，用户可以上下拖动滚动条、单击滚动条轨道、单击滚动条左（上）按钮或右（下）按钮。

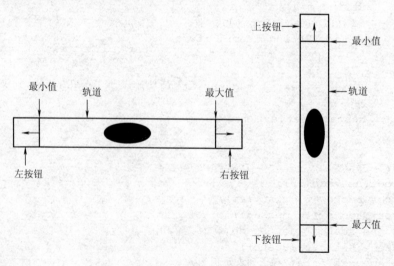

图 10-15　水平和垂直滚动条

ScrollBar 类的常用属性和方法及其描述如表 10-18 所示。

表 10-18 ScrollBar 类的常用属性和方法及其描述

属性和方法	描述
-blockIncrement:DoubleProperty	单击滚动条轨道时的调节值（默认值为 10）
-max:DoubleProperty	滚动条的最大值（默认值为 100）
-min:DoubleProperty	滚动条的最小值（默认值为 0）
-unitIncrement:DoubleProperty	当 increment()和 decrement()方法被调用时对滚动条的调节值
-value:DoubleProperty	滚动条的当前值（默认值为 0）
-visibleAmount:DoubleProperty	滚动条的宽度（默认值为 15）
-orientation:ObjectProperty<Orientation>	指定滚动条的方向（默认值为 HORIZONTAL）
+ScrollBar()	创建一个默认的水平滚动条
+increment()	以 unitIncrement 值增加滚动条的值
+decrement()	以 unitIncrement 值减少滚动条的值

ScrollBar 类的默认构造方法会创建一个水平滚动条。setOrientation()方法可以将其排列方向设置为垂直纵向的，如下代码所示。

```
// 创建水平滚动条
ScrollBar hsb = new ScrollBar();
//创建垂直滚动条
ScrollBar vsb = new ScrollBar();
vsb.setOrientation(Orientation.VERTICAL);
```

可以在滚动条的 valueProperty 上注册一个监听器，当用户改变滚动条的值时，它就会通知监听器这个改变，对这个改变进行反应，如下所示：

```
ScrollBar sb = new ScrollBar();
sb.valueProperty().addListener(new ChangeListener<Number>() {
    @Override
    public void changed(ObservableValue<? extends Number> observable,
Number oldValue, Number newValue) {
        System.out.println("old value: " + oldValue);
        System.out.println("new value: " + newValue);
    }
});
```

【例 10-9】 编写程序，窗口内有一条消息文本，使用水平滚动条和垂直滚动条控制消息，水平滚动条左右移动消息，垂直滚动条上下移动消息。

分析：在窗口内创建一个 Text 对象，放置于边框面板的中央。创建一个垂直滚动条，将它放到面板的右边。创建一个水平滚动条，将它放到面板的底部。创建一个监听器，当滚动条中的滑块由于 value 属性的改变而产生移动时，监听器的方法相应移动文本。

```
import javafx.application.Application;
import javafx.beans.value.ChangeListener;
import javafx.beans.value.ObservableValue;
```

```java
import javafx.geometry.Orientation;
import javafx.scene.Scene;
import javafx.scene.control.ScrollBar;
import javafx.scene.layout.BorderPane;
import javafx.scene.layout.Pane;
import javafx.scene.text.Text;
import javafx.stage.Stage;
public class ScrollBarDemo extends Application {
    //覆写Application类的start()方法
    @Override
    public void start(Stage primaryStage) {
        Text text = new Text(20, 20, "Java FX Programming");
        ScrollBar hSBar = new ScrollBar();
        ScrollBar vSBar = new ScrollBar();
        vSBar.setOrientation(Orientation.VERTICAL);
        // 创建文本面板
        Pane paneForText = new Pane();
        paneForText.getChildren().add(text);
        // 创建边框面板容纳文本和滚动条
        BorderPane pane = new BorderPane();
        pane.setCenter(paneForText);
        pane.setBottom(hSBar);
        pane.setRight(vSBar);
        // 监听水平滚动条值的改变
        hSBar.valueProperty().addListener(new ChangeListener<Number>(){
            @Override
            public void changed(ObservableValue<? extends Number> observable,
Number oldValue, Number newValue) {
                double x = hSBar.getValue() * paneForText.getWidth()/ hSBar.getMax();
                text.setX(x);
            }
        });

        // 监听垂直滚动条值的改变
        vSBar.valueProperty().addListener(new ChangeListener<Number>(){

            @Override
            public void changed(ObservableValue<? extends Number>
observable,Number oldValue, Number newValue) {
                double y = vSBar.getValue() * paneForText.getWidth()/ vSBar.getMax();
                text.setY(y);
            }
        });

        Scene scene = new Scene(pane, 450, 170);
        primaryStage.setTitle("滚动条示例");
        primaryStage.setScene(scene);
        primaryStage.show();
    }

    // main()方法
    public static void main(String[] args){
        launch(args);
    }
}
```

测试结果如图 10-16 所示。

图 10-16　通过滚动条水平和垂直移动面板上的文本

10.10　滑　动　条

在应用开发过程中，用户会通过一个滑块的来回移动来输入数据，或者需要从一个有限的范围内选择一个数值，当滑块沿着轨道移动时，需要显示一个提示来表示当前值，或者需要计算出滑块在滑动过程中占整个的比例。例如，对图片的透明度进行调整时，需要用户拖动鼠标选择特定的透明度，从而调整图片的透明度。这就需要用到滑动条（slider）组件。

滑动条（Slider）允许用户沿着滑动槽拖动滑块，图形化地从一个数值范围内选择一个数值。Slider 与 ScrollBar 类似，但是 Slider 具有更多属性，并且可以以多种形式显示。

图 10-17 所示为滑动条。Slider 允许用户通过在一个有界的区间中滑动滑块，从而以图形方式选择一个值。滑动条可以显示区间中的主刻度以及次刻度。刻度之间的像素值由 majorTickUnit 和 minorTickUnit 属性指定。滑动条可以水平显示也可以垂直显示，可以带刻度，也可以不带刻度，可以有标签也可以没有。

滑动条的 min 和 max 值决定了有效的可选值范围。其滑块决定了当前值。沿着滑动槽拖动滑块可改变当前值。主次刻度线显示了沿着轨道值的位置。用户可以自定义刻度线标记。

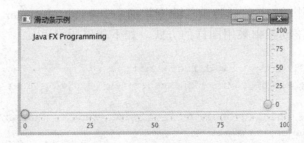

图 10-17　利用动条来调整图片透明度

Slider 类的常用属性及其描述如表 10-19 所示。

表 10-19　Slider 类的常用属性及其描述

属　性	描　述
-blockIncrement:DoubleProperty	单击滑动条轨道时的调节值（默认值为 10）
-max:DoubleProperty	滑动条的最大值（默认值为 100）
-min:DoubleProperty	滑动条的最小值（默认值为 0）
-value:DoubleProperty	滑动条的当前值（默认值为 0）
-orientation:ObjectProperty< Orientation >	指定滑动条的方向（默认值为 HORIZONTAL）
-majorTickUnit:DoubleProperty	主刻度之间的单元距离
-minorTickUnit:IntegerProperty	两个主刻度之间放置的次刻度数
-showTickLabels:BooleanProperty	指定是否显示刻度标签
-showTickMarks:BooleanProperty	指定是否显示刻度

Slider 组件有两个构造方法：默认构造方法和带有 3 个 double 类型参数的构造方法，这 3 个 double 类型参数分别表示最小值、最大值和当前值。表 10-20 列出了 Slider 类的构造方法及其描述。

表 10-20　Slider 类的构造方法及其描述

构造方法	描　述
+Slider()	创建一个默认的水平滑动条
+Slider(double min, double max, double value)	创建一个具有指定 min、max 和值的滑动条

Slider 组件默认的排列方向是水平的。开发人员可以利用表 10-20 列出的构造方法创建 Slider 对象。如下代码所示：

```
// 创建水平的 slider
Slider s1 = new Slider();
// 指定 min、max 和 value 创建水平的 slider
double min = 0.0;
double max = 200.0;
double value = 50.0;
Slider s2 = new Slider(min, max, value);
```

可以为滑动条中的 value 属性值的改变添加一个 ChangeListener 监听器来监视当前值的变化，与在滚动条中采用同样的方式。如下代码所示：

```
Slider scoreSlider = new Slider();
scoreSlider.valueProperty().addListener(new ChangeListener<Number>(){
    @Override
    public void changed(ObservableValue<? extends Number> observable,
Number oldVal, Number newVal) {
        System.out.println("Changed from " + oldVal + " to " + newVal);
    }
});
```

第10章 Java FX UI 组件

【例 10-10】 编写程序，创建一个窗口编辑图片的渲染效果，窗口含有 3 个 Slider，每个 Slider 会调整一个特定的视觉效果：不透明度（Opacity）、棕褐色调值（Sepia Tone）、缩放因子（Scaling Factor）。

分析：创建一个窗口，窗口中有一个区域用来放置图片，创建 3 个 Slider 对象，分别给这 3 个对象添加监听器，来监听滑动条值的变动，从而调整特定的视觉效果——透明度、棕褐色调值和缩放。

```java
import javafx.application.Application;
import javafx.beans.value.ChangeListener;
import javafx.beans.value.ObservableValue;
import javafx.geometry.HPos;
import javafx.geometry.Insets;
import javafx.scene.Group;
import javafx.scene.Scene;
import javafx.scene.control.Label;
import javafx.scene.control.Slider;
import javafx.scene.effect.SepiaTone;
import javafx.scene.image.Image;
import javafx.scene.image.ImageView;
import javafx.scene.layout.GridPane;
import javafx.scene.paint.Color;
import javafx.stage.Stage;
public class SliderSample extends Application {
    // 创建透明度滑动条
    final Slider opacityLevel = new Slider(0, 1, 1);
    // 创建棕褐色滑动条
    final Slider sepiaTone = new Slider(0, 1, 1);
    // 创建缩放因子滑动条
    final Slider scaling = new Slider (0.5, 1, 1);
    // 创建图像
    final Image image = new Image("cappuccino.jpg");
    // 创建透明度标签
    final Label opacityCaption = new Label("Opacity Level:");
    // 创建棕褐色标签
    final Label sepiaCaption = new Label("Sepia Tone:");
    // 创建缩放因子标签
    final Label scalingCaption = new Label("Scaling Factor:");
    // 创建透明度值标签
    final Label opacityValue = new Label(Double.toString(opacityLevel.getValue()));
    // 创建棕褐色值标签
   final Label sepiaValue=new Label(Double.toString(sepiaTone. getValue()));
    // 创建缩放因子值标签
    final Label scalingValue=new Label(Double.toString(scaling. getValue()));
    final static Color textColor = Color.BLACK;
    final static SepiaTone sepiaEffect = new SepiaTone();
    @Override
    public void start(Stage stage) {
       Group root = new Group();
       // 利用 GridPane 进行布局
```

```java
            GridPane grid = new GridPane();
            grid.setPadding(new Insets(10, 10, 10, 10));
            grid.setVgap(10);
            grid.setHgap(70);
            // 将图片放入 GridPane 内, 设置其相关属性
            final ImageView cappuccino = new ImageView (image);
            cappuccino.setEffect(sepiaEffect);
            GridPane.setConstraints(cappuccino, 0, 0);
            GridPane.setColumnSpan(cappuccino, 3);
            grid.getChildren().add(cappuccino);
            GridPane.setHalignment(cappuccino, HPos.CENTER);
            // 设置透明度标签的填充颜色, 并将其添加到 grid 内
            opacityCaption.setTextFill(textColor);
            GridPane.setConstraints(opacityCaption, 0, 1);
            grid.getChildren().add(opacityCaption);
            // 透明度滑动条绑定监听器, 监听滑动条值的变化, 设置图像的透明度, 并修改透明
度值标签
            opacityLevel.valueProperty().addListener(new ChangeListener <Number>() {
                @Override
                public void changed(ObservableValue<? extends Number> observable,
Number oldValue, Number newValue) {
                    cappuccino.setOpacity(newValue.doubleValue());
                    opacityValue.setText(String.format("%.2f", newValue));
                }
            });

            // 将透明度滑动条添加到 GridPane 内
            GridPane.setConstraints(opacityLevel, 1, 1);
            grid.getChildren().add(opacityLevel);
            // 设置透明度值标签的颜色, 并添加到 GridPane 内
            opacityValue.setTextFill(textColor);
            GridPane.setConstraints(opacityValue, 2, 1);
            grid.getChildren().add(opacityValue);
            // 设置棕褐色标签的填充颜色, 并将其添加到 grid 内
            sepiaCaption.setTextFill(textColor);
            GridPane.setConstraints(sepiaCaption, 0, 2);
            grid.getChildren().add(sepiaCaption);
            // 棕褐色滑动条绑定监听器, 监听滑动条值的变化, 设置图像的棕褐色, 并修改棕褐
色值标签
            sepiaTone.valueProperty().addListener(new ChangeListener <Number>() {
                @Override
                public void changed(ObservableValue<? extends Number> observable,
Number oldValue, Number newValue) {
                    sepiaEffect.setLevel(newValue.doubleValue());
                    sepiaValue.setText(String.format("%.2f", newValue));
                }
            });
            // 将棕褐色滑动条添加到 GridPane 内
            GridPane.setConstraints(sepiaTone, 1, 2);
            grid.getChildren().add(sepiaTone);
            // 设置棕褐色值标签的颜色, 并将其添加到 GridPane 内
            sepiaValue.setTextFill(textColor);
            GridPane.setConstraints(sepiaValue, 2, 2);
```

```
        grid.getChildren().add(sepiaValue);
        // 设置缩放因子标签的填充颜色,并将其添加到 grid 内
        scalingCaption.setTextFill(textColor);
        GridPane.setConstraints(scalingCaption, 0, 3);
        grid.getChildren().add(scalingCaption);
        // 缩放因子滑动条绑定监听器,监听滑动条值的变化,设置图像的缩放因子,并修改
缩放因子值标签
        scaling.valueProperty().addListener(new ChangeListener<Number>() {
            @Override
            public void changed(ObservableValue<? extends Number> observable,
Number oldValue, Number newValue) {
                cappuccino.setScaleX(newValue.doubleValue());
                cappuccino.setScaleY(newValue.doubleValue());
                scalingValue.setText(String.format("%.2f", newValue));
            }
        });
        // 将缩放因子滑动条添加到 GridPane 内
        GridPane.setConstraints(scaling, 1, 3);
        grid.getChildren().add(scaling);
        // 设置缩放因子值标签的颜色,并添加到 GridPane 内
        scalingValue.setTextFill(textColor);
        GridPane.setConstraints(scalingValue, 2, 3);
        grid.getChildren().add(scalingValue);
        Scene scene = new Scene(root, 500, 350);
        scene.setRoot(grid);
        stage.setScene(scene);
        stage.setTitle("Slider Sample");
        stage.show();
    }

    public static void main(String[] args) {
        launch(args);
    }
}
```

测试结果如图 10-18 所示。

图 10-18　滑动条调整图片的视觉效果

10.11 示例学习：实现注册界面

创建一个图 10-19 所示的注册界面，综合使用本章学习到的大部分 UI 组件——标签 Label、文本域 TextField、密码域 PasswordField、按钮 Button、单选框 RadioButton、复选框 CheckBox、文本区域 TextArea、组合框 ComboBox 等。注册界面用于输入用户的注册信息，如用户名、密码、性别、兴趣爱好、毕业学校、擅长技能以及个人简介等信息。这些注册信息分别由不同的 UI 组件来负责输入。

下面编程实现这个界面，主要有以下几个关键步骤：

1. 创建界面

①创建 1 个 GridPane 进行布局管理。

②创建 1 个 TextField 对象，接收输入的用户名。

③创建 1 个 PasswordField 对象，接收输入的密码。

④创建 2 个 RadioButton 对象，并将其放置到 ToggleGroup 内进行分组，利用 HBox 对这 2 个按钮水平布局，输入用户的性别信息。

图 10-19　注册窗口

⑤创建 5 个 CheckBox 对象，利用 HBox 对这 5 个对象水平布局，输入用户的兴趣爱好。

⑥创建 1 个 ComboBox 对象，列表中显示可选的毕业学校，允许用户选择毕业学校。

⑦创建 1 个 ListView 对象，列表中显示可选的编程技能，当用户从列表中选择编程技能时，在一个文本域内显示被选择的项。

⑧创建 1 个 TextArea 对象，接收输入的用户简介信息。

⑨创建 1 个 Button 对象："提交"按钮。

2. 处理事件

①给 ListView 对象添加监听器，监听其选项的变化，当选项改变时，将选项的变化情况反映到一个文本域内。

②给"提交"按钮注册动作事件处理器，对用户输入的密码进行验证，当用户输入的密码与预设密码一致时，提示"密码正确"；否则，提示"密码错误"。

```
import javafx.application.Application;
```

```java
import javafx.beans.value.ChangeListener;
import javafx.beans.value.ObservableValue;
import javafx.collections.FXCollections;
import javafx.collections.ObservableList;
import javafx.event.ActionEvent;
import javafx.event.EventHandler;
import javafx.geometry.HPos;
import javafx.scene.Scene;
import javafx.scene.control.Button;
import javafx.scene.control.CheckBox;
import javafx.scene.control.ComboBox;
import javafx.scene.control.Label;
import javafx.scene.control.ListView;
import javafx.scene.control.PasswordField;
import javafx.scene.control.RadioButton;
import javafx.scene.control.SelectionMode;
import javafx.scene.control.TextArea;
import javafx.scene.control.TextField;
import javafx.scene.control.ToggleGroup;
import javafx.scene.layout.GridPane;
import javafx.scene.layout.HBox;
import javafx.scene.paint.Color;
import javafx.stage.Stage;
public class ListViewSample extends Application{
    // main()方法
    public static void main(String[] args){
        Application.launch(args);
    }

    @Override
    public void start(Stage stage){
        // 创建文本域 TextField 对象
        TextField nameFld = new TextField();
        // 利用默认构造方法创建空 Lable
        Label nameLbl = new Label();
        //调用 setText()方法设置标签文本
        nameLbl.setText("用户名: ");
        // setLabelFor()方法指定标签 nameLbl 对场景图中 nameFld 进行说明描述
        nameLbl.setLabelFor(nameFld);
        // 创建密码域 PasswordField 对象
        PasswordField passwordFld = new PasswordField();
        // 创建一个带有特定文本的 Lable 对象
        Label passwordLbl = new Label("密    码: ");
        // setLabelFor()方法指定标签 passwordLbl 对场景图中 passwordFld 进行说明描述
        passwordLbl.setLabelFor(passwordFld);
        // 创建一个带有特定文本的 Lable 对象
        Label genderLbl = new Label("性    别: ");
        // 创建两个单选按钮
```

```java
        RadioButton maleBtn = new RadioButton();
        maleBtn.setText("男");
        maleBtn.setSelected(true);
        RadioButton femaleBtn = new RadioButton("女");
        // 将单选按钮添加到 ToggleGroup 内
        ToggleGroup group = new ToggleGroup();
        maleBtn.setToggleGroup(group);
        femaleBtn.setToggleGroup(group);
        HBox genderBox = new HBox();
        genderBox.setSpacing(20);
        genderBox.getChildren().addAll(maleBtn, femaleBtn);
        // 创建 5 个复选框对象
        CheckBox chk1 = new CheckBox("篮球");
        CheckBox chk2 = new CheckBox("足球");
        CheckBox chk3 = new CheckBox("排球");
        CheckBox chk4 = new CheckBox("游泳");
        CheckBox chk5 = new CheckBox("爬山");
        // 将复选框添加到 HBox 内
        HBox hBox = new HBox();
        hBox.setSpacing(20);
        hBox.getChildren().addAll(chk1, chk2, chk3, chk4, chk5);
        // 创建一个带有特定文本的 Lable 对象
        Label hobbyLbl = new Label("爱    好: ");
        // setLabelFor()方法指定标签 hobbyLbl 对场景图中 hBox 进行说明描述
        hobbyLbl.setLabelFor(hBox);
        Label schoolLbl = new Label("学    校: ");
        // 创建一个空的 ComboBox 对象
        ComboBox<String> comboBox = new ComboBox<String>();
        // 设置 comboBox 对象的 items 属性
        ObservableList<String> items =FXCollections.observableArrayList("北京大学","清华大学","复旦大学","南开大学","同济大学");
        comboBox.setItems(items);
        // 创建一个带有特定文本的 Label 对象
        Label techLbl = new Label("技    能: ");
        TextField techTextField = new TextField();
        techTextField.setEditable(false);
        // 创建一个空的 ListView 对象
      ListView<String> listView = new ListView<String>();
        // 设置 listView 对象的 items 属性
        ObservableList<String> listViewItems =FXCollections.observableArrayList("C","C++","Java","C#","PHP");
        listView.setItems(listViewItems);
        listView.setPrefSize(200, 100);
        listView.getSelectionModel().setSelectionMode(SelectionMode.MULTIPLE);
        // 添加监听器，监听列表视图选项的变化
        listView.getSelectionModel().selectedItemProperty().addListener(new ChangeListener<String>() {
```

```java
            @Override
            public void changed(ObservableValue<? extends String> observable,
String oldValue, String newValue) {
                ObservableList<String> selectedItems =listView.getSelection
Model().getSelectedItems();
                if (!selectedItems.isEmpty()) {
                    String text = selectedItems.toString();
                    techTextField.setText(text.substring(1, text.length() - 1));
                }
            }
        });
        // 创建一个带有特定文本的 Label 对象
        Label resumeLbl = new Label("简    介: ");
        // 创建一个空的文本区域
        TextArea textArea = new TextArea();
        // 设置文本区域的属性
        textArea.setPromptText("Your resume goes here");
        textArea.setWrapText(true);
        textArea.setPrefColumnCount(20);
        textArea.setPrefRowCount(10);
        HBox msgBox = new HBox();
        Label message = new Label("");
        msgBox.getChildren().add(message);
        // 创建空按钮
        Button loginBtn = new Button();
        // 设置按钮文本
        loginBtn.setText("提交");
        // 添加事件处理器
        loginBtn.setOnAction(new EventHandler<ActionEvent>() {
           @Override
           public void handle(ActionEvent e) {
              if(!passwordFld.getText().equals("AAAAAA")){
                 message.setText("密码错误");
                 message.setTextFill(Color.rgb(210, 39, 30));
              } else {
                 message.setText("密码正确");
                 message.setTextFill(Color.rgb(21, 117, 84));
              }
              passwordFld.clear();
           }
        });
        GridPane root = new GridPane();
        root.setVgap(10);
        root.addRow(0, nameLbl, nameFld);
        root.addRow(1, passwordLbl, passwordFld);
        root.addRow(2, genderLbl, genderBox);
        root.addRow(3, hobbyLbl, hBox);
        root.addRow(4, schoolLbl, comboBox);
        root.addRow(5, techLbl, techTextField);
```

```
        root.addRow(6, new Label(),listView);
        root.addRow(7, resumeLbl, textArea);
        root.addRow(8, loginBtn);
        root.addRow(9, msgBox);
        root.setStyle("-fx-padding: 10;"+ "-fx-border-style: solid inside;"+
"-fx-border-width: 2;"+ "-fx-border-insets: 5;"+ "-fx-border-radius: 5;"+
"-fx-border-color: blue;");
        GridPane.setHalignment(loginBtn, HPos.RIGHT);
        Scene scene = new Scene(root);
        stage.setScene(scene);
        stage.setTitle("注册窗口");
        stage.show();
    }
}
```

编 程 实 训

实训 1

编写一个使用单选按钮的 GUI 程序如图 10-20 所示,可以使用按钮将消息进行左右移动,并且使用单选按钮修改消息显示的颜色。

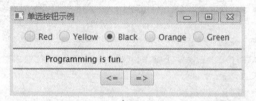

图 10-20 移动消息,并修改消息的颜色

思路提示:在一个窗口面板内利用 GridPane 来布局,将 5 个 RadioButton 组件添加到 ToggleGroup 内,并放置到面板的第 1 行;第 2 行放置 1 个消息文本;第 3 行放置 2 个按钮。分别给 5 个 RadioButton 注册动作事件处理器:当 RadioButton 被选中时,设置消息文本的颜色。给 2 个向左、向右的按钮注册动作事件处理器:当鼠标单击按钮时,分别修改消息文本的 X 坐标,使得消息文本向左、向右移动。

参考代码:

```
import javafx.application.Application;
import javafx.event.ActionEvent;
import javafx.event.EventHandler;
import javafx.geometry.Pos;
import javafx.scene.Scene;
import javafx.scene.control.Button;
import javafx.scene.control.RadioButton;
import javafx.scene.control.ToggleGroup;
import javafx.scene.layout.GridPane;
import javafx.scene.layout.HBox;
import javafx.scene.layout.Pane;
```

```java
import javafx.scene.paint.Color;
import javafx.scene.shape.Line;
import javafx.scene.text.Text;
import javafx.stage.Stage;
public class RadioGroupExe extends Application {
  public static void main(String[] args) {
    Application.launch(args);
  }
  @Override
  public void start(Stage stage) throws Exception {
    ToggleGroup group = new ToggleGroup();
    RadioButton redBtn = new RadioButton("Red");
    redBtn.setToggleGroup(group);
    RadioButton yellowBtn = new RadioButton("Yellow");
    yellowBtn.setToggleGroup(group);
    RadioButton blackBtn = new RadioButton("Black");
    blackBtn.setToggleGroup(group);
    blackBtn.setSelected(true);
    RadioButton orangeBtn = new RadioButton("Orange");
    orangeBtn.setToggleGroup(group);
    RadioButton greenBtn = new RadioButton("Green");
    greenBtn.setToggleGroup(group);
    HBox radioGroup=new HBox(redBtn,yellowBtn,blackBtn,orangeBtn,greenBtn);
    radioGroup.setSpacing(10);
    radioGroup.setAlignment(Pos.CENTER);
    Pane pane = new Pane();
    Text text = new Text(50, 30, "Programming is fun.");
    pane.getChildren().add(new Line(0, 10, 350, 10));
    pane.getChildren().add(text);
    pane.getChildren().add(new Line(0, 40, 350, 40));
    Button leftBtn = new Button("<=");
    leftBtn.setOnAction(new EventHandler<ActionEvent>() {
      @Override
      public void handle(ActionEvent arg0){
        text.setX(text.getX() - 10);
      }
    });

    Button rightBtn = new Button("=>");
    rightBtn.setOnAction(new EventHandler<ActionEvent>() {
      @Override
      public void handle(ActionEvent arg0) {
        text.setX(text.getX() + 10);
      }
    });

    redBtn.setOnAction(new EventHandler<ActionEvent>() {
      @Override
```

```java
            public void handle(ActionEvent arg0) {
                text.setFill(Color.RED);
            }
        });
        
        yellowBtn.setOnAction(new EventHandler<ActionEvent>() {
            @Override
            public void handle(ActionEvent arg0) {
                text.setFill(Color.YELLOW);
            }
        });
        
        blackBtn.setOnAction(new EventHandler<ActionEvent>() {
            @Override
            public void handle(ActionEvent arg0) {
                text.setFill(Color.BLACK);
            }
        });
        
        orangeBtn.setOnAction(new EventHandler<ActionEvent>() {
            @Override
            public void handle(ActionEvent arg0) {
                text.setFill(Color.ORANGE);
            }
        });
        
        greenBtn.setOnAction(new EventHandler<ActionEvent>() {
            @Override
            public void handle(ActionEvent arg0) {
                text.setFill(Color.GREEN);
            }
        });
        
        HBox buttonGroup = new HBox(leftBtn, rightBtn);
        buttonGroup.setSpacing(10);
        buttonGroup.setAlignment(Pos.CENTER);
        GridPane root = new GridPane();
        root.addRow(0, radioGroup);
        root.addRow(2, pane);
        root.addRow(4, buttonGroup);
        root.setAlignment(Pos.CENTER);
        Scene scene = new Scene(root, 350, 100);
        stage.setScene(scene);
        stage.setTitle("单选按钮示例");
        stage.show();
    }
}
```

实训2

编写一个程序,在十进制、十六进制和二进制间转换数字,如图10-21所示。当在十进制值的文本域内输入一个十进制数并按回车键,会在其他两个文本域内显示相应的十六进制和二进制数。同理,也可以在其他文本域内输入值,然后进行转换。

思路提示:在一个窗口面板内利用 GridPane 来布局,第1行放置1个标签(名称为"十进制")和1个文本域,允许用户输入1个十进制数;第2行放置1个标签(名称为"十六进制")和1个文本域,允许用户输入1个十六进制数;第3行放置1个标签(名称为"二进制")和1个文本域,允许用户输入1个二进制数。分别给3个文本域注册动作事件处理器:当输入数据并按回车键时,进行数制转换。

图 10-21 数制转换

参考代码:

```
import javafx.application.Application;
import javafx.event.ActionEvent;
import javafx.event.EventHandler;
import javafx.geometry.Pos;
import javafx.scene.Scene;
import javafx.scene.control.Label;
import javafx.scene.control.TextField;
import javafx.scene.layout.GridPane;
import javafx.stage.Stage;
public class ChangeRadix extends Application {
    private TextField decimalTf = new TextField();
    private TextField hexTf = new TextField();
    private TextField binaryTf = new TextField();
    @Override
    public void start(Stage stage) throws Exception {
    // 创建UI组件
        GridPane gridPane = new GridPane();
        gridPane.setHgap(5);
        gridPane.setVgap(5);
        gridPane.add(new Label("十进制:"), 0, 0);
        gridPane.add(decimalTf, 1, 0);
        gridPane.add(new Label("十六进制:"), 0, 1);
        gridPane.add(hexTf, 1, 1);
        gridPane.add(new Label("二进制:"), 0, 2);
        gridPane.add(binaryTf, 1, 2);
        // 设置UI组件的属性
        gridPane.setAlignment(Pos.CENTER);
        decimalTf.setAlignment(Pos.BOTTOM_RIGHT);
        hexTf.setAlignment(Pos.BOTTOM_RIGHT);
        binaryTf.setAlignment(Pos.BOTTOM_RIGHT);

        decimalTf.setOnAction(new EventHandler<ActionEvent>() {
            @Override
            public void handle(ActionEvent e) {
```

```java
            String decimalStr = decimalTf.getText();
            if (!decimalStr.isEmpty()) {
                // 获取十进制数
                int decimal = Integer.valueOf(decimalStr);
                // 将十进制数转换为十六进制数,并设置到十六进制文本域内
                hexTf.setText(Integer.toHexString(decimal));
                // 将十进制数转换为二进制数,并设置到二进制文本域内
                binaryTf.setText(Integer.toBinaryString(decimal));
            }
        }
    });

    hexTf.setOnAction(new EventHandler<ActionEvent>() {
      @Override
      public void handle(ActionEvent e) {
            String hexStr = hexTf.getText();
            if (!hexStr.isEmpty()) {
                // 获取十六进制数,并转换为十进制数
                int decimal = Integer.parseInt(hexTf.getText(), 10);
                // 将转换的十进制数设置到十进制文本域内
                decimalTf.setText(String.valueOf(decimal));
                // 将十进制数转换为二进制数,并设置到二进制文本域内
                binaryTf.setText(Integer.toBinaryString(decimal));
            }
        }
    });

    binaryTf.setOnAction(new EventHandler<ActionEvent>() {
      @Override
      public void handle(ActionEvent e) {
            String binaryStr = binaryTf.getText();
            if (!binaryStr.isEmpty()) {
                // 获取二进制数,并转换为十进制数
                int decimal = Integer.parseInt(binaryTf.getText(), 10);
                // 将转换的十进制数设置到十进制文本域内
                decimalTf.setText(String.valueOf(decimal));
                // 将十进制数转换为十六进制数,并设置到十六进制文本域内
                hexTf.setText(Integer.toHexString(decimal));
            }
        }
    });

    Scene scene = new Scene(gridPane, 200, 100);
    stage.setTitle("数制转换");// 设置标题
    stage.setScene(scene);      // 将场景放入舞台内
    stage.show();               // 显示舞台
    }

    public static void main(String[] args) {
        Application.launch(args);
    }
}
```

实训 3

编写一个程序,可以动态地改变面板中文本消息的字体,这个消息文本可以同时以粗体和斜体显示。可以从组合框中选择字体名和字体大小,字体大小的组合框初始化为从 1~20 之间的数字,如图 10-22 所示。

思路提示:窗口面板分为 3 部分:顶端部分包含 2 个组合框 ComboBox,允许用户选择字体和字体大小;中间部分显示消息文本;底部为 2 个 CheckBox,允许用户选择"黑体"还是"斜体"。分别给 ComboBox 和 CheckBox 注册动作事件处理器,当相关选项被选中时,改变消息文本的字体、字体大小。

图 10-22 动态地设置消息文本的字体

参考代码:

```
import java.util.ArrayList;
import java.util.List;
import javafx.application.Application;
import javafx.collections.FXCollections;
import javafx.collections.ObservableList;
import javafx.event.ActionEvent;
import javafx.event.EventHandler;
import javafx.geometry.Pos;
import javafx.scene.Scene;
import javafx.scene.control.CheckBox;
import javafx.scene.control.ComboBox;
import javafx.scene.control.Label;
import javafx.scene.control.SingleSelectionModel;
import javafx.scene.layout.GridPane;
import javafx.scene.layout.HBox;
import javafx.scene.layout.Pane;
import javafx.scene.shape.Line;
import javafx.scene.text.Font;
import javafx.scene.text.FontPosture;
import javafx.scene.text.FontWeight;
import javafx.scene.text.Text;
import javafx.stage.Stage;
public class ChangeMsgFont extends Application {
    private Text text = new Text(50, 40, "Programming is fun.");
    private CheckBox boldChk = new CheckBox("黑体");
    private CheckBox italicChk = new CheckBox("斜体");
    private SingleSelectionModel<String> fontSelectionModel;
    private SingleSelectionModel<String> fontSizeSelectionModel;
    public static void main(String[] args) {
        Application.launch(args);
    }
```

```java
    @Override
    public void start(Stage stage) throws Exception {
        Label fontLabel = new Label("字体:");
        ComboBox<String> fontComboBox = new ComboBox<String>();
        ObservableList<String> fontItems =FXCollections.<String>observableArrayList(Font.getFamilies());
        fontComboBox.setItems(fontItems);
        fontSelectionModel = fontComboBox.getSelectionModel();
        fontSelectionModel.select("Times New Roman");
        fontComboBox.setOnAction(new EventHandler<ActionEvent>() {
          @Override
          public void handle(ActionEvent e) {
            text.setFont(getFont());
          }
        });
        
        Label fontSizeLabel = new Label("大小:");
        ComboBox<String> fontSizeComboBox = new ComboBox<String>();
        List<String> fontSize = new ArrayList<String>();
        for (int i = 1; i <= 30 ; i++) {
           fontSize.add(String.valueOf(i));
        }
        ObservableList<String> fontSizeItems = FXCollections.<String>observableArrayList(fontSize);
        fontSizeComboBox.setItems(fontSizeItems);fontSizeSelectionModel = fontSizeComboBox.getSelectionModel();
        fontSizeSelectionModel.select(String.valueOf(12.0d));
        fontSizeComboBox.setOnAction(new EventHandler<ActionEvent>() {
          @Override
          public void handle(ActionEvent e) {
            text.setFont(getFont());
          }
        });
        
        Pane pane = new Pane();
        pane.getChildren().add(new Line(0, 10, 350, 10));
        Font initFont = getFont();
        text.setFont(initFont);
        pane.getChildren().add(text);
        pane.getChildren().add(new Line(0, 70, 350, 70));
        EventHandler<ActionEvent> handler = new EventHandler<ActionEvent>() {
          @Override
          public void handle(ActionEvent e){
            text.setFont(getFont());
          }
        };
        
        boldChk.setOnAction(handler);
```

```java
            italicChk.setOnAction(handler);
            GridPane fontPane = new GridPane();
            fontPane.setHgap(10);
            fontPane.add(fontLabel, 0, 0);
            fontPane.add(fontComboBox, 1, 0);
            fontPane.add(fontSizeLabel, 2, 0);
            fontPane.add(fontSizeComboBox, 3, 0);
            HBox buttonGroup = new HBox(boldChk, italicChk);
            buttonGroup.setSpacing(10);
            buttonGroup.setAlignment(Pos.CENTER);
            GridPane root = new GridPane();
            root.setVgap(10);
            root.addRow(1, fontPane);
            root.addRow(2, pane);
            root.addRow(3, buttonGroup);
            root.setAlignment(Pos.CENTER);
            Scene scene = new Scene(root, 360, 150);
            stage.setScene(scene);
            stage.setTitle("改变消息文本字体");
            stage.show();
        }

    private Font getFont() {
        boolean isBold = boldChk.isSelected();
        boolean isItalic = italicChk.isSelected();
        String fontName = (String) fontSelectionModel.getSelectedItem();
        String size = (String) fontSizeSelectionModel.getSelectedItem();
        double fontSize = Double.valueOf(size);
        if (isBold && isItalic) {
            return Font.font(fontName, FontWeight.BOLD, FontPosture.ITALIC, fontSize);
        }
        else if (isBold) {
            return Font.font(fontName,FontWeight.BOLD,FontPosture.REGULAR, fontSize);
        }
        else if (isItalic) {
            return Font.font(fontName,FontWeight.NORMAL,FontPosture.ITALIC, fontSize);
        }
        else {
            return Font.font(fontName,FontWeight.NORMAL,FontPosture.REGULAR, fontSize);
        }
    }
}
```

实训 4

编写一个程序,演示 Label 的属性,允许用户动态地设置属性 contentDisplay 和 graphicTextGap,如图 10-23 所示。

图 10-23 显示鼠标位置

思路提示:面板内的顶端放置一个供用户选择 contentDisplay 属性值的组合框 ComboBox 和一个供用户输入 graphicTextGap 属性值的文本域 TextField。给 ComboBox 注册动作事件处理器:当用户选择了 contentDisplay 属性值后设置面板底部的 Label 标签的 contentDisplay 属性;也给文本域注册动作事件处理器:当用户输入 graphicTextGap 属性值后按回车键,设置面板底部的 Label 标签的 graphicTextGap 属性。

参考代码:

```java
import javafx.application.Application;
import javafx.collections.FXCollections;
import javafx.collections.ObservableList;
import javafx.event.ActionEvent;
import javafx.event.EventHandler;
import javafx.geometry.Pos;
import javafx.scene.Scene;
import javafx.scene.control.ComboBox;
import javafx.scene.control.ContentDisplay;
import javafx.scene.control.Label;
import javafx.scene.control.SingleSelectionModel;
import javafx.scene.control.TextField;
import javafx.scene.image.ImageView;
import javafx.scene.layout.GridPane;
import javafx.scene.layout.VBox;
import javafx.stage.Stage;
public class ChangeLabelProperty extends Application {
    private Label targetLabel = new Label("Graphics");
    private SingleSelectionModel<ContentDisplay> fontSelectionModel;
    public static void main(String[] args) {
        Application.launch(args);
    }
```

```java
    @Override
    public void start(Stage stage) throws Exception {
       targetLabel.setGraphic(new ImageView("./panda.jpg"));
       targetLabel.setContentDisplay(ContentDisplay.LEFT);
       targetLabel.setGraphicTextGap(0.0);
       Label label = new Label("contentDisplay:");
       ComboBox<ContentDisplay> comboBox = new ComboBox<ContentDisplay>();
       ObservableList<ContentDisplay> items =FXCollections. <ContentDisplay> observableArrayList(ContentDisplay.BOTTOM, ContentDisplay. CENTER, ContentDisplay. LEFT, ContentDisplay.RIGHT, ContentDisplay.TOP);
       comboBox.setItems(items);
       fontSelectionModel = comboBox.getSelectionModel();
       fontSelectionModel.select(ContentDisplay.LEFT);
       comboBox.setOnAction(new EventHandler<ActionEvent>() {
         @Override
         public void handle(ActionEvent e) {
           ContentDisplay selectedItem = fontSelectionModel.getSelectedItem();
           targetLabel.setContentDisplay(selectedItem);
         }
       });

       Label textGapLabel = new Label("graphicTextGap:");
       TextField textGapTf = new TextField();
       textGapTf.setPrefColumnCount(5);
       textGapTf.setOnAction(new EventHandler<ActionEvent>(){
         @Override
         public void handle(ActionEvent event) {
           String textGap = textGapTf.getText();
           if (!textGap.isEmpty()) {
              targetLabel.setGraphicTextGap(Double.valueOf(textGap));
           }
         }
       });

       GridPane pane = new GridPane();
       pane.setHgap(10);
       pane.add(label, 0, 0);
       pane.add(comboBox, 1, 0);
       pane.add(textGapLabel, 2, 0);
       pane.add(textGapTf, 3, 0);
       VBox root = new VBox();
       root.setSpacing(10);
       root.getChildren().add(pane);
       root.getChildren().add(targetLabel);
       root.setAlignment(Pos.CENTER);
       Scene scene = new Scene(root, 400, 250);
       stage.setScene(scene);
       stage.setTitle("Label 属性演示");
       stage.show();
    }
}
```

实训 5

使用 ComboBox 和 ListView 编写一个程序，演示在列表中选择的条目。程序用组合框指定选择方式，如图 10-24 所示。当选择条目后，列表下方的标签中会显示选定项。

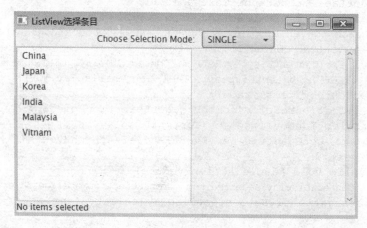

图 10-24　在列表中选择的条目

思路提示：在面板顶部添加一个 ComboBox 组件，用来选择 ListView 组件的选择模式——SINGLE 和 MULTIPLE；面板中间是一个 ListView 组件，列出了一些国家的名称，用户可以从列表中选择条目；面板底部是一个 Label 标签组件，当用户选择了 ListView 组件的条目后，被选项就会显示在标签上。需要给 ComboBox 组件注册动作事件处理器，来设置 ListView 组件的选择模式。需要给 ListView 组件的选项添加监听器来处理选项的变化。

参考代码：

```java
import javafx.application.Application;
import javafx.beans.InvalidationListener;
import javafx.beans.Observable;
import javafx.event.ActionEvent;
import javafx.event.EventHandler;
import javafx.geometry.Pos;
import javafx.scene.Scene;
import javafx.scene.control.ComboBox;
import javafx.scene.control.Label;
import javafx.scene.control.ListView;
import javafx.scene.control.MultipleSelectionModel;
import javafx.scene.control.ScrollPane;
import javafx.scene.control.SelectionMode;
import javafx.scene.layout.BorderPane;
import javafx.scene.layout.HBox;
import javafx.stage.Stage;
public class ListViewExercise extends Application {
    private double paneWidth = 480;
    private double paneHeight = 250;
    private Label label = new Label("No items selected");
```

```java
        private ComboBox<String> cboSelectionMode = new ComboBox<>();
        private ListView<String> listView = new ListView<String>();
        MultipleSelectionModel<String> selectModel = listView.getSelectionModel();
        @Override
        public void start(Stage stage) {
            BorderPane pane = new BorderPane();
            listView.getItems().addAll("China", "Japan", "Korea", "India",
"Malaysia", "Vitnam");
            cboSelectionMode.getItems().addAll("SINGLE", "MULTIPLE");
            cboSelectionMode.setValue("SINGLE");
            HBox hBox = new HBox(10);
            hBox.getChildren().addAll(new Label("Choose Selection Mode:"),
cboSelectionMode);
            hBox.setAlignment(Pos.CENTER);
            pane.setTop(hBox);
            pane.setCenter(new ScrollPane(listView));
            pane.setBottom(label);
            Scene scene = new Scene(pane, paneWidth, paneHeight);
            stage.setTitle("ListView选择条目");
            stage.setScene(scene);
            stage.show();
            cboSelectionMode.setOnAction(new EventHandler<ActionEvent>() {
              @Override
              public void handle(ActionEvent event) {
                 if (cboSelectionMode.getValue().equals("SINGLEP")){
                    selectModel.setSelectionMode(SelectionMode.SINGLE);
                 }
                 else {
                    selectModel.setSelectionMode(SelectionMode.MULTIPLE);
                 }
              }
            });

            selectModel.selectedItemProperty().addListener(new Invalidation
Listener() {
              @Override
              public void invalidated(Observable observable) {
                 String items = "";
                 for (String s : selectModel.getSelectedItems()) {
                    items += s + ",";
                 }
                 if (!items.isEmpty()) {
                    label.setText("Selected items are "+ items.substring(0,
items. length() - 1));
                 }
              }
            });
         }

         public static void main(String[] args) {
            Application.launch(args);
         }
      }
```

实训 6

使用 ScrollBar 编写一个程序,使用滚动条或者滑动条选择文本的颜色,如图 10-25 所示,使用 4 个水平滚动条选择颜色(红色、绿色和蓝色),以及透明度的百分比。

思路提示:面板内部有一行文本消息 "Java is fun.",有 4 个滑动条,分别用来选择文本的颜色和透明度,当滚动条选择颜色,以及透明度的百分比后,会设置消息文本的颜色和透明度。欲实现此功能,需要给 4 个滚动条添加监听器来处理滚动条值的变化。

图 10-25 调节滚动条改变文本的颜色

参考代码:

```java
import javafx.application.Application;
import javafx.beans.InvalidationListener;
import javafx.beans.Observable;
import javafx.geometry.Pos;
import javafx.scene.Scene;
import javafx.scene.control.Label;
import javafx.scene.control.ScrollBar;
import javafx.scene.layout.BorderPane;
import javafx.scene.layout.GridPane;
import javafx.scene.paint.Color;
import javafx.scene.text.Text;
import javafx.stage.Stage;
public class ShowColors extends Application {
    private double paneWidth = 300;
    private double paneHeight = 150;
    private Text text = new Text("Java is fun.");
    private ScrollBar scbRed = new ScrollBar();
    private ScrollBar scbGreen = new ScrollBar();
    private ScrollBar scbBlue = new ScrollBar();
    private ScrollBar scbOpacity = new ScrollBar();
    @Override
    public void start(Stage stage) {
        BorderPane pane = new BorderPane();
        GridPane gridPane = new GridPane();
        gridPane.add(new Label("Red"), 0, 0);
        gridPane.add(new Label("Green"), 0, 1);
        gridPane.add(new Label("Blue"), 0, 2);
        gridPane.add(new Label("Opacity"), 0, 3);
        gridPane.add(scbRed, 1, 0);
        gridPane.add(scbGreen, 1, 1);
        gridPane.add(scbBlue, 1, 2);
        gridPane.add(scbOpacity, 1, 3);
        pane.setBottom(gridPane);
        pane.setCenter(text);
        gridPane.setAlignment(Pos.CENTER);
```

```java
        gridPane.setVgap(5);
        gridPane.setHgap(5);
        Scene scene = new Scene(pane, paneWidth, paneHeight);
        stage.setTitle("show color");
        stage.setScene(scene);
        stage.show();
        scbRed.valueProperty().addListener(new InvalidationListener() {
           @Override
           public void invalidated(Observable observable) {
              updateColor();
           }
        });

        scbGreen.valueProperty().addListener(new InvalidationListener() {
           @Override
           public void invalidated(Observable observable) {
              updateColor();
           }
        });

        scbBlue.valueProperty().addListener(new InvalidationListener() {
           @Override
           public void invalidated(Observable observable) {
              updateColor();
           }
        });
        scbOpacity.valueProperty().addListener(new InvalidationListener() {
           @Override
           public void invalidated(Observable observable) {
              updateColor();
           }
        });
    }

    private void updateColor() {
        double red = scbRed.getValue() / scbRed.getMax();
        double green = scbGreen.getValue() / scbGreen.getMax();
        double blue = scbBlue.getValue() / scbBlue.getMax();
        double opacity = scbOpacity.getValue() / scbOpacity.getMax();
        text.setFill(Color.color(red, green, blue, opacity));
    }

    public static void main(String[] args) {
        launch(args);
    }
}
```

第 11 章 Java 的多线程机制

知识目标

1. 了解 Java 中的进程与线程；
2. 掌握线程的创建与启动方法；
3. 了解线程的优先级设置与调度方法；
4. 掌握多线程的同步机制。

能力要求

1. 掌握线程的创建与启动方法；
2. 掌握多线程同步的实现以及线程状态转换的常用方法。

目前我们所用的 Windows 等操作系统都支持多任务并发处理机制，即在一个系统中能够同时运行多个程序。例如，在执行 Word 程序编辑文字的同时还可以播放 MP3 音乐。而在网络上运行的程序，更需要有多线程机制，即一个程序运行时可分成几个并行处理的子任务。例如，由于网络传输速度较慢，用户输入速度较慢，将这类功能用线程完成，则在软件下载的同时，系统还可以完成其他任务，而不会影响到正在运行的功能。这就是一个典型的网络运行多线程的例子，Java 的特点就是内在支持多线程。下面介绍 Java 的多线程机制，包括线程的概念、线程的生命周期、线程的控制与调度、线程同步等问题。

11.1 了解 Java 中的进程与线程

在现实生活中，用计算机可以边听音乐边在网页上留言；也可以边从网络上下载资料边玩游戏，这些都是多线程并发的实例。Java 语言支持多线程编程，多线程包括多个程序段，每个程序段按照自己的执行路线并发工作，各自独立完成自身功能，相互间互不干扰。下面学习 Java 中多线程的知识。

1. 进程与线程

对于一般程序而言，其结构大致可以划分为一个入口、一个出口和一个顺序执行的语句序列。程序开始运行时，系统从程序入口开始，按照语句的执行顺序（包括顺序、分支和循环）完成相应指令，然后从出口退出，同时整个程序结束。这样的结构称为进程，或者说进程就是程序的一次动态执行过程。一个进程既包括程序的代码，同时也包括系统的资源，如 CPU、内存空间等，但不同的进程所占用的系统资源都是独立的。

线程是比进程更小的执行单位。一个进程在执行过程中，为了同时完成多个操作，可以产生多个线程。与进程不同的是，线程没有入口，也没有出口，其自身不能自动运行，而必须存在于某一进程中，由进程触发执行。在系统资源的使用上，属于同一进程的所有线程共享该进程的系统资源。

例如，在日常生活中，如果把银行一天的工作看作一个进程，那么一天的工作开始后，可以有多个线程为客户服务，比如财会部门、出纳部门、保安部门等，他们共享银行的账目数据（系统资源）等。

2. 线程的生命周期

每个 Java 程序都有一个默认的主线程。对于应用程序，主线程是 main()方法执行的线索，要想实现多线程，必须在主线程中创建新的线程对象。新建的线程在一个完整的生命周期中通常需要经历创建、就绪、运行、阻塞、死亡 5 种状态，如图 11-1 所示。

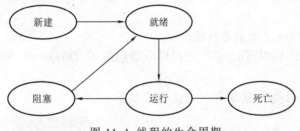

图 11-1 线程的生命周期

（1）新建状态

当一个 Thread 类或其子类的对象被声明并创建时，新生的线程对象处于新建状态。

例如，下面的语句可以创建一个新的线程：

```
myThread myThread1=new myThread1();
```

myThread 线程类有两种实现方式，一种是继承 Thread 类；另一种是实现 Runnable 接口。

（2）就绪状态

一个线程对象调用 start()方法，即可使其处于就绪状态。处于就绪状态的线程具备了除 CPU 资源之外的运行线程所需的所有资源。也就是说，就绪状态的线程排队等候 CPU 资源，而这将由系统进行调度。

（3）运行状态

处于就绪状态的线程获得 CPU 资源后即处于运行状态。每个 Thread 类及其子类对象都有一个 run()方法，当线程处于运行状态时，它将自动调用自身的 run()方法，并开始执行 run()方法中的内容。

（4）阻塞状态

处于运行状态的线程如果因为某种原因不能继续执行，则进入阻塞状态。阻塞状态与就绪状态的区别是：就绪状态只是因为缺少 CPU 资源不能执行，而阻塞状态可能会由于各种原因使得线程不能执行，而不仅仅是 CPU 资源。引起阻塞的原因解除以后，线程再次转为就绪状态，等待分配 CPU 资源。

（5）死亡状态

当线程执行完 run()方法的内容或被强制终止时，则处于死亡状态。至此，线程的生命周期结束。

11.2 掌握线程的创建与启动方法

如果想运行一个线程，首先需要创建和启动线程。线程的创建完成线程的定义，实现线程运行时所需要完成的功能；线程启动是对实例化的线程进行启动，使其获得运行的机会。

1. 创建线程

在 Java 中，创建线程有两种方式：一种是继承 java.lang.Thread 类，另一种是实现 Runnable 接口。

（1）通过继承 Thread 类创建线程类

Java 中定义了线程类 Thread，用户可以通过继承 Thread 类，覆盖其 run()方法创建线程类。

通过继承 Thread 类创建线程的语法格式如下：

```
class <ClassName> extends Thread{
  public void run(){
    ……//线程执行代码
  }
}
```

（2）通过实现 Runnable 接口创建线程类

另一种方式是通过实现 Runnable 接口创建线程类，进而实现 Runnable 接口中的 run()方法。其语法格式如下：

```
class <ClassName> implements Runnable{
  public void run(){
    ……//线程执行代码
  }
}
```

例如，通过实现 Runnable 接口创建线程类打印 0~9 之间的数字，主要代码段如下：

```
class MyThread implements Runnable{
  public void run(){         //实现Runnable接口的run()方法
    for(int i=0;i<9;i++){
      System.out.println(i);
    }
  }
}
```

2. 启动线程

线程创建完成后，通过线程的启动来运行线程。Thread 类定义了 start()方法用来完成线程的启动。针对两种不同的线程创建方式，下面分别介绍其启动方法。

（1）通过继承 Thread 类线程的启动

继承 Thread 类方式的线程的启动非常简单，只要在创建线程类对象后，调用类的 start()方法即可。

【例 11-1】 基于 Thread 子类所创建线程对象的启动方法。

```
class MyThread extends Thread {
// 继承 Thread 类创建线程类 MyThread
  public void run() {                // 重写 Thread 类的 run()方法
    for(int i = 0; i < 10; i++){
      System.out.print(i+" ");  // 打印 0~9 之间的数字
    }
  }
}
public class ThreadExample1 {
  public static void main(String args[]) {
    // 创建线程类 MyThread 的实例 t
    MyThread t = new MyThread();
    t.start();                    // 启动线程
  }
}
```

测试结果如下所示：

```
0 1 2 3 4 5 6 7 8 9
```

（2）实现 Runnable 接口线程的启动

对于通过实现 Runnable 接口创建的线程类，应首先基于此类创建对象，然后再将该对象作为 Thread 类构造方法的参数，创建 Thread 类对象，最后通过 Thread 类对象调用 Thread 类的 start()方法启动线程。

【例 11-2】 基于 Runnable 接口线程类所创建线程对象的启动方法。

```
class MyThread1 implements Runnable {
  // 实现 Runnable 接口创建线程类 MyThread1
  public void run() {        // 实现 Runnable 接口的 run()方法
    for(int i = 0; i < 9; i++) {
      System.out.print(i + " ");
    }
  }
}
public class ThreadExample2 {
  public static void main(String args[]) {
    // 创建线程类 MyThread1 的实例 mt
    MyThread1 mt = new MyThread1();
    Thread t = new Thread(mt);       // 创建 Thread 类的实例 t
    t.start();                        // 启动线程
  }
}
```

11.3 线程的优先级设置与调度方法

Java 虚拟机允许一个应用程序拥有多个同时运行的线程,至于哪个线程先执行,哪个线程后执行,取决于线程的优先级。线程的调度就是指使用各种调度方法(如 sleep()、yield()、join()等)实现处于生命周期中的各种状态的转换。

1. 线程的优先级

线程的优先级是指线程在被系统调度执行时的优先级级别。在多线程程序中,往往是多个线程同时在就绪队列中等待执行。优先级越高,越先执行;优先级越低,越晚执行;优先级相同时,则遵循队列的"先进先出"原则。

Thread 类有三个与线程优先级有关的静态变量,其意义如下:

MIN_PRIORITY:线程能够具有的最小优先级(1)。

MAX_PRIORITY:线程能够具有的最大优先级(10)。

NORM_PRIORITY:线程的普通优先级,默认值是 5。

提示:当创建线程时,优先级默认是由 NORM_PRIORITY 标识的整数(5)。可以通过 setPriority()方法设置线程的优先级,也可以通过 getPriority()方法获得线程的优先级。

【例 11-3】 对多个线程设置不同的优先级。

```
class MyThread2 extends Thread {
  public void run() {
    for (int i = 0; i < 5; i++) {
      System.out.println(i+" "+getName()+"优先级是: "+getPriority());
    }
  }
}
public class ThreadExample3 {
  public static void main(String args[]) {
    MyThread2 t1 = new MyThread2();// 创建线程类 MyThread2 的实例 t1
    MyThread2 t2 = new MyThread2();// 创建线程类 MyThread2 的实例 t2
    t1.setPriority(1);           // 设置线程 t1 的优先级为 1
    t2.setPriority(10);          // 设置线程 t2 的优先级为 10
    t1.start();                  // 启动线程 t1
    t2.start();                  // 启动线程 t2
  }
}
```

程序可能运行的结果:

```
0 Thread-0 优先级是: 1
0 Thread-1 优先级是: 10
1 Thread-1 优先级是: 10
1 Thread-0 优先级是: 1
2 Thread-1 优先级是: 10
2 Thread-0 优先级是: 1
3 Thread-1 优先级是: 10
3 Thread-0 优先级是: 1
4 Thread-1 优先级是: 10
4 Thread-0 优先级是: 1
```

例 11-3 中首先利用继承 Thread 类的方法创建了线程类 MyThread2，然后在 main() 方法中创建了线程类 MyThread2 的两个实例 t1 和 t2，并设置两个线程实例的优先级。最后，分别调用线程的 start()方法启动线程。

Java 的线程调度策略是基于优先级的抢占式调度。高优先级的线程不必等待低优先级的线程执行完毕，就直接把控制权抢占过来。但是这种调度策略并不总是有效的。例如，如果反复运行上面的程序，可能会出现多种运行结果。

2．线程休眠

对于正在运行的线程，可以调用 sleep()方法使其放弃 CPU 资源进行休眠，此线程转为阻塞状态。sleep()方法包含 long 型的参数，用于指定线程休眠的时间，单位为毫秒。sleep()方法会抛出非运行时异常 InterruptedException，程序需要对此异常进行处理。

【例 11-4】 在循环中使用 sleep()方法进行线程休眠。

```java
class MyThread3 extends Thread {
  public void run() {
    for (int i = 0; i < 5; i++) {
      System.out.print(i+"  ");
      try {
        sleep(1000);          // 线程休眠1秒，即每隔1秒打印一个数字
      } catch (InterruptedException e) {
        System.out.print("error:" + e);  }
    }
  }
}
public class ThreadExample4 {
  public static void main(String[] args) {
    MyThread3 t = new MyThread3();
    t.start();               // 启动线程 t
  }
}
```

3．线程让步

对于正在运行的线程，可以调用 yield()方法使其重新在就绪队列中排队，并将 CPU 资源让给排在队列后面的线程，此线程转为就绪状态。另外，yield()方法只让步给高优先级或同等优先级的线程，如果就绪队列后面是低优先级线程，则继续执行此线程。yield()方法没有参数，也没有抛出任何异常。

【例 11-5】 在循环中使用 yield()方法进行线程让步。

```java
class MyThread4 extends Thread {
  public void run() {
    for (int i = 0; i < 5; i++) {
      System.out.print(i);
      yield(); // 线程让步
    }
  }
}
```

```
public class ThreadExample5 {
  public static void main(String[] args) {
    MyThread4 t1 = new MyThread4();
    MyThread4 t2 = new MyThread4();
    t1.start(); // 启动线程 t1
    t2.start(); // 启动线程 t2
  }
}
```

测试结果如下所示：

0011223344

例 11-5 中创建了线程类 MyThread4，并在其 run()方法中调用了 yield()方法，即每次循环时当前线程都要让步。程序执行的效果是两个线程 t1 和 t2 交替打印 0~4 的数据。

4. 线程等待

对于正在运行的线程，可以调用 join()方法等待其结束，然后才执行其他线程。join()方法有几种重载形式。其中，不带任何参数的 join()方法表示等待线程执行结束为止，其他重载方式可以参考 Java API。另外，join()方法也会抛出非运行时异常 InterruptedException，程序需要对此异常进行处理。

【例 11-6】 使用 join()方法进行线程等待。

```
class MyThread5 extends Thread {
  public void run() {
    for (int i = 0; i < 5; i++) {
      System.out.print(i);
    }
  }
}
public class ThreadExample6 {
  public static void main(String[] args) throws InterruptedException {
    MyThread5 t1 = new MyThread5();
    MyThread5 t2 = new MyThread5();
    t1.start();      // 创建线程 t1
    t1.join();       // 等待 t1 执行结束
    t2.start();
  }
}
```

测试结果如下所示：

0123401234

例 11-6 中创建了两个实例 t1 和 t2，线程 t1 启动后，调用 join()方法等待线程 t1 执行结束，然后启动线程 t2。

【例 11-7】 利用多线程的调度机制实现左右手轮流写字。

分析：利用继承 Thread 类的方法创建线程类 LeftHand 与 RightHand，并在其中重写 run()方法。然后调用休眠方法 sleep()让当前线程让出 CPU 资源。最后，线程对象调用 start()方法启动线程。

```java
public class ThreadTest {
  public static void main(String[] args) {
    LeftHand left = new LeftHand();       // 创建线程 left
    RightHand right = new RightHand();    // 创建线程 right
    left.start();    // 线程启动后，LeftHand 类中的 run()方法将被执行
    right.start();
  }
}
class LeftHand extends Thread {     // 左手线程类 LeftHand
  public void run() {
    for (int i = 0; i <= 5; i++) {
      System.out.print("A");
      try {
        sleep(500);                       // left 线程休眠 500 毫秒
      } catch (InterruptedException e) { }
    }
  }
}
class RightHand extends Thread {    // 右手线程类 RightHand
  public void run() {
    for (int i = 0; i <= 5; i++) {
      System.out.print("B");
      try {
        sleep(300);                       // right 线程休眠 300 毫秒
      } catch (InterruptedException e) { }
    }
  }
}
```

11.4 多线程的同步机制——同步方法的使用

在程序中运行多个线程时，可能会发生以下问题：当两个或多个线程同时访问同一个变量，并且一个线程需要修改这个变量时，程序中可能会出现预想不到的结果。例如，一个工资管理人员正在修改雇员的工资表，而其他雇员正在复制工资表。如果这样做，就会出现混乱。因此，工资管理人员在修改工资表时，应该不允许任何雇员操作工资表。也就是说，这些雇员必须等待。这种情况是因为多线程竞争共享资源造成的，我们需要使用多线程的同步机制来解决。

【例 11-8】 多线程资源竞争。

```java
class MyThread6 implements Runnable {
  private int count = 0;    // 定义共享变量 count
  public void run() {
    test();
  }
  private void test() {
    for (int i = 0; i < 5; i++) {
      count++;
      Thread.yield();  // 线程让步
      count--;
      System.out.print(count + " ");       // 输出 count 的值
    }
  }
}
public class ThreadExample8 {
  public static void main(String[] args) throws InterruptedException {
    MyThread6 t = new MyThread6();
    Thread t1 = new Thread(t);
    Thread t2 = new Thread(t);
    t1.start();      // 启动线程 t1
    t2.start();      // 启动线程 t2
  }
}
```

程序可能出现的测试结果如下所示：

```
0 0 0 0 0 0 0 0 0 0
1 0 0 0 1 1 0 0 0 0
```

在例 11-8 中定义的变量 count，初值为 0，还定义了一个 run()方法，其中 for 循环用来对变量 count 进行自加操作。最后，创建两个 Thread 类的实例，分别启动执行。但是，如果按照代码顺序执行，方法执行的结果应该始终打印 0。然而程序执行的结果并非如此。这是因为同时启动了两个线程，它们共享变量 count。在不同时刻，每个线程都可能对 count 执行自加或者自减操作。此时打印结果是 1 不是 0，这就是多线程竞争共享资源的问题。

要解决共享资源问题，需要使用 synchronized 关键字对共享资源进行加锁控制，进而实现线程的同步。synchronized 关键字可以作为方法的修饰符，也可以修饰一个代码块。使用 synchronized 修饰的方法称为同步方法。当一个线程 A 执行这个同步方法时，试图调用该同步方法的其他线程都必须等待，直到线程 A 退出该同步方法。

【例 11-9】 为方法增加 synchronized 修饰符，避免多线程之间的资源竞争。

```java
class MyThread7 implements Runnable {
  private int count = 0;        // 定义共享变量 count
  public void run() {
    test();
  }
```

```
    private synchronized void test() {
      for (int i = 0; i < 5; i++) {
        count++;
        Thread.yield();           // 线程让步
        count--;
        System.out.print(count + " ");
      }
    }
}
public class ThreadExample9 {
  public static void main(String[] args) throws InterruptedException {
    MyThread7 t = new MyThread7();
    Thread t1 = new Thread(t);     Thread t2 = new Thread(t);
    t1.start();      // 启动线程 t1
    t2.start();      // 启动线程 t2
  }
}
```

提示：当被 synchronized 修饰的方法执行完成或者发生异常时，会自动释放所加的锁。

从前面的内容可知，当一个线程正在使用一个同步方法时，其他线程不能使用这个同步方法。对于同步方法，有时可能涉及特殊情况，比如当你在一个售票窗口排队购买电影票的时候，如果你给售票员的钱不是零钱，而售票员又没有零钱找你，那么你就必须等待，并允许你后面的人买票，以便售票员获得零钱给你。如果第2个人仍然没有零钱，那么这两个人都必须等待，并允许后面的人买票。

当一个线程使用的同步方法用到某个变量，而此变量又需要其他线程修改后才能符合本线程的需要，那么可以在同步方法中使用 wait()方法。使用 wait()方法可以中断方法的执行，使本线程等待，暂时让出 CPU 资源的使用权，并允许其他线程使用这个同步方法。如果其他线程使用这个同步方法时不需要等待，那么它使用完这个同步方法时，应当使用 notifyAll()方法通知所有由于使用这个同步方法而处于等待的线程结束等待。曾中断的线程就会从刚才的中断处继续执行这个同步方法，并遵循"先中断先继续"的原则。

如果使用 notify()方法，那么只通知第一个处于等待的线程结束等待。

【例 11-10】 设计一个程序模拟排队买票：张先生和李先生买电影票，售票员只有两张 5 元的钱，电影票 5 元一张。张先生用一张 20 元的人民币排在李先生的前面买票，而李先生用一张 5 元的人民币买票。请通过编程模拟排队买票的情形。

分析：

①如果售票员 5 元钱的个数少于 3，当"张先生线程"用 20 元钱去买票时，则"张先生线程"应调用 wait()方法等待并允许"李先生线程"买票。"李先生线程"执行完毕后应调用 notifyAll()方法通知"张先生线程"继续进行买票。

②Thread 类的 currentThread()方法返回正在运行的线程。

```java
public class TicketSeller {
    int sumFive = 2, sumTwenty = 0;      // 定义5元钱与20元钱的个数
    public synchronized void sellRegulate(int money) {
        if (money == 5) {
            System.out.println("李先生，您的钱数正好。");
        } else if (money == 20) {
            while (sumFive < 3) {
                try {
                    wait();  // 如果5元的个数少于3张，则线程等待
                } catch (InterruptedException e) {
                }
            }
            sumFive = sumFive - 3;
            sumTwenty = sumTwenty + 1;
            System.out.println("张先生，您给我20元，找您15元。");
        }
        notifyAll();    // 通知等待的线程
    }
}
```

创建一个测试类 TicketSellerTest。

```java
public class TicketSellerTest implements Runnable {
    static Thread MrZhang, MrLi;
    static TicketSeller MissWang;
    public void run() {
        if (Thread.currentThread() == MrZhang) {  // 判断当前的线程
            MissWang.sellRegulate(20);           // 调用买票的方法
        } else if (Thread.currentThread() == MrLi) {
            MissWang.sellRegulate(5);
        }
    }
    public static void main(String[] args) {
        TicketSellerTest t = new TicketSellerTest();
        MrZhang = new Thread(t);
        MrLi = new Thread(t);
        MissWang = new TicketSeller();
        MrZhang.start();      // 启动张先生的线程
        MrLi.start();         // 启动李先生的线程
    }
}
```

保存文件并运行程序，测试结果如下所示：

李先生，您的钱数正好。
张先生，您给我20元，找您15元。

【例 11-11】 编写程序实现生产者与消费者的同步。

分析：生产者在一个循环中不断生产 A—E 产品，而消费者则不断地消费这些产品。在这一过程中，必须有生产者生产，才能有消费者消费。

```java
//首先创建一个公共类: ProducerConsumerSyn.java
// 生产者线程
class Producer extends Thread {
  private Monitor s;
  Producer(Monitor s) {
    this.s = s;
  }

  public void run() {
    for (char ch = 'A'; ch <= 'E'; ch++) {
      try {
        Thread.sleep((int) Math.random() * 400); // 线程休眠
      } catch (InterruptedException e) {
      }
      s.recordProduct(ch); // 记录生产的产品
      System.out.println(ch + " product has been produced by producer.");
    }
  }
}
//创建消费者线程 Consumer
//消费者线程类
class Consumer extends Thread {
  private Monitor s;

  Consumer(Monitor s) {
    this.s = s;
  }

  public void run() {
    char ch;
    do {
      try {
        Thread.sleep((int) Math.random() * 400); // 线程休眠
      } catch (InterruptedException e) {
      }
      ch = s.getProduct(); // 获取生产的产品
      System.out.println(ch + " product has been consumed by consumer!");
    } while (ch != 'E');
  }
}

//创建监视器类 Monitor
class Monitor {
  private char c;
  // 生产消费标记。true: 表示产品已生产，但未消费; flase: 表示产品已消费，但新的产品尚未生产出来
  private boolean flag = true;
  // 记录生产的产品。如果产品未消费，则等待，即 flag 由 false 变为 true
  public synchronized void recordProduct(char c) {
```

```java
      // 如果新的产品尚未生产出来,则让消费者等待
      if (!flag) {
        try {
          wait();
        } catch (InterruptedException e) {
        }
      }
      this.c = c;  // 记录生产的产品
      flag = false;// 产品尚未消费
      notify();  // 通知消费者线程,产品已经可以消费
    }

    // 获取生产的产品。如果产品已消费,则等待新的产品生产出来,即flag由true变为false
    public synchronized char getProduct() {
      // 产品已生产出来,等待消费
      if (flag) {
        try {
          wait();
        } catch (InterruptedException e) {
        }
      }
      flag = true;                    // 产品已消费
      notify();                       // 通知生产者需要生产新的产品
      return this.c;                  // 返回生产的产品
    }
}

//创建公共测试类 ProducerConsumerSyn
public class ProducerConsumerSyn {
  public static void main(String args[]) {
    Monitor s = new Monitor();
    new Producer(s).start();   // 启动生产者进程
    new Consumer(s).start();   // 启动消费者进程
  }
}
```

保存文件,并运行程序。

程序测试结果如下所示:

```
A product has been produced by producer.
A product has been consumed by consumer!
B product has been produced by producer.
B product has been consumed by consumer!
C product has been produced by producer.
C product has been consumed by consumer!
D product has been produced by producer.
D product has been consumed by consumer!
E product has been produced by producer.
E product has been consumed by consumer!
```

编 程 实 训

实训 1

模拟 3 个人排队买票。张某、王某和李某买电影票,售票员只有 3 张 5 元的钱,电影票 5 元钱一张。张某用一张 20 元的人民币排在王某的前面买票,王某排在李某的前面用一张 10 元的人民币买票,李某用一张 5 元的人民币买票。

参考代码:

```java
// TicketThreadMain.java
public class TicketThreadMain implements Runnable {
    static Thread MrZhang, MrLi, MrWang;
    static TicketThread MissWang;
    public void run() {
        if (Thread.currentThread() == MrZhang) {   // 判断当前的线程
            MissWang.sellRegulate(20);              // 调用买票的方法
        } else if (Thread.currentThread() == MrLi) {
            MissWang.sellRegulate(5);
        } else if (Thread.currentThread() == MrWang) {
            MissWang.sellRegulate(10);
        }
    }
    public static void main(String[] args) {
        TicketThreadMain t = new TicketThreadMain();
        MissWang = new TicketThread();
        MrZhang = new Thread(t);
        MrWang = new Thread(t);
        MrLi = new Thread(t);
        MrZhang.start();                            // 启动张先生的线程
        MrWang.start();                             //启动王先生的线程
        MrLi.start();                               // 启动李先生的线程
    }
}
class TicketThread {
    int sumFive = 3, sumTwenty = 0, sumTen = 0;  // 定义 5 元钱、10 元钱与 20 元钱的个数
    public synchronized void sellRegulate(int money) {
        if (money == 5) {
            sumFive = sumFive + 1;
            System.out.println("先生,您给的钱数正好。");
        } else if (money == 10) {
            while (sumFive < 1) {
                try {
                    wait(); // 如果 5 元的个数少于 2 张,则线程等待
                } catch (InterruptedException e) {
                }
            }
            sumFive = sumFive - 1;
            sumTen = sumTen + 1;
```

```
            System.out.println("先生,您给我10元,找您5元。");
         } else if (money == 20) {
            while (sumFive < 3) {
               try {
                  wait(); // 如果5元的个数少于3张,则线程等待
               } catch (InterruptedException e) {
               }
            }
            sumFive = sumFive - 3;
            sumTwenty = sumTwenty + 1;
            System.out.println("先生,您给我20元,找您15元。");
         }
         notifyAll(); // 通知等待的线程
      }
}
```

实训 2

编写一个程序,该程序由两个线程组成,第 1 个线程用来计算 2~1 000 之间的质数个数,第 2 个线程用来计算 1 000~2 000 之间的质数个数。

参考代码:

```
// PrimeNumberMain.java
class PrimeNumberOne extends Thread {
   public void run() {
      int n, i;
      for (n = 2; n <= 1000; n++) {
         for (i = 2; i <= n; i++) {
            if (n % i == 0) {
               break;
            }
         }
         if (i == n) {
            System.out.print(n + " ");
         }
      }
      System.out.println();
   }
}
class PrimeNumberTwo extends Thread{
   public void run() {
      int n, i;
      for (n = 1000; n <= 2000; n++) {
         for (i = 2; i <= n; i++) {
            if (n % i == 0) {
                break;
            }
         }
         if (i == n) {
            System.out.print(n + " ");
         }
      }
```

```
      System.out.println();
   }
}
public class PrimeNumberMain {
   public static void main(String[] args) {
      new PrimeNumberOne().start();
      new PrimeNumberTwo().start();
   }
}
```

参考文献

[1] 明日科技. Java 程序设计［M］. 慕课版. 北京：人民邮电出版社，2016.

[2] 满志强，张仁伟，刘彦君. Java 程序设计教程［M］. 慕课版. 北京：人民邮电出版社，2017.

[3] Y DANIEL LIANG. Java 语言程序设计：基础篇［M］.10 版. 北京：机械工业出版社，2015.

[4] 耿祥义，张跃平. Java 2 实用教程［M］.5 版. 北京：清华大学出版社，2017.

[5] 李兴华，马云涛. 第一行代码 Java［M］. 北京：人民邮电出版社，2017.